21 世纪全国高职高专机电系列技能型规划教材

数控机床及其维护

主　编　黄应勇
副主编　曾　林　钟俏灵
参　编　李宏军　毛丹丹
主　审　陈　华

北京大学出版社
PEKING UNIVERSITY PRESS

内 容 简 介

为适应数控技术和国民经济发展的需求以及职业技术院校的教学要求，编者组织了多年从事"数控机床"理论与实践教学的教师编写了本书。本书在编写上紧密联系高职高专培养目标的特征，坚持够用、实用的原则，摒弃"繁难偏旧"的理论知识。全书注重理论联系实际，以培养学生能力为主线，突出实用性，理论浅显、通俗易懂、实例较多，各章既有联系，又有一定的独立性。

本书的特点是通过由浅入深的讲解，着重强调知识的实际应用，以适应高职教育的教学要求。全书共分4篇，第一篇介绍数控车床，其中第1章介绍数控车床的精度检测方法；第2章介绍数控车床类型、组成、布局形式等；第3章介绍数控车床的机械结构；第4章介绍车削中心；第5章介绍数控系统的基本原理、插补原理、硬件结构和软件结构等内容；第6章介绍数控机床伺服系统；第7章介绍数控车床的安装、调试与验收等内容；第8章介绍数控车床的维护知识。第二篇介绍数控铣床，其中第9章介绍数控铣床的精度检测方法；第10章介绍数控铣床类型、组成、布局形式等；第11章介绍数控铣床的机械结构；第12章介绍数控铣床的安装、调试与验收等内容；第13章介绍数控铣床的维护知识。第三篇介绍加工中心，其中第14章介绍加工中心类型、组成、布局形式等；第15章介绍加工中心的传动系统；第16章介绍加工中心的自动换刀装置。第四篇介绍特种加工机床，其中第17章介绍数控特种加工机床的精度检测方法；第18章介绍数控特种加工机床。每章均附有练习与思考题，以便于归纳总结，及时巩固所学知识。

图书在版编目(CIP)数据

数控机床及其维护/黄应勇主编. —北京：北京大学出版社，2012.8
(21世纪全国高职高专机电系列技能型规划教材)
ISBN 978-7-301-21119-9

Ⅰ. ①数… Ⅱ. ①黄… Ⅲ. ①数控机床—高等职业教育—教材 Ⅳ. ①TG659

中国版本图书馆 CIP 数据核字(2012)第 182418 号

书　　　名：数控机床及其维护
著作责任者：黄应勇　主编
责 任 编 辑：翟　源
标 准 书 号：ISBN 978-7-301-21119-9/TH・0307
出　 版　 者：北京大学出版社
地　　　址：北京市海淀区成府路 205 号　邮编：100871
网　　　址：http://www.pup.cn　http://www.pup6.cn
电　　　话：邮购部 62752015　发行部 62750672　编辑部 62750667　出版部 62754962
电 子 邮 箱：pup_6@163.com
印　 刷　 者：北京虎彩文化传播有限公司
发　 行　 者：北京大学出版社
经　 销　 者：新华书店
　　　　　　787 毫米×1092 毫米　16 开本　19.5 印张　450 千字
　　　　　　2012 年 8 月第 1 版　2019 年 1 月第 3 次印刷
定　　　价：38.00 元

前　　言

近年来，数控机床得到了飞速发展，在柔性、精确性、可靠性和宜人性等方面的功能越来越完善，已成为现代先进制造业的基础。数控机床的高精度、高效率决定了发展数控机床是当前中国机械制造业技术改造的必由之路，是工厂自动化的基础。随着数控机床的大量使用，在高职高专数控技术专业和其他机电类专业中普及数控技术的基础知识就显得尤为重要。

为适应数控技术和国民经济发展的需求以及职业技术院校的教学要求，编者组织了多年从事"数控机床"理论与实践教学的同志编写了本书。本书在编写上紧密联系高职高专培养目标的特征，坚持够用、实用的原则，摒弃"繁难偏旧"的理论知识。全书注重理论联系实际，以培养学生能力为主线，突出实用性，理论浅显、通俗易懂、实例较多，各章既有联系，又有一定的独立性。

本书的特点是通过由浅入深的讲解，着重强调知识的实际应用，以适应高职教育的教学要求。全书共分4篇，第一篇介绍数控车床，其中第1章介绍数控车床的精度检测方法；第2章介绍数控车床类型、组成、布局形式等；第3章介绍数控车床的机械结构；第4章介绍车削中心；第5章介绍数控系统的基本原理、插补原理、硬件结构和软件结构等内容；第6章介绍数控机床伺服系统；第7章介绍数控车床的安装、调试与验收等内容；第8章介绍数控车床的维护知识。第二篇介绍数控铣床，其中第9章介绍数控铣床的精度检测方法；第10章介绍数控铣床类型、组成、布局形式等；第11章介绍数控铣床的机械结构；第12章介绍数控铣床的安装、调试与验收等内容；第13章介绍数控铣床的维护知识。第三篇介绍加工中心，其中第14章介绍加工中心类型、组成、布局形式等；第15章介绍加工中心的传动系统；第16章介绍加工中心的自动换刀装置。第四篇介绍特种加工机床，其中第17章介绍数控特种加工机床的精度检测方法；第18章介绍数控特种加工机床。每章均附有练习与思考题，以便于归纳总结，及时巩固所学知识。

本书由柳州职业技术学院黄应勇任主编，柳州职业技术学院曾林、钟俏灵任副主编，其中绪论、第1章、第2章、第3章、第4章、第7章、第8章由黄应勇编写；第9章、第10章、第11章、第12章、第13章由曾林编写；第5章、第6章由钟俏灵编写；第14章、第15章、第16章由毛丹丹编写；第17章、第18章由李宏军编写；全书由黄应勇负责统稿和定稿。本书由柳州职业技术学院陈华副教授主审。

本书编写过程中参阅了有关院校、企业、科研院所的一些教材、资料和文献，得到了有关专家、教授的大力支持和帮助，在此表示衷心的感谢！感谢陈超山、汪东明、关意鹏、关来德、陈勇棠、邓海英、阙燚彬、韦江波等老师，他们为本书提出了宝贵意见。

限于编者的水平和时间，书中难免有不当之处，恳请广大读者批评指正。

编　者

2012 年 6 月

目　　录

数控机床及其维护

绪　　论

教学提示

本章着重讨论数控机床的产生和发展、数控机床的基本组成及工作过程、数控机床的分类、数控机床加工的特点及应用。

教学要求

通过本章的学习，了解数控机床的产生过程及发展趋势；了解数控机床的组成（由程序载体、数控装置、伺服系统、辅助装置、检测装置和机床本体 6 部分组成）；了解数控机床的基本工作过程；掌握数控机床按加工方式分类的方法；掌握数控机床的加工特点及其应用。

0.1 数控机床的产生和发展

随着科技领域日新月异的发展，特别是在航天航空、尖端军事、精密仪器等方面，对机械产品制造精度和复杂程度的要求越来越高，传统的加工技术已很难适应现代制造业的需求。譬如，用普通车床加工圆弧，普通铣床加工空间曲面，以及加工精度对产品质量的影响，加工效率对制造成本的影响等，这些都是一直困扰人们的难题。还有，当机械产品转型时，机床和工艺装备需要做大的调整，周期较长、成本高，也就是说传统的加工技术已很难满足市场对产品高精度、高效率的要求，因此数控机床作为一种革新技术设备应运而生。

数控技术是现代工业实现自动化、柔性化、集成化生产的基础，是知识密集、资金密集的现代制造技术，也是国家重点发展的前沿技术。特别是在市场竞争日趋激烈的今天，市场需求不断变化，为满足加速开发研制新产品，改变单一大批量的生产格局，以数控加工技术为代表的现代制造技术展现出其强大的生命力。近几年在我国已呈现出以数控加工技术逐步取代传统的机械制造技术的趋势。

0.1.1 数控机床的诞生

1948 年，美国飞机制造商帕森斯公司（Parsons）为了解决加工飞机螺旋桨叶片轮廓样板曲线的难题，提出了采用计算机来控制加工过程的设想，立即得到了美国空军的支持及麻省理工学院的响应，经过几年的努力，于 1952 年 3 月研制成功世界上第一台有信息存储和处理功能的新型机床。它是一台采用脉冲乘法器原理的插补三坐标连续控制立式铣床，这台数控铣床的数控装置体积比机床本体还要大，电路采用的是电子管元件。它的产生标志着数控技术以及数控机床的诞生，该数控铣床的研制成功使得传统的机械制造技术发生了质的飞跃，是机械制造业的一次标志性技术革命。后来，又经过改进并开展自动编程技术的研究，于 1955 年进入实用阶段，这对于加工复杂曲面和促进美国飞机制造业的发展起了重要作用。从此数控技术随着计算机技术和微电子技术的发展而迅速发展起来，数控机床也在迅速地发展和不断地更新换代。

0.1.2 数控机床的发展过程

数控机床以微电子技术发展为推动力，先后经历了第一代电子管数控系统（1952）、第二代晶体管数控系统（1959）、第三代集成电路数控系统（1965）、第四代小型计算机数控系统（1970）、第五代微型机数控系统（1974）和第六代基于 PC 的 CNC 数控系统（1990 年以后）6 个发展阶段。前三代数控系统是 20 世纪 70 年代以前的早期数控系统，它们都是采用电子电路实现的硬接线数控系统，因此称之为硬件式数控系统，也称为 NC 数控系统。后三代系统是 20 世纪 70 年代中期开始发展起来的软件式数控系统，称之为计算机数字控制（Computer Numerical Control）或简称为 CNC 系统。

软件式数控系统是采用微处理器及大规模或超大规模集成电路组成的数控系统，它具有很强的程序存储能力和控制功能，这些控制功能是由一系列控制程序（驻留系统内）来实现的。软件式数控系统的通用性很强，几乎只需要改变软件，就可以适应不同类型机床的控制要求，具有很大的柔性，因而数控系统的性能大大提高，而价格却有了大幅度的下降。同时，可靠性和自动化程度有了大幅度的提高，数控机床也得到了飞速发展。目前CNC数控系统几乎完全取代了以往的NC数控系统。

近年来，随着微电子和计算机技术的飞速发展及数控机床的广泛应用，加工技术跨入一个新的里程，并建立起一种全新的生产模式，在日本、美国、德国、意大利等发达国家已出现了以数控机床为基础的自动化生产系统，如计算机直接数控系统DNC(Direct Numerical　Control)、柔性制造单元FMC(Flexible Manufacturing Cell)、柔性制造系统FMS(Flexible　Manufacturing System)和计算机集成制造系统CIMS(Computer Integrated Manufacturing System)。

0.1.3　我国数控机床的发展简介

我国于1958年研制出了首台数控机床，但是由于相关工业基础较差，尤其是数控系统的支撑工业——电子工业薄弱，致使其发展速度一直缓慢。直到20世纪70年代初期，我国才掀起研制数控机床的热潮。但由于当时的控制系统主要是采用分立电子元器件，性能不稳定，可靠性差，且机、液、气配套基础元器件不过关，因此多数机床在生产中并没有发挥出明显的作用。20世纪80年代以来，在消化吸收国外先进技术的基础上，我国的数控技术有了新的发展，数控机床才真正进入小批量生产的商品化时代。例如，从1980年开始，北京机床研究所从日本FANUC公司引进FANUC数控系统，在引进、消化、吸收国外先进技术的基础上，北京机床研究所又开发出BS03经济型数控系统和BS04全功能数控系统。

目前，我国已能批量生产和供应各类数控系统，并掌握了多轴（五轴以上）联动、螺距误差补偿、图形显示和高精度伺服系统等多项关键技术，基本上能够满足国内各机床生产厂家的需要。我国已研制了具有自主版权的数控技术平台和数控系统，但绝大多数全功能数控机床还是采用国外的CNC系统。在数控技术领域，我国同先进国家相比，还存在不小的差距，但这种差距正在缩小。

0.1.4　数控机床的发展趋势

数控机床综合了当今世界上许多领域最新的技术成果，主要包括精密机械、计算机及信息处理、自动控制及伺服驱动、精密检测及传感、网络通信等技术。随着科学技术的发展，特别是微电子技术、计算机控制技术、通信技术的不断发展，世界先进制造技术的兴起和不断成熟，数控设备性能日趋完善，应用领域不断扩大，成为新一代设备发展的主流。随着社会的多样化需求及其相关技术的不断进步，数控机床也向着更广的领域和更深的层次发展。当前，数控机床的发展主要呈现出如下趋势。

1. 高速度与高精度化

速度和精度是数控机床的两个重要指标，它直接关系到加工效率和产品质量。高速数控加工起源于20世纪90年代初，以电主轴和直线电动机的应用为特征，电主轴的发展实现了主轴高转速；直线电动机的发展实现了坐标轴的高速移动。高速数控加工的应用领域首先是汽车和其他大批量生产的工业，目的是用单主轴的高转速和高速直线进给运动的加工中心，来替代虽为多主轴但难以实现高转速和高速进给的组合机床。

在超高速切削和超精密加工技术中，对机床各坐标轴的位移速度和定位精度提出了更高的要求，但是速度和精度这两项技术指标是相互制约的，当位移速度要求越高时，定位精度就越难提高。现代数控机床配备的高性能数控系统及伺服系统，其位移分辨率与进给速度的对应关系是：一般的分辨率为 $1\mu m$，进给速度可以达到 $100\sim240m/min$；分辨率为 $0.1\mu m$，进给速度可以达到 $24\ m/min$；分辨率为 $0.01\mu m$，进给速度可以达到 $400\sim800mm/min$。提高主轴转速是提高切削速度最直接、最有效的方法。近 20 年来主轴转速已经翻了几番，20 世纪 80 年代中期，中等规格的加工中心主轴最高转速普遍为 $4000\sim6000r/min$，到了 20 世纪 80 年代后期达到 $8000\sim12000r/min$，20 世纪 90 年代初期相继出现了 $15000r/min$、$20000r/min$、$30000r/min$、$50000r/min$，目前国外用于加工中心的电主轴转速已达到 $75000\ r/min$。切削速度和进给速度之所以能大幅度提高，是由于数控系统、伺服驱动系统、位置检测装置、计算机数控系统的补偿功能、刀具、轴承等相关技术的突破及数控机床本身基础技术的进步。

高精度化一直都是数控机床加工所追求的指标，它包括数控机床制造的几何精度和机床使用的几何精度两个方面。普通中等规格加工中心的定位精度已从 20 世纪 80 年代初期的 $\pm12\mu m/300mm$，提高到 20 世纪 90 年代初期的 $\pm(2\sim5)\mu m/全程$，如日本 KITAMU-RA 公司的 SONICMILL-2 型立式加工中心，主轴转速 $20000r/min$，快进速度 $24m/min$，其定位精度为 $\pm3\mu m/全程$；美国 BOSTON DIGITAL 公司的 VECTOR 系列立式加工中心，主轴转速 $10000r/min$，双向定位精度为 $2\mu m$ 全程。

提高数控机床的加工精度，一般是通过减少数控系统误差，提高数控机床基础大件结构特性和热稳定性，采用补偿技术和辅助措施来达到的。在减小 CNC 系统误差方面，通常采取提高数控系统分辨率，使 CNC 控制单元精细化，提高位置检测精度以及在位置伺服系统中为改善伺服系统的响应特性，采用前馈与非线性控制等方法。在采用补偿技术方面，采用齿隙补偿、丝杆螺母误差补偿及热变形误差补偿技术等。通过上述措施，近年来数控机床的加工精度也有很大提高。普通级数控机床的加工精度已由原来的 $\pm10\mu m$ 提高到 $\pm5\mu m$，精密级从 $\pm5\mu m$ 提高到 $\pm1.5\mu m$。预计将来普通加工和精密加工的精度还将提高几倍，而超精度加工已进入纳米时代。

2. 高柔性化

柔性是指机床适应加工对象变化的能力，即当加工对象变化时，只需要通过修改而无需更换或只做极少量快速调整即可满足加工要求的能力。数控机床对满足加工对象的变换有很强的适应能力。提高数控机床柔性化正朝着以下两个方向努力：①提高数控机床的单机柔化；②向单元柔性化和系统柔性化发展。例如，在数控机床软硬件的基础上，增加不同容量的刀库和自动换刀机械手，增加第二主轴，增加交换工作台装置，或配以工业机器人和自动运输小车，以组成柔性加工单元或柔性制造系统。

采用柔性自动化设备或系统，可提高加工效率、缩短生产和供货周期，并能对市场需求的变化做出快速反应以提高企业的竞争能力。

3. 复合化

复合化包含工序复合化和功能复合化。数控机床复合化发展的趋势是尽可能将零件加工过程中所有工序集中在一台机床上，实现全部加工之后，该零件入库或直接送到装配工段，而不需要再转到其他机床上进行加工。这不仅省去了运输和等待时间，使零件的加工周期最短，而且在加工过程中，不需要多次定位与装夹，有利于提高零件的精度。

加工中心就是把车、铣、镗、钻等类的工序集中到一台机床来完成，打破了传统的工序界限和分开加工的工艺规程。加工中心的快速增长就是工序复合化受市场欢迎的最好证明。一台具有自动换刀装置、回转工作台及托盘交换装置的五面体镗铣加工中心，工件一次安装可以完成镗、铣、钻、铰、攻螺纹等工序，对于箱体件可以完成五个面的粗、精加工的全部工序。国内的江宁机床集团公司、北京机床研究所、江苏多棱数控机床公司、自贡长征机床公司等制造商均生产五面体立式或卧式加工中心。

近年来，又相继出现了许多跨度更大的、功能更集中的复合化数控机床，如集冲孔、成形与激光切割复合加工中心等。

4. 多功能化

现代数控系统由于采用了多 CPU 结构和分级中断控制方式，因此在一台数控机床上可以同时进行零件加工和程序编制，即操作者在机床进入自动循环加工的同时可以利用键盘和 CRT 进行零件加工程序的编制，并可利用 CRT 进行动态图形模拟功能，显示所编程序的加工轨迹，或是编辑和修改加工程序，也称该工作方式为"前台加工，后台编辑"。由此缩短了数控机床更换不同种类加工零件的待机时间，以充分提高机床的利用率。为了适应 FMC、FMS 以及进一步联网组成 CIMS 的要求，一般的数控系统都具有 R - 232C 和 R - 422 高速远距离串行接口，通过网卡连成局域网，可以实现几台数控机床之间的数据通信，也可以直接对几台数控机床进行控制。

5. 智能化

智能加工是一种基于知识处理理论和技术的加工方式，以满足人们所要求的高效率、低成本，操作简便为基本特征。发展智能加工的目的是要解决加工过程中众多不确定性的、要求人工干预才能解决的问题。它的最终目标是要由计算机取代或延伸加工过程中人的部分脑力劳动，实现加工过程中监测、决策与控制的自动化。

6. 造型宜人化

造型宜人化是一种新的设计思想和观点，是将功能设计、人机工程学与工业美学有机地结合起来，是技术与经济、文化、艺术的协调统一，其核心是使产品变为更具魅力，更适销对路，引导人们进入一种新的工作环境。该设计理念在工业发达国家早已广泛用于各种产品的设计中，是其经济腾飞、提高市场竞争能力的重要手段。日本由于重视这项技术，很快摆脱了机床产品"仿制"阶段，并创出自己工业产品的"轻巧精美"的独特风格。

近年来，随着我国的经济快速发展与社会进步，人们对生活质量逐步重视，同时对劳动条件和工作环境也提出了更高的要求。用户不只是满足于加工设备的基本性能和内在质量，还要求设计结构紧凑流畅、造型美观协调、操作舒适安全、色泽明快宜人，使人处在舒适优美的环境中工作，从而激发操作者的工作情绪，达到提高工作效率的目的。因此，国内数控机床生产厂家也将造型宜人化的设计理念引入自己的产品设计中，使国产数控机床在外形结构、颜色、外观质量等方面较过去有了明显的改进和提高。

0.1.5　数控机床的特点

数控机床作为一种高自动化的机械加工设备，具有以下特点。

1. 具有高度柔性

数控机床的刀具运动轨迹是由加工程序决定的，因此只要能编制出程序，无论多么复杂的型面都能加工。当加工工件改变时，只需要改变加工程序就可以完成工件的加工。因此，数控机床既适合于零件频繁更换的场合，也适合单件小批量生产及产品的开发，可缩短生产准备周期，有利于机械产品的更新换代。

2. 加工精度高，尺寸一致性好

数控机床本身的精度比较高，一般数控机床的定位精度为±0.01mm，重复定位精度为±0.005mm，在加工过程中操作者不参与操作，工件的加工精度全部由机床保证，消除了操作者人为造成的误差。因此，加工出来的工件精度高，尺寸一致性好，质量稳定。

3. 生产效率高

由于数控机床在结构设计上采用了有针对性的设计，因此数控机床的主轴转速、进给速度和快速定位速度都比较高，可以合理地选择高的切削参数，充分发挥刀具的切削性能，减少切削时间，还可以自动地完成一些辅助动作，不需要在加工过程中进行中间测量，能连续完成整个加工过程，减少了辅助动作时间和停机时间，即有效地减少了零件的加工时间，因此数控机床的生产效率高。

4. 减轻劳动强度，且可能实现一人多机操作

一般数控机床加工出第一件合格工件后，操作者只需要进行工件的装夹和启动机床，加工过程不需要人的干预，从而大大减轻了操作者的劳动强度。现在的数控机床可靠性高，保护功能齐全，并且数控系统有自诊断和自停机功能，当一个工件的加工时间比工件的装夹时间长时，就能实现一人多机操作。

5. 经济效益明显

虽然数控机床一次投资及日常维护保养费用较普通机床高很多，但是如能充分地发挥数控机床的加工能力，将会带来良好的经济效益。这些效益不仅表现在生产效率高、加工质量好、废品少，而且还有减少工装和量刀具、缩短生产周期、减少在制品数量、缩短新产品试制周期等优势，从而为企业带来良好的经济效益。

6. 利于生产管理现代化

在数控机床上，加工所需要的时间是可以预计的，并且每件是不变的，因而工时和工时费用可以估计得更精确。这有利于精确编制生产进度表，有利于均衡生产和取得更高的预计产量。因此，有利于生产管理现代化。

7. 可靠性高

衡量可靠性的重要量化指标是平均无故障时间（MTBF），即一台数控机床在使用中两次故障的平均时间，一般用总工作时间除以总故障次数来计算。目前，世界先进的 CNC 系统的 MTBF 约为 10000～100000h，大部分在 10000～30000h，而我国的 MTBF 大约为 1500h。

8. 具有很强的通信功能

数控机床通常具有 RS-232 接口，有的还备有 DNC 接口，可与 CAD/CAM 软件的设

计与制造相结合。高档机床还可与 MAP(制造自动化协议)相连,接入工厂的通信网络,适应于 FMS、CIMS 的应用要求。

0.1.6　数控机床的应用

根据数控机床的特点可以看出,最适合于数控加工的零件特点如下。

(1) 批量小而又多次生产的零件。

(2) 几何形状复杂,加工精度高,用普通机床无法加工或虽然能加工但很难保证加工质量的零件。

(3) 在加工过程中必须进行多种加工,即在一次安装中要完成铣、镗、锪、铰或攻螺纹等多工序的零件。

(4) 用数学模型描述的复杂曲线或曲面轮廓的零件。

(5) 切削余量大的零件。

(6) 必须严格控制公差的零件。

(7) 工艺设计会变化的零件。

(8) 加工过程中如果发生错误将会造成严重浪费的贵重零件。

(9) 需全部检验的零件。

0.2　数控机床的基本组成及工作过程

数控机床又称 CNC 机床,是由电子计算机或专用电子计算装置对数字化的信息进行处理而实现自动控制的机床。

国际信息处理联盟(IFIP)第五技术委员会对数控机床定义如下:数控机床是一个装有程序控制系统的机床,该系统能够逻辑地处理具有使用号码或其他符号编码指令规定的程序。定义中所说的程序控制系统即数控系统。也可以这么说:把数字化了的刀具移动轨迹的信息输入数控装置,经过译码、运算,从而实现控制刀具与工件的相对运动,加工出所需要零件的一种机床即为数控机床。

0.2.1　数控机床的组成

数控机床一般由程序载体、数控装置 (CNC 装置)、伺服系统、辅助装置、检测与反馈装置和机床本体 6 部分组成,如图 0.1 所示。

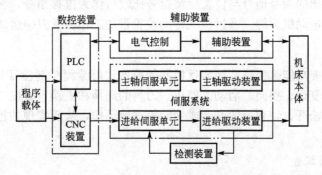

图 0.1　数控机床的组成

1. 程序载体

程序载体是用于存取零件加工程序的装置。可将加工程序以特殊的格式和代码存储在载体中，常用的有磁带、磁盘、硬盘、内存卡等。由于复杂模具和大型零件的加工程序占用内存空间大与网络 DNC 技术的发展，目前将加工程序的执行方式按数控机床控制系统的内存空间大小分为两种方式：一种是采用 CNC 方式，即先将加工程序输入机床，然后调出来执行；另一种是采用 DNC 方式，即将机床与计算机连接，机床的内存作为存储缓冲区，加工程序由计算机一边传送，机床一边执行。

2. 数控装置(CNC 装置)

数控装置是数控机床的控制核心，其功能是接受程序输入装置输入的加工信息，经译码、处理、运算和逻辑处理后，发出相应的脉冲送给伺服系统，通过伺服系统使机床按预定的轨迹运动。一般一台机床专用计算机数控装置包括微处理器(CPU)、存储器、局部总线、外围逻辑电路和输入/输出控制等。

数控装置的基本工作过程如下。

(1) 译码。将程序段中的各种信息，按一定语法规则翻译成数控装置能识别的语言，并以一定的格式存放在指定的内存专用区间。

(2) 刀具补偿。刀具补偿包括刀具长度补偿、刀具半径补偿。

(3) 进给速度处理。编程所给定的刀具移动速度是加工轨迹切线方向的速度，速度处理就是将其分解成各运动坐标方向的分速度。

(4) 插补。一般数控装置能对直线、圆弧进行插补运算，一些专用或较高档的 CNC 装置还可以完成椭圆、抛物线、正弦曲线和一些专用曲线的插补运算。

(5) 位置控制。在闭环 CNC 装置中，位置控制的作用是在每个采样周期内，把插补计算得到的理论位置与实际反馈位置相比较，用其差值去控制进给电动机。

3. 伺服系统

机床伺服系统是数控系统的执行部分，其作用是把来自数控装置的运动指令进行放大处理，驱动机床移动部件(刀架或工作台)的运动，使移动部件和主轴按规定的轨迹运动，加工出符合要求的产品。它的伺服精度和动态响应是影响数控机床加工精度、表面质量和生产率的重要因素之一。

伺服系统是数控装置和机床本体之间的联系环节，它是由伺服电动机、驱动单元、检测装置与反馈装置等组成。伺服电动机是系统的执行元件，驱动单元则是伺服电动机的动力源。数控装置发出的指令信号与位置反馈信号比较后作为位移指令，再经过驱动单元的功率放大后，驱动电动机运转，通过机械传动装置带动工作台或刀架运动。

4. 辅助装置

辅助装置的主要功能是接受数控装置控制的内置式可编程控制器(PLC)输出的控制信号，用来控制主轴变速、换向、启动或停止、刀具的选择和更换、分度工作台的转位和锁紧、工件的夹紧或松开、切削液的开启或关闭等辅助动作，从而实现数控机床在加工过程中的全部自动操作。

5. 检测与反馈装置

检测与反馈装置的作用是将机床的执行部件的位移量、移动速度等参数检测出来，并与指令位移进行比较，将其误差转换放大后控制执行部件的进给运动，纠正所产生的误差。检测与反馈装置有利于提高数控机床的加工精度。常用的位移检测元件有脉冲编码器、旋转变压器、感应同步器、光栅及磁栅等。

6. 机床本体

机床本体是指数控机床的机械结构实体，包括床身、主轴箱、工作台、进给机构、辅助装置(如刀库液压气动装置、冷却系统和排屑装置等)。数控机床是高精度、高生产率的自动化加工机床。与传统的普通机床相比，数控机床在整体布局、外部造型、主传动系统、进给传动系统、刀具系统、支承系统和排屑系统等方面有很大的差异。这些差异能更好地满足数控技术的要求，并充分适应数控加工的特点。通常对数控机床的精度、静刚度、动刚度和热刚度等均提出了更高的要求，而传动链则要求尽可能的简单。

数控机床主体结构有以下特点。

(1) 由于采用了高性能的主轴及伺服传动系统，数控机床的机械传动结构大为简化，传动链较短。

(2) 为适应连续地自动化加工，数控机床机械结构一般要求具有较高的动态刚度和阻尼，具有较高的耐磨性，而且热变形要小。

(3) 为了减少摩擦，提高传动精度，数控机床更多地采用了高效传动部件，如滚珠丝杠副和直线滚动导轨等。

0.2.2 数控机床的基本工作过程

数控机床的基本工作过程如图 0.2 所示。首先要由编程人员或操作者通过对零件图样的深入分析，特别是工艺分析，确定合适的数控加工工艺，其中包括零件的定位与装夹方法的确定，工序的划分、各工步走刀路线的规划、各工步加工刀具及其切削用量的选择、主轴转速、转向及冷却等要求，以规定的数控代码形式编制程序单。

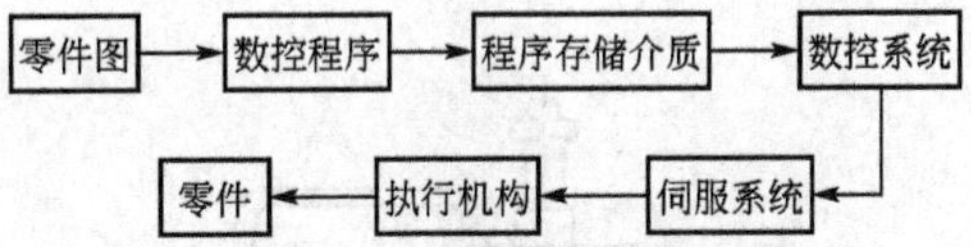

零件图 → 数控程序 → 程序存储介质 → 数控系统

零件 ← 执行机构 ← 伺服系统 ←

图 0.2 数控机床工作过程

然后，把数控程序输入到数控系统中，当被调入执行程序缓冲区以后，一旦操作者按下启动按钮，程序就将被逐条逐段地自动执行。数控程序的执行实际上是不断地向伺服系统发出运动指令。数控装置在执行数控程序的同时，还要实时地进行各种运算，来决定机床运动机构的运动规律和速度。伺服系统在接收到数控装置发来的运动指令后，经过信号放大和位置、速度比较，控制机床运动机构的驱动元件(如主轴回转电动机和进给伺服电动机)运动。机床运动机构(如主轴和丝杠螺母机构)的运动结果是刀具与工件产生相对运动，实现切削加工，最终加工出所需要的零件。

0.3 数控机床的分类

0.3.1 按加工方式分类

1. 普通数控机床

按加工方式分类，它与普通数控机床的分类方法相似，可分为数控车床(如图 0.3 所示)、数控铣床(如图0.4所示)、数控钻床(如图0.5所示)、数控镗床、数控齿轮加工机床、数控磨床等。这类数控机床的工艺性能和普通机床相似,但生产率和自动化程度比普通机床高,都适合加工单件小批量多品种和复杂形状的工件。

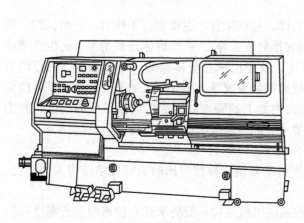

图0.3　数控车床

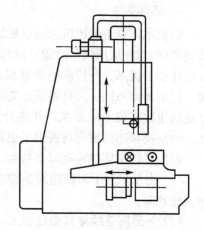

图0.4　数控铣床

2. 加工中心

加工中心是带有刀库和自动换刀装置的数控机床。常见的有数控车削中心、数控镗铣加工中心(如图0.6所示)。在一次装夹后,可以对工件的大部分表面进行加工,而且具有两种或两种以上的切削功能。

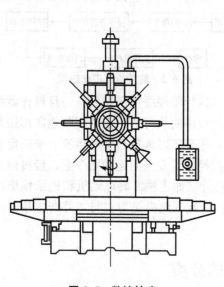

图0.5　数控钻床

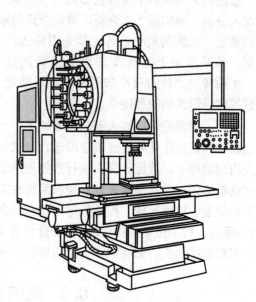

图0.6　数控镗铣加工中心

3. 数控特种加工机床

此类数控机床有数控电火花成形加工机床(如图0.7所示)、数控电火花线切割机床(如图0.8所示)、数控激光切割机床等。

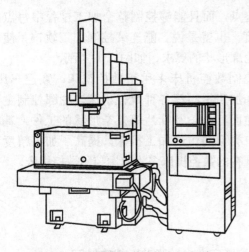

图 0.7 数控电火花成形加工机床

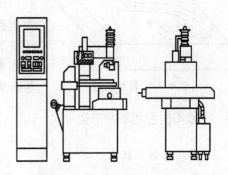

图 0.8 数控电火花线切割机床

4. 其他类型的数控机床

如数控三坐标测量仪等。

0.3.2 按控制运动的方式分类

1. 点位控制数控机床

该机床只对点的位置进行控制，即机床的运动部件只能实现从一个位置到另一个位置的精确位移，移动过程中不进行任何加工。数控系统只需要控制行程起点和终点的坐标值，而不控制运动部件的运动轨迹，如图 0.9 所示。

2. 直线控制数控机床

这种机床不仅要求控制点的准确位置，而且要求控制刀具(或工作台)以一定的速度沿与坐标轴平行的方向实现进给运动，或者控制两个坐标轴实现斜线的进给运动，如图 0.10 所示。这种控制常应用于简易数控车床、数控镗床等，现已较少使用。

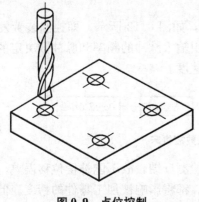

图 0.9 点位控制

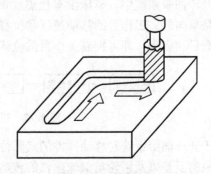

图 0.10 直线控制

3. 轮廓控制数控机床

这种机床能同时对两个或两个以上的坐标轴实现连续控制。它不仅能够控制移动部件

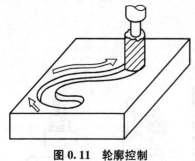

图 0.11 轮廓控制

的起点和终点，而且能够控制整个加工过程中每点的位置与速度。也就是说，能连续控制加工轨迹，使之满足零件轮廓形状的要求，如图 0.11 所示。

轮廓控制数控机床多用于数控铣床、数控车床、数控磨床和加工中心等各种数控机床，轮廓控制主要用于加工曲面、凸轮及叶片等复杂形状的工件，基本取代了所有类型的仿形加工机床，提高了加工精度和生产率，现在的数控机床多为轮廓控制数控机床。

0.3.3 按同时控制轴数分类

1. 二坐标数控机床

如数控车床，可加工曲面回转体；某些数控镗床，二轴联动可镗铣斜面。

2. 三坐标数控机床

如一般的数控铣床、加工中心，三轴联动可加工曲面零件。

3. $2\frac{1}{2}$ 坐标数控机床

此类数控机床又称二轴半，实为二坐标联动，第三轴做周期性等距运动。

4. 多坐标数控机床

四轴及四轴以上联动称为多轴联动。例如，五轴联动铣床，工作台除 X、Y、Z 这 3 个方向可直线进给外，还可绕 Z 轴做旋转进给（C 轴），刀具主轴可绕 Y 轴做摆动进给（B 轴）。

0.3.4 按伺服系统分类

根据有无检测反馈元件及其检测装置，机床的伺服系统可分为开环伺服系统、闭环伺服系统、半闭环伺服系统。

1. 开环伺服数控机床

在开环伺服系统中，机床没有检测反馈装置，如图 0.12 所示，即控制装置发出的信号流程是单向的。工作台的移动速度和位移量是由输入脉冲的频率和脉冲数决定的，改变脉冲的数目和频率，即可控制工作台的位移量和速度。

图 0.12 开环伺服数控机床

由于开环伺服系统对移动部件的实际位移无检测反馈，故不能补偿位移误差，因此伺服电动机的误差以及齿轮与滚珠丝杠的传动误差，都将影响被加工零件的精度。但开环伺服系统的结构简单、成本低、调整维修方便、工作可靠，它适用于精度、速度要求不高的场合。目前，开环控制系统多用于经济型数控机床。

2．闭环伺服数控机床

闭环伺服系统是在机床移动部件上安装直线位置检测装置，当数控装置发出的位移脉冲信号指令，经过伺服电动机、机械传动装置驱动运动部件移动时，直线位置检测装置将检测所得的实际位移量反馈到数控装置与输入指令要求的位置进行比较，用差值进行控制，直到差值消除为止，最终实现移动部件的高位置精度，如图 0.13 所示。

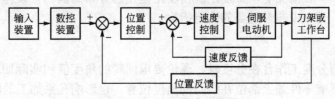

图 0.13　闭环伺服数控机床

闭环伺服系统的特点是加工精度高、移动速度快。但是，机械传动装置的刚度、摩擦阻尼特性、反向间隙等非线性因素对系统的稳定性有很大影响，造成闭环控制系统安装调试比较复杂，且直线位移检测装置造价高，因此闭环伺服系统多用于高精度数控机床和大型数控机床。

3．半闭环伺服数控机床

这种控制方式对移动部件的实际位置不进行检测，而是通过检测伺服电动机的转角，间接地检测移动部件的实际位移量，检测装置将检测所得的实际位移量反馈到数控装置的比较器，与输入指令要求的位置进行比较，用差值进行控制，直到差值消除为止，如图 0.14 所示。

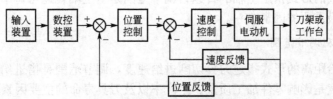

图 0.14　半闭环伺服数控机床

由于半闭环控制的运动部件的机械传动链不包括在闭环之内，机械传动链的误差无法得到校正或消除。但是，由于广泛采用的滚珠丝杠螺母机构具有良好的精度和精度保持性，且采用了可靠的消除反向运动间隙的结构，因此其控制精度介于开环系统与闭环系统之间。对于半闭环伺服系统，由于其角位移检测装置结构简单、安装方便，而且惯性大的移动部件不包括在闭环内，所以系统调试方便，并有很好的稳定性。因此半闭环伺服系统得到了广泛应用，且成为首选控制方式。

0.4　数控机床的主要指标

0.4.1　数控机床的精度指标

1．定位精度和重复定位精度

定位精度是指数控机床工作台等移动部件在确定的终点所达到的实际位置的精度，而移动部件实际位置与理想位置之间的误差称为定位误差。定位精度包括伺服系统、检测系统、进给系统等误差，还包括移动部件导轨的几何误差等。定位误差直接影响零件加工的位置精度。

重复定位精度是指在同一台数控机床上，应用相同程序代码加工一批零件，所得到的连续结果的一致程度。重复定位精度受伺服系统特性、进给系统的间隙与刚性以及摩擦特性等因素的影响。一般情况下，重复定位精度是呈正态分布的偶然性误差，它影响一批零件加工的一致性，是一项非常重要的性能指标。

2. 分度精度

分度精度是指分度工作台在分度时，理论要求回转的角度值和实际回转的角度值的差值。分度精度既影响零件加工部位在空间的角度位置，也影响孔系加工的同轴度等。

3. 分辨度和脉冲当量

分辨度是指两个相邻的分散细节之间可以分辨的最小间隔。脉冲当量是指数控系统每发出一个进给脉冲，机床机械运动机构就产生一个相应的位移量，一个脉冲对应的这个位移量即为脉冲当量。

0.4.2 数控机床的运动性能指标

数控机床的运动性能指标主要包括主轴转速、进给速度、坐标行程、摆角范围、刀库容量及换刀时间等。

1. 主轴转速及调节范围

以每分钟转数的形式指定主轴的转速，调节范围是指主轴转速可调节的变化范围，它是影响切削性能最重要的因素之一。

2. 进给速度及调节范围

以每分钟进给距离的形式指定刀具切削进给速度，调节范围是指进给速度可调节的变化范围，进给速度是影响零件加工质量、生产率以及刀具寿命的主要因素。

3. 坐标行程

数控机床坐标轴 X、Y、Z 的行程大小构成数控机床的空间加工范围，即加工零件的大小。行程是直接体现机床加工能力的指标参数。

4. 摆角范围

数控机床摆角的大小也是直接影响加工零件空间部位的能力，但摆角太大又造成机床的刚度下降，因此给机床设计带来许多困难。

5. 刀库容量及换刀时间

刀库容量及换刀时间对数控机床的生产率有直接影响。刀库容量是指刀库能存放加工刀具的数量；换刀时间是指带有自动交换刀具系统的数控机床，将正在使用的刀具与装在刀库上的下一工序需用的刀具进行交换所需要的时间。

0.4.3 数控系统的主要技术指标

数控系统的技术指标反映了 CNC 系统的基本性能，概括起来主要有以下几个方面。

1. 可控轴数和联动轴数

可控轴数是指机床的数控装置能够控制的坐标数目；其中包括移动轴和回转轴；联动轴数是指机床数控装置控制的坐标轴同时达到空间某一点的坐标数目；有两轴联动、两轴半联动、三轴联动、四轴联动、五轴联动等。

2. 插补功能

插补功能越强，说明 CNC 系统能够加工的轮廓越多。目前，CNC 系统不仅可以插补直线、圆弧，还可以插补抛物线、椭圆、正弦曲线、螺旋曲线和样条函数等。

3. 准备功能

准备功能用来指令机床动作的方式功能，包括基本移动、程序暂停、平面选择、坐标设定、刀具补偿、参考点返回、固定循环和公英制转换等。

4. 辅助功能

辅助功能用来规定主轴的起、停、转向，冷却液的接通和断开等。M 功能的使用有立即型和段后型两种。

5. 刀具管理和刀具补偿

用 T 指令来选择刀具的功能，能根据 T 指令从一定容量的刀库中选择加工时所需的刀具。CNC 系统可以进行刀具半径补偿、刀具长度补偿以及自动刀具测量等。

6. 零件程序管理和编辑

零件程序管理功能反映在 CNC 系统中可同时存储的零件程序个数，还有一个重要指标是容量，它表示可存储程序的长度。

CNC 提供的编程方式有多种，例如 MDI、符号 FAPT 对话编程、集合工艺语言编程、参数化编程和蓝图直接编程等。

7. 零件程序结构

零件程序结构包括程序名位数、程序号位数、是否可以调用子程序、子程序的嵌套层辐重、用户宏程序等。

8. 操作功能

CNC 系统通常能进行条件程序段的执行、程序段跳步、机械闭锁、辅助功能闭锁、单段、试运行、示教等操作。

9. 误差补偿功能

在加工过程中，机械传动链中存在的反间隙误差、螺距误差，导致实际加工出的零件尺寸不一致，造成加工误差。因此，CNC 系统采用反向间隙补偿和螺距误差补偿功能，把误差的补偿量输入 CNC 系统的存储器，按补偿量重新计算刀具的坐标尺寸，从而加工出符合要求的零件。

10. 自动加减速控制

为保证伺服电动机在启动、停止或速度突变时不产生冲击、失步、超程或振荡，必须对送到伺服电动机的进给频率或电压进行控制。在电动机启动及进给速度大幅度上升时，控制加在伺服电动机上的进给频率或电压逐渐增大，而当电动机停止及进给大幅度下降时，控制加在伺服电动机上的进给频率或电压逐渐减小。CNC 系统中自动加减速控制多用软件实现，它可在插补前进行，称为插补前加减速，也可在插补后进行，称为插补后加减速。

11. 通信与通信协议

CNC 系统一般都有 RS-232 接口，有的还配有 DNC 接口，并设在缓冲区，进行高速传输。高级型 CNC 系统还可以与 MAP 相连，接入工厂的通信网络，以适应 FMS、CIMS 的要求。

12. 自诊断功能

CNC 系统中设置有各种诊断程序，在故障发生后可迅速查出故障类型和部位，及时排除，以减少故障停机时间和防止故障的扩大。

CNC 系统的故障诊断程序可以包含在系统程序中，在系统运行过程中进行诊断；也可以作为服务性程序，在系统运行前或故障停机后进行诊断；有的 CNC 系统还可进行远程通信诊断。

练习与思考题

（1）数控机床由哪几部分组成？各有什么作用？
（2）简述数控机床的工作过程。
（3）什么是开环、闭环和半闭环控制系统？各有什么优点？
（4）数控机床加工有什么特点？
（5）数控机床的发展趋势主要有哪几个方向？

第一篇

数控车床

第 1 章

数控车床精度检测

教学提示

本章着重讨论数控车床的精度检测，重点介绍以下内容：数控车床的精度检测常用的量具、仪器；数控车床的几何精度检测方法；数控车床的定位精度检测方法；数控车床的工作精度检测方法。

教学要求

通过本章的学习，要掌握水平仪的正确使用方法，掌握专用量具的正确使用方法；掌握数控车床几何精度检测方法；掌握数控车床工作精度检测方法；了解数控车床的定位精度检测方法；了解三坐标检测机及双频激光干涉仪的使用原理。

新的机床在出厂前，制造厂要进行严格的精度检测与试验，签发产品合格证后才能出厂。购买者购买回来，安装与调试完后，要进行试车和验收之前，必须对机床进行安装精度检测。每年使用者或设备管理人员要对设备进行定期保养与维护，也必须对机床进行精度检测。随着机床的使用，设备丧失精度对其进行大修后，也要对其进行精度检测。精度检测通常包括水平检测、几何精度检测以及切削精度检测。

1.1　数控车床几何精度检测

数控车床的几何精度是指机床各部件工作表面的几何形状及相互位置接近正确几何基准的程度，数控车床的几何精度综合反映车床的关键机械零部件及其组装后的几何形状误差。它决定运动件在低速空转时的运动精度；决定加工精度的零件、部件之间及其运动轨迹之间的相对位置精度。

数控车床在机械加工领域中是极为普遍的机械设备之一，车削加工时，车床、刀具、切削用量和工艺等因素直接影响加工精度，而在正常加工条件下进行各项的切削加工，车床本身的几何精度是其中最重要的因素。

1.1.1　检测常用的量具与仪器

检测常用的量具与仪器很多，例如塞尺、平尺、90°角尺、检验棒、百分表、水平仪等，下面对几种常用量具与仪器的使用方法进行介绍。

1. 塞尺

塞尺又称测微片或厚薄规，是用于检验间隙的测量器具之一。由一组具有不同厚度级

图 1.1　成组塞尺

差的薄钢片组成的量规(图 1.1)。在检验被测尺寸是否合格时，可以用通止法判断，也可由检验者根据塞尺与被测表面配合的松紧程度来判断。塞尺一般用不锈钢制造，最薄的为 0.02mm，最厚的为 3mm。在 0.02～0.1mm 间，各钢片厚度级差为 0.01mm；在 0.1～1mm 间，各钢片的厚度级差一般为 0.05mm；在 1mm 以上，各钢片的厚度级差为 1mm。

在检验时，应先用较薄的片试塞，再逐渐换较厚的片，直到塞进时松紧适度为止，这时塞尺的厚度就是被测间隙的尺寸。需要时，可将几片塞尺叠放在一起使用，此时几片塞尺的尺寸之和就是间隙的大小。测量时，不可用力硬塞塞尺，以防塞尺弯曲甚至折断。

2. 平尺

在机床几何精度检查中，平尺通常都是作为测量的基准。所以，其测量平面都是具有很高的直线度、平面度、平行度和垂直度，以及很小的表面粗糙度值。通常采用刮削或研磨方法达到有关要求。平尺大多采用铸铁制造，为了减小长期使用中的变形，制造中经过多次时效处理以消除内应力。近年来，内应力很小、基本上不变形的岩平尺在几何精度检查中得到了应用。

1) 平尺的种类
常用的平尺有平行平尺和桥形平尺两种，如图 1.2 及图 1.3 所示。

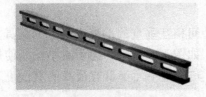

图 1.2　平行平尺

图 1.3　桥形平尺

2) 平尺的使用方法

用平尺测量机床的直线度主要有以下 3 种方法。

(1) 研点法：选择一把平尺，其精度应高于被检查机床导轨的直线度要求的精度，长度不短于被检查导轨的长度。测量精度较低的机床导轨，允许平尺短于导长度，但导轨长度不得超过平长度的 1/4。研点法常用于检查长度不超过 2000mm 的短导轨。

检查时，先在被检查的导轨面上均匀涂抹一层很薄的显示剂（如红丹油等），将平尺擦净后覆盖在被检导轨表面上，垂直施加适当的压力后做短距离的往复运动进行研点。取下平尺，观察被检导轨表面研点的分布，研点法不能直接测出导轨直线度的量值，所以一般不用几何精度检查的最后测量。它的优点是不需要精密的测量仪器。

(2) 平尺百分表法：这种方法常用于检查长度不超过 2000mm 的机床导轨在垂直面内或水平面内的直线度，如图 1.4 所示。

检查时将平尺置于被检查的导轨旁边，平尺的测量面与被检查导轨的直线度方向平行，在导轨上放置一块预先与被检查导轨面配刮好的垫铁，将百分表固定在垫铁上，使百分表测头顶压在平尺的测量面上。读数前，先调整平尺位置，使百分表两端的读数相等，然后移动垫铁在导轨全长上读数，百分表的最大值差就是该导轨的直线度误差。

(3) 垫塞法：在被检查的平面导轨上安装一平尺，在离平尺两端各为平尺全长的 2/9 处，支撑两个等高垫块，如图 1.5 所示。用量块或塞尺测量平尺和被检查导轨之间的间隙差值，就是该导轨的直线误差值。

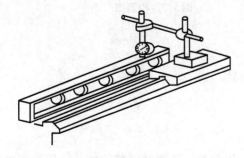

图 1.4　平尺的用法

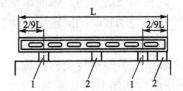

图 1.5　垫塞法测量导轨的直线度
1—等高垫块；2—塞尺或量块

3) 平尺使用的注意事项

铸铁平尺在使用前，应把工作面和被测量面清洗干净，不得有锈蚀、斑痕和其他缺陷存在，否则直接影响测量精度或拉毛平尺及导轨表面。平尺使用后应该擦净、涂油，以免生锈。存放桥形平尺时应将测量面朝上水平放置，而平行平尺最好悬挂存放。

3. 90°角尺

90°角尺是用来测量零件上的直角或检验零件间相互垂直的垂直度误差的量具，也可以用来找正零件。90°角尺大多数采用铸铁制造，如图 1.6 所示，为了减小长期使用中的变形，制造中经过多次时效处理以消除内应力。其测量平面都具有很高的直线度、平面度、平行度和垂直度以及很小的表面粗糙度。

使用 90°角尺时，要特别小心，不要使角尺的尖端、边缘和零件表面相磕碰。搬动时要一手托短边，一手扶长边，轻拿轻放。90°角尺使用后一定要擦净上油以防止生锈，保存时必须立放，严禁卧放以减少变形。立放时短边朝下，长边垂直放置。

4. 检验棒

检验棒是检验各种机床几何精度的重要量具，它是采用优质碳素工具钢制成的。检验棒的测量面用作被测轴线的基准线，所以检验棒制造时要有较高精度的圆柱度、圆锥度及各轴颈的同轴度。为了延长检验棒的使用寿命，检验棒表面要有较高的硬度，以提高其耐磨性。

1）检验棒的种类

检验棒的种类很多，在机床几何精度检查中常用圆柱形检验棒、莫氏检验棒、7∶24 锥度锥柄检验棒，如图 1.7 所示。

图 1.6　90°角尺

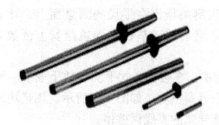

图 1.7　检验棒

2）检验棒主要的检测项目

（1）旋转轴线的方向、轴向窜动的测量。

（2）轴线与轴线间的同轴度、垂直度的测量。

（3）轴线圆跳动的测量。

（4）轴线与导轨平行度的测量。

3）使用检验棒的注意事项

使用前应对检验棒及配合的孔进行清理，以保护检验棒的安装锥柄，使用中不能发生磕碰，应保护检验棒的中心孔，使用以后必须擦拭干净，上油后垂直吊挂。

5. 百分表

百分表是一种精度较高的比较量具，它只能测出相对数值，不能测出绝对数值，主要用于测量形状和位置误差，也可用于机床上安装工件时的精密找正。百分表的读数准确度为 0.01mm，其是利用齿条齿轮或杠杆齿轮传动，将测杆的直线位移变为指针的角位移的计量器具。分度值为 0.01mm，测量范围为 0～3、0～5、0～10mm。

1) 百分表的分类

按其结构和用途的不同，百分表分为百分表头(图 1.8)、杠杆式百分表(图 1.9)和内径百分表(图 1.10)。

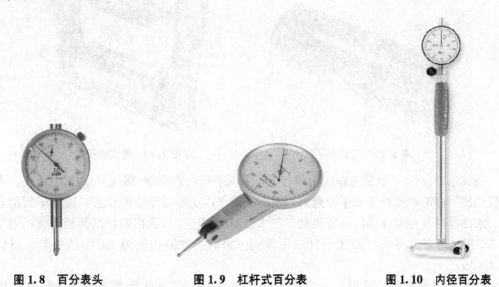

图 1.8　百分表头　　　　　图 1.9　杠杆式百分表　　　　图 1.10　内径百分表

2) 百分表使用时的注意事项有如下几点

(1) 使用前，应检查测量杆活动的灵活性，即轻轻推动测量杆时，测量杆在套筒内的移动要灵活，没有如何轧卡现象，每次手松开后，指针能回到原来的刻度位置。

(2) 使用时，必须把百分表固定在可靠的夹持架上。切不可贪图省事，随便夹在不稳固的地方，否则容易造成测量结果不准确或摔坏百分表。

(3) 测量时，不要使测量杆的行程超过它的测量范围，不要使表头突然撞到工件上，也不要用百分表测量表面粗糙度或有显著凹凸不平的工件。

(4) 测量平面时，百分表的测量杆要与平面垂直，测量圆柱形工件时，测量杆要与工件的中心线垂直，否则将使测量杆活动不灵或测量结果不准确。

(5) 为方便读数，在测量前一般都让大指针指到刻度盘的零位。

(6) 读数时，注意小指针指示位置，否则将引起较大读数误差。

6. 水平仪

水平仪是一种测量小角度的常用量具。在机械行业和仪表制造中，用于测量相对于水平位置的倾斜角、机床类设备导轨的平面度和直线度、设备安装的水平位置和垂直位置等。水平仪利用液面水平恒定的原理以水准器直接显示角位移，主要部分是水准器，水准器是一个密封的玻璃管，内壁研磨成一定曲率半径，曲率半径决定水准器的准确度，曲率半径越大，分辨率越高，反之分辨率越低。水准器内装有黏滞度较小的液体，如酒精、乙醚及其混合体等，内留一气泡，在内表面有刻度。当水平仪下工作面处于水平位置时，气泡位于两端刻线中间，气泡液面与下工作面平行；当不在水平位置时，气泡液面与下工作面不平行，气泡就偏向高的一端。

按水平仪的外形不同可分为条式水平仪(图 1.11)和框式水平仪(图 1.12)两种；按水

准器的固定方式又可分为可调式水平仪和不可调式水平仪。

图 1.11　条式水平仪　　　　　　　图 1.12　框式水平仪

　　条式水平仪由 V 形的工作底面和与工作底面平行的水准器(即气泡)两部分组成。当水平仪的底平面准确地处于水平位置时，水准器的气泡正好处于中间位置，被测平面稍有倾斜，水准器的气泡就向高的一方移动。在水准器的刻度上可读出两端高低相差值，刻度值为 0.02/1000 的水平仪，即表示气泡每移动一格时，被测长度为 1m 的两端上，高低相差 0.02mm。

　　一般框式水平仪的外形尺寸是 200mm×200mm，其有 4 个相互垂直的都是工作面的平面，并有纵向、横向两个水准器。因此，它除了能完成条式水平仪的工作外，还能检验机件的垂直度。常用框式水平仪的刻度值为 0.02/1000 和 0.05/1000。水平仪的刻度值是气泡运动一格时的倾斜度，以每米多少毫米为单位，刻度值也叫做读数精度或灵敏度。

　　为避免由于水平仪零位不准而引起的测量误差，因此在使用前必须对水平仪零位进行检查或调整。水平仪零位检查和调整方法，将被校水平仪放在大致水平的平板上，紧靠定位块，待气泡稳定后以气泡的一端读数为 a_1，然后将水平仪调转 180°，准确地放在原位置，按照第一次读数的一边记下气泡另一端的读数为 a_2，两次读数差的一半则为零位误差，即 $(a_1 - a_2)/2$ 格。如果零位误差超过许可范围，则需调整零位机构。

　　使用水平仪注意事项有以下几点。

　　(1) 水平仪所检查的部位必须是加工面。在检查设备立面的垂直度时，水平仪要平贴紧靠在设备立面上。

　　(2) 测量前，应认真清洗测量面并擦干，检查测量表面是否有划伤、锈蚀、毛刺等缺陷。

　　(3) 检查零位是否正确，如不准，对可调式水平仪应进行调整。

　　(4) 测量时，应尽量避免温度的影响，水准器内液体对温度影响变化较大，因此应注意手热、阳光直射、冷气等因素对水平仪的影响。

　　(5) 使用中，应在垂直水准器的位置上进行读数，以减少视差对测量结果的影响。

　　(6) 水平仪要轻拿轻放，不得碰撞，也不许在工作面上推来推去。

　　(7) 水平仪从低温处取出不可立即放到高温处，也不得靠近灯火或在阳光下直射。

　　(8) 水平仪用完后，要用细白布擦净，并薄薄地涂上一层润滑油，放入盒内。

1.1.2　数控车床几何精度检测的一般规则

数控车床几何精度检测是机床处于非运行状态下，对机床主要零部件质量指标误差值进行的测量，它包括基础件的单项精度、各部件间的位置精度、部件的运动精度、定位精度和传动链精度等。它是衡量机床精度的主要指标之一。

车床的几何精度检验，一般不允许紧固地脚螺栓。如因机床结构要求，必须紧固地脚螺栓才能使检验数值稳定，也应将机床调整至水平位置，在垫铁承载均匀的条件下，再以大致相等的力矩紧固地脚螺栓。绝对不允许用紧固地脚螺栓的方法来校正机床的水平和几何精度。

1．几何精度检验的一般规定

（1）凡是与主轴轴承温度有关的项目，应在主轴运转达到稳定温度后再进行几何精度检验。

（2）凡规定的精度检验项目均应在允差范围内，如超差须进行返修，返修后必须重新检验所有的几何精度。

2．测量几何精度检验时的注意事项

（1）测量时，被测件和量仪等的安装面和测量面都应保持高度清洁。

（2）测量时，被测件和量仪应安放稳定、接触良好，并注意周围振动对测量稳定性的影响。

（3）在用水平仪测量机床几何精度时，由于测量时间较长，应特别注意避免环境温度的变化，因为这造成被测件测量过程中水平仪气泡的长度变化，而影响测量的准确性。

（4）在用水平仪或指示器做移动测量时，为避免移动部件和量仪测量机构受力后间隙变化以测量数值的影响，在整个测量移动过程中，必须遵守单向移动测量的原则。

（5）对水平仪读数时，必须确认水准器气泡已处于稳定的静止状态。在用指示器做比较测量时，其测量力应适合，一般以测量杆有 0.5mm 左右的压缩量为宜。

（6）当被测要素的实际位置不能直接测量而必须通过过渡工具间接测量时，为消除工具的替代误差对测量的影响，一般应采用正反向二次测量法，并取测量结果的平均值。

1.1.3　数控车床几何精度检验实例

本节以 CAK40100 数控车床为例，介绍数车的几何精度检测方法。

1．检验导轨在垂直平面内的直线度

由于水平仪测量精度较高、使用方便，因此在测量导轨直线度误差中被广泛采用。

1）水平仪的操作要点

（1）水平仪放置方向不可以任意改变，这样不致造成读数混乱。

（2）当测量导轨直线度时，水平仪的移动方向习惯上是从左向右移动的。

（3）当测量导轨直线度时，应根据导轨长度选择桥板，桥板越短，水平仪每格的线值越小，越能反映出直线度的真实性。桥板的移动应首尾相接，移动过程中，水平仪与桥板不得有相对位移。水平仪的安置应与测量方向一致，不得左右歪斜。

（4）水平仪的移动方向与气泡移动方向相反，工作面呈凸形，反之工作面呈凹形。可大致了解直线度的变化情况。如果导轨是凸的，水平仪向右移动，水平仪的气泡向相反方向运动，如图 1.13 所示；如果导轨是凹的，水平仪向右移动，水平仪的气泡向相同方向运动，如图 1.14 所示。

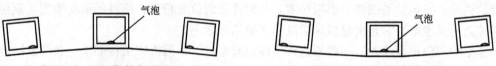

图 1.13　凸形导轨气泡走向　　　　　　　　图 1.14　凹形导轨气泡走向

（5）采用作图法评定直线度时，以误差曲线纵坐标方向的数值读取，不能以两包容直线之间垂直距离读数。这是因为误差曲线不是实际轮廓线，横坐标是按缩小比例、纵坐标是按放大比例表示的。

2）直线度测量

直线度的评定有多种方法，其中最小条件法评定直线度误差最小，它是以包容概念和最小条件概念来处理直线度的。最小条件法是在误差趋势图上，过两个最低点（最高点）作一条直线，然后过两点间的一个最高点（最低点）作另一条直线与之平行且两平行直线距离为最小，两平行直线之间为包容区，通过数据处理求出直线度，可作图进行分析。

水平仪的读数方法，将水平仪在起端测量位置总是读作零位，不管气泡位置是在中间还是偏在一边。然后依次移动水平仪垫铁，记下每一位置的气泡与起端位置的移动变化方向和刻度的格数。根据气泡移动方向来评定被检导轨的倾斜方向，如果气泡向右移动，读为正值，表示导轨向上倾斜；如果方向相反，则读为负值。

将导轨分成相等的若干整段来进行测量，并使头尾平稳的衔接，逐段检查并读数，然后确定水平仪气泡的运动方向和水平仪实际刻度及格数，进行记录，填写"＋"、"－"符号，按公式进行计算机床导轨直线度精度误差值。

数控车床导轨在垂直面内直线度的测量方法如下：将水平仪纵向放在溜板上靠近前导轨上，从刀架处于主轴箱一端的极限位置开始从左等距离向右，依次记录溜板在每一位置时水平仪的读数，作导轨曲线图。

导轨全长的直线度误差为

$$\delta_全 = A\delta L$$

式中　A——最大变化格数；

δ——水平仪刻度值；

L——测量时每次移动距离。

例如：检验一台最长工件长度 D_c＝1000mm 卧式数控车床，导轨在垂直面内直线度的允差为 0.02（凸），局部允差为 0.0075。溜板每移动 250mm 测量一次，水平仪刻度值为 0.02/1000；溜板在从左到右各个测量位置时水平仪的读数见表 1－1。

表 1－1　导轨在垂直平面内直线度的记录表

位置序号	0	1	2	3	4	5
距离	0	250	500	750	1000	1250
水平仪读数	0	－0.5	－1	－0.8	－2.6	－3

根据读数画出的曲线图如下。

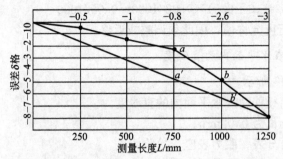

由上图可以得出，全长最大变化格数 $A=aa'=2.4$ 格，则导轨全长的直线度误差 $\delta_{全}=A\delta L=2.4\times0.02/1000\times250=0.012\text{mm}$

由上图可以得出，250mm 长度范围内最大变化格数 $A=bb'=1.4$ 格，则导轨局部的直线度误差 $\delta_{局}=A\delta L=1.4\times0.02/1000\times250=0.007\text{mm}$

2. 检验导轨直平行度

对于每条导轨的表面形状，除了水平面内和垂直平面内有直线度要求外，为了保证导轨和运动部件相互配合良好，提高接触率，还要求导轨的前后单轨必须保持平行，表面的扭曲误差符合相应的要求。

1) 百分表拉表检查法

百分表拉表检查法是较常用的测量方法之一，如图 1.15 中是利用专用桥板结合百分表检验车床导轨的平行度的方法。在全长内百分表指针的最大偏差，即是平行度的误差。

2) 水平仪检查法

两条导轨的平行度采用水平仪进行测量，方法简便，且测量精度也较高，其误差的计算一律采用角度偏差值表示。将水平仪固定放置在桥板或溜板的横向位置，如图 1.16 所示，当其随桥板或拖板在导轨上纵向从左到右移动时，每隔 250mm 或 500mm 记录一次水平仪读数，水平仪在全部行程上读数的最大代数差，就是导轨平度误差。

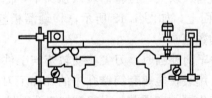

图 1.15 百分表检验导轨的平行度

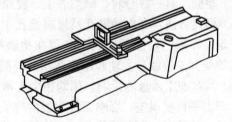

图 1.16 水平仪检验导轨的平行度

例如：检验一台导轨长度 $Dc=1000\text{mm}$ 卧式车床，其平行度全长上允差为 0.04/1000。水平仪精度为 0.02/1000。

检测方法如图 1.16 所示，溜板每移动 250mm 读数一次，取得 5 个读数，见表 1-2。

表 1-2 导轨平行度的记录表

位置序号	0	1	2	3	4	5
距离	0	250	500	750	1000	1250
水平仪读数	0	0	↑1	↑2	↑0.5	↓0.5

导轨平行度为 $\delta_平 = (2+0.5) \times 0.02/1000 = 0.05/1000$

此项大于导轨平行度允许值，因此须调整或返修。

3. 检验溜板移动在水平面内的直线度

检验简图如图 1.17 所示。

(1) 检验项目：溜板移动在水平面内的直线度。

(2) 检验要求：全长为 0.02mm。

(3) 检验工具：百分表、磁力表座、检验棒。

(4) 测量方法：在主轴锥孔及尾座锥孔中分别插入顶尖，检验棒装入顶尖中，把磁力表座固定在刀架上，使百分表测头顶在检验棒表面上，如图 1.17 所示，移动溜板检验，百分表的最大差值就是溜板移动在水平面内的直线度的数值。

(5) 其对加工质量的影响：车内外圆时，刀具纵向移动过程中前后位置发生变化，影响工件素线的直线度，影响较大。

4. 检验主轴和尾座两顶尖的等高度

检验简图如图 1.18 所示。

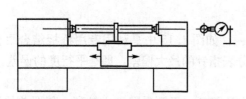

图 1.17　检验溜板移动在水平面内的直线度

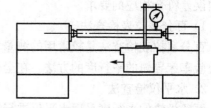

图 1.18　检验主轴和尾座两顶尖的等高度

(1) 检验项目：主轴和尾座两顶尖的等高度。

(2) 检验要求：0.04mm(尾座顶尖高于主轴顶尖)。

(3) 检验工具：百分表、磁力表座、检验棒。

(4) 测量方法：在主轴锥孔及尾座锥孔中分别插入顶尖，检验棒装入顶尖中，把磁力表座固定在刀架上，使百分表测头顶在检验棒表面上，如图 1.18 所示，移动溜板检验，百分表的最大差值就是主轴和尾座两顶尖等高度的数值。

(5) 其对加工质量的影响：用两顶尖支承工件车削外圆时，刀尖移动轨迹与工件回转轴线间产生平行度误差，影响工件素线的直线度；用装在尾座套筒锥孔中的孔加工刀具进行钻、扩、铰孔时，刀具轴线与工件回转轴线间产生同轴度误差，引起被加工孔径扩大。

5. 主轴轴向窜动、轴肩支承面的跳动

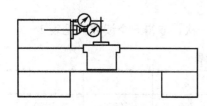

图 1.19　检验主轴轴向窜动、
轴肩支承面的跳动

检验简图如图 1.19 所示。

(1) 检验项目：主轴轴向窜动、轴肩支承面的跳动。

(2) 检验要求：主轴轴向窜动 0.01mm，轴肩支承面的跳动 0.02mm。

(3) 检验工具：百分表、磁力表座、短检验棒。

(4) 测量方法：①主轴的轴向窜动测量方法为在

主轴锥孔中插入一专用检具，棒端部中心孔内放一钢球，百分表的平测头顶在钢球上，旋转主轴进行检验，百分表读数的最大差值，就是窜动量；②主轴轴肩支承面的跳动测量方法为将千分表测头顶在轴肩支承面靠近边缘处，旋转主轴，分别在相隔90°的4个位置上检验，4次中的最大差值就是轴肩支承面的跳动的数值。

6．主轴定心轴径的径向跳动

检验简图如图1.20所示。

（1）检验项目：主轴定心轴径的径向跳动。

（2）检验要求：0.01mm。

（3）检验工具：百分表、磁力表座。

（4）测量方法：将百分表固定在机床上，使其测头垂直顶在主轴定心轴颈（包括圆锥轴颈）的表面上，旋转主轴，百分表的最大差值就是主轴定心轴径的径向跳动的数值。

（5）其对加工质量的影响：用卡盘夹持工件车内外圆时：①加工表面与夹特面的同轴度圆度；②多次装夹中加工出的表面的同轴度。钻、扩、铰孔时引起孔径扩大以及工件表面粗糙度。

7．主轴锥孔轴线的径向跳动

检验简图如图1.21所示。

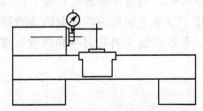

图1.20　检验主轴定心轴径的径向跳动

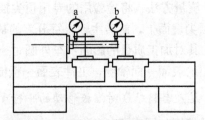

图1.21　检验主轴锥孔轴线的径向跳动

（1）检验项目：主轴锥孔轴线的径向跳动。

（2）检验要求：靠近主轴端面a处0.01mm，距主轴端面300mm处即b处0.02mm。

（3）检验工具：百分表、磁力表座、检验棒。

（4）测量方法：在主轴锥孔中插入一根检验棒，将百分表固定在机床上，使其测头顶在检验棒的表面上，旋转主轴，分别在a和b处检验，百分表的读数差值，就是主轴锥孔轴线的径向跳动的数值。

注意：相对主轴旋转90°检验3次，消除检验棒误差的影响；取4次结果的平均值，精确度较高。

（5）其对加工质量的影响。两尖顶支承工件车削外圆时。①圆度；②加工表面与中心孔的同轴度；③多次装夹时对加工出的各表面有同轴度，工件表面粗糙度均有影响。

8．主轴轴线对溜板纵向移动的平行度

检验简图如图1.22所示。

（1）检验项目：主轴轴线对溜板纵向移动的平

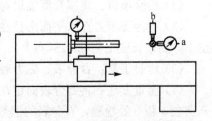

图1.22　检验主轴轴线对溜板
纵向移动的平行度

行度。

(2) 检验要求：在水平面内且在 300 测量长度上为 0.015mm(向刀具偏)；在垂直面内且在 300 测量长度上为 0.02mm(向上)。

(3) 检验工具：百分表、磁力表座、检验棒。

(4) 测量方法：在主轴锥孔中插入一检验棒，把百分表固定在刀架上，使百分表测头顶在检验棒表面上，分别在 a、b 两处移动溜板检验，百分表的最大差值，就是主轴轴线对溜板纵向移动的平行度的数值。

注意：主轴回转180°，消除检验棒本身的误差，取两次测量结果的代数和的一半。

(5) 其对加工质量的影响：卡盘夹持工件车削外圆，刀尖移动轨迹与工件回转轴线在水平面内平行度误差→工件产生锥度；在垂直面平面内的平行度误差→工件素线的直线度。

9. 主轴顶尖的径向跳动

检验简图如图 1.23 所示。

(1) 检验项目：主轴顶尖的径向跳动。

(2) 检验要求：0.015mm

(3) 检验工具：百分表、磁力表座、检验顶尖

(4) 测量方法：将检验用的专用顶尖插入主轴锥孔，用百分表进行检验，使其触头垂直顶在顶尖表面上，旋转主轴，百分表的最大差值，就是主轴顶尖的径向跳动的数值。

(5) 其对加工质量的影响：车外圆时→圆度，车外表面及内孔时→同轴度，多次装夹时加工出的表面→同轴度，工件表面→粗糙度。

10. 尾座套筒轴线对溜板移动的平行度

检验简图如图 1.24 所示。

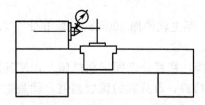
图 1.23　检验主轴顶尖的径向跳动

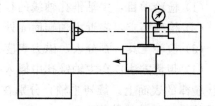
图 1.24　检验尾座套筒轴线对溜板移动的平行度

(1) 检验项目：尾座套筒轴线对溜板移动的平行度。

(2) 检验要求：在水平面内且在 100 测量长度上为 0.01(向刀具偏)，在垂直平面内且在 100 测量长度上为 0.015(向上)。

(3) 检验工具：百分表、磁力表座。

(4) 测量方法：将百分表固定在刀架上，使其测头顶在尾座套筒表面上，移动溜板，分别在 a 和 b 处检验，百分表的读数差值就是尾座套筒轴线对溜板移动的平行度的数值。

(5) 其对加工质量的影响：用装在尾座套筒锥孔中的刀具进行钻、扩、铰孔时，刀具轴线与工件回转轴线间产生同轴度误差，使加工孔的直径扩大并产生喇叭形。

11. 尾座套筒锥孔轴线对溜板移动的平行度

检验简图如图 1.25 所示。

(1) 检验项目：尾座套筒锥孔轴线对溜板移动的平行度。

(2) 检验要求：在水平面内且在 300 测量长度上为 0.03(向前)，在垂直平面内且在 300 测量长度上为 0.03(向上)。

(3) 检验工具：百分表、磁力表座、检验棒。

(4) 测量方法：在尾座锥孔中插入一检验棒，将百分表固定在溜板上，使其测头顶在检验的圆柱面上，移动溜板，在 300 长度上，百分表的读数差值，就是尾座套筒锥孔轴线对溜板移动平行度的数值。

注意：相对套筒旋转 180°检验一次，消除棒误差影响，取二次结果的平均值。

(5) 其对加工质量的影响：用装在尾座套筒锥孔中的刀具进行钻、扩、铰孔时，刀具进给方向与工件回转轴线不重合，引起被加工孔的孔径扩大和产生喇叭形；用两顶尖支承工件车削外圆时，影响工件素线的直线度。

12. 尾座移动对溜板移动的平行度

检验简图如图 1.26 所示。

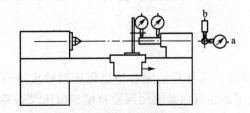 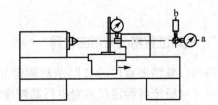

图 1.25　检验尾座套筒锥孔轴线
对溜板移动的平行度

图 1.26　检验尾座移动对溜板
移动的平行度

(1) 检验项目：尾座移动对溜板移动的平行度。

(2) 检验要求：在水平面内为 0.02/300，在垂直平面内为 0.015/300。

(3) 检验工具：百分表、磁力表座。

(4) 测量方法：把磁力表座固定在刀架上，使百分表测头顶在尾座套筒表面上，如图 1.26 所示。尾座尽可能地靠近溜板，使其一起移动，得出读数。为了使固定在回转刀架上的指示器测头总是顶在同一点上，尾座套筒应保持锁紧状态。进行检测时，尾座应按正常工作状态锁紧，沿着行程在每隔 300 处记录读数。百分表读数的最大差值，就是尾座移动对溜板移动的平行度的数值。

(5) 其对加工质量的影响：尾座移至床身导轨上不同纵向位置时，尾座套孔的锥孔轴线与主轴轴线会产生等高度误差，影响钻、扩、铰孔以及两顶尖支承工件车削外圆时的加工精度。

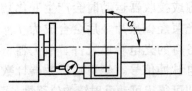

13. 横刀架横向移动对主轴轴线的垂直度

检验简图如图 1.27 所示。

图 1.27　检验横刀架横向移动
对主轴轴线的垂直度

（1）检验项目：横刀架横向移动对主轴轴线的垂直度。

（2）检验要求：0.02/300，偏差方向 $\alpha \geqslant 90°$。

（3）检验工具：百分表、磁力表座、专用检具或 90°角尺。

（4）测量方法：方法一：将专用检具固定在主轴上，百分表固定在中拖板上，移动中拖板进行检验，然后将主轴旋转 180°，再测一次，取两次测量结果的代数和之差；方法二：用直角尺的一边为基准，即把直角尺放置导轨上，百分表装在中拖板上，再纵向测量直角尺一底面的左右两边的读数相等。如不等则调整水平仪左右两边位置直到相等，然后取横向测量的百分表的最大代数差值。

（5）其对加工质量的影响：车端面时对工件端面的平面度和垂直度受影响。

1.2　数控车床定位精度检测

数控车床定位精度是指机床各坐标轴在数控装置控制下运动所能达到的位置精度。数控车床定位精度又可理解为机床的运动精度。普通机床由手动进给，定位精度主要决定于读数误差，而数控机床的移动是靠数字程序指令实现的，故定位精度决定于数控系统和机械传动误差。机床各运动部件的运动是在数控装置的控制下完成的，各运动部件所能达到的精度直接反映加工零件所能达到的精度，所以定位精度是一项很重要的检测内容。

1.2.1　检测位置精度常用的仪器

检测位置精度常用的仪器是双频激光干涉仪，其可对机床各种坐标运动精度进行测量，也可对机床各种定位装置进行高精度的校正。还有自动螺距误差补偿、机床动态特性测量与评估、回转坐标分度精度标定、触发脉冲输入输出功能等。

1. 双频激光干涉仪

双频激光干涉仪是根据光学干涉基本原理设计而成的，如图 1.28 所示。在氦氖激光器上，加上一个轴向磁场。从激光器射出的激光束由于轴向磁场的作用，发出一束含有两个不同频率的左旋和右旋圆偏振光。经 1/4 波片后成为两个互相垂直的线偏振光，再经分光镜分为两路。一路经偏振片 1 后成为含有频率为 $f_1 - f_2$ 的参考光束。另一路经偏振分光镜后又分为两路：一路成为仅含有 f_1 的光束，另一路成为仅含有 f_2 的光束。当可动反射镜移动时，含有 f_2 的光束经可动反射镜反射后成为含有 $f_2 \pm \Delta f$ 的光束，Δf 是可动反射镜移动时因多普勒效应产生的附加频率，正负号表示移动方向（多普勒效应是奥地利人 C.J. 多普勒提出的，即波的频率在波源或接收器运动时会产生变化）。这路光束和由固定反射镜反射回来仅含有 f_1 的光的光束经偏振片 2 后会合成为 $f_1 - (f_2 \pm \Delta f)$ 的测量光束。测量光束和上述参考光束经各自的光电转换元件、放大器、整形器后进入减法器相减，输出成为仅含有 $\pm \Delta f$ 的电脉冲信号。经可逆计数器计数后，由电子计算机进行当量换算（乘 1/2 激光波长）后即可得出可动反射镜的位移量。双频激光干涉仪是应用频率变化来测量位移的，这种位移信息载于 f_1 和 f_2 的频差上，对由光强变化引起的直流电平变化不敏感，所以抗干扰能力强。

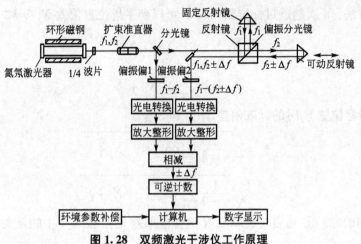

图 1.28 双频激光干涉仪工作原理

它常用于检定测长机、三坐标测量机、光刻机和加工中心等的坐标精度，也可用作测长机、高精度三坐标测量机等的测量系统。利用相应附件，还可进行高精度直线度测量、平面度测量和小角度测量。

1.2.2 位置精度的检验

1. 机床定位精度

机床定位精度是指数控机床移动部件（工作台或刀具）实际运动位置与指令位置的一致程度，其不一致的差值即为定位误差。

影响数控机床定位精度的因素包括伺服系统、检测系统、进给系统误差以及运动部件导轨的几何误差等。定位误差直接影响零件的尺寸精度。

2. 机床的重复定位精度

机床的重复定位精度是指在相同的操作方法和条件下，在完成规定操作次数过程中得到结果的一致程度。

重复定位精度主要由伺服系统和机床进给系统的性能所决定，例如伺服元件开关特性、进给部件的间隙、刚性和摩擦特性等。一般情况下，重复定位精度呈正态分布的偶然性误差，它会影响批量零件加工的一致性，是一项非常重要的性能指标。

3. 检验位置精度

（1）检验项目：重复定位精度、反向偏差、定位精度

（2）检验要求：a 为重复定位精度、b 为反向偏差、c 为定位精度。X 轴 $a0.012$、$b0.013$、$c0.03$；Z 轴 $a0.016$、$b0.02$、$c0.04$。

（3）检验仪器：双频激光干涉仪。

（4）测量方法：选择 j 个目标位置，用 P_j 表示目标位置，每个目标位置测量 n 次。每次趋近时实际位置 P_{ij} 减去目标位置 P_j 的差值作为位置偏差 X_{ij}。用符号"↑"表示正方向趋近，用符号"↓"表示负方向趋近，则有

$$X_{ij} \uparrow = P_{ij} \uparrow - P_j$$
$$X_{ij} \downarrow = P_{ij} \downarrow - P_j$$

（5）计算方法：n 次趋近目标位置 P_j 时，可得到平均位置偏差 $X_j\uparrow$ 和 $X_j\downarrow$。

$$\overline{X}_j\uparrow = \frac{1}{n}\sum_{i=1}^{n}X_{ij}\uparrow$$

$$\overline{X}_j\downarrow = \frac{1}{n}\sum_{i=1}^{n}X_{ij}\downarrow$$

n 次趋近目标位置 P_j 时的标准偏差 $S_j\uparrow$ 和 $S_j\downarrow$。

$$S_j\uparrow = \sqrt{\frac{1}{n-1}\sum_{i=1}^{n}(X_{ij}\uparrow - \overline{X}_j\uparrow)^2}$$

$$S_j\downarrow = \sqrt{\frac{1}{n-1}\sum_{i=1}^{n}(X_{ij}\downarrow - \overline{X}_j\downarrow)^2}$$

（6）精度的确定：① 重复定位精度 R 为标准偏差 $S_j\uparrow$ 和 $S_j\downarrow$ 中的最大的 6 倍。

$$R = 6S_{j\max}$$

② 定位精度 A 取 $(X_j\uparrow + 3S_j\uparrow)$、$(X_j\downarrow + 3S_j\downarrow)$ 中的最大值减去 $(X_j\uparrow - 3S_j\uparrow)$、$(X_j\downarrow - 3S_j\downarrow)$ 中的最小值之差值。

$$A = (X_j + 3S_j) - (X_j - 3S_j)$$

③ 反向偏差值 B 为各目标位置反向差值中的最大值。

$$B = (X_j\uparrow - X_j\downarrow)_{\max}$$

1.2.3 刀架定位精度

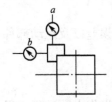

图 1.29 检验刀架定位精度

（1）检验项目：刀架定位精度。

（2）检验要求：如图 1.29 所示 a、b 的定位精度各为 0.01。

（3）检验工具：百分表、磁力表座。

（4）测量方法：把磁力表座固定，使百分表测头接触刀架表面，如图 1.29 所示，用自动循环使回转刀架退回，转位 360°，再返回原来的位置，记录新的读数，百分表的最大差值。误差以回转刀架至少回转 3 周的最大和最小读数之差值来计算。本检验对回转刀架的每一个位置都应重复进行检验，对于每一个位置，指示器都应调到零。

1.3 数控车床工作精度的检验

数控车床完成以上的检验和调试后，实际上已经基本完成独立各项指标的相关检验，但是也并没有完全充分地体现出机床整体的、在实际加工条件下的综合性能，而且用户往往也非常关心整体的综合的性能指标。所以还要完成工作精度的检验，以下分别介绍数控车床的相关工作精度检验。

1.3.1 检测工作精度常用的仪器

检测工作精度常用的仪器有圆度测量仪、三坐标测量机等。

1. 圆度测量仪

圆度测量仪，如图 1.30 所示，适用于机械、仪表、航空等精密机械加工中的圆度测量，还可以测量同轴度和垂直度等。

1）圆度测量仪的类型

圆度仪分为传感器回转式和工作台回转式两种型式。

（1）传感器回转式：长度传感器把位移量转换为电量，经过放大、滤波、运算等程序处理后即由显示仪表指示出圆度误差，也常用圆记录器记录出或用阴极射线管（CRT）显示出被测圆轮廓放大图。传感器回转式圆度仪结构复杂，但精密轴系不受被测件重量影响，测量精确度较高，适宜于测量较重工件。

图1.30 圆度测量仪

（2）工作台回转式：工作台回转式圆度仪结构简单，但精密轴系受被测件重量载荷后会影响回转精度，故适用于测量较轻工件（如轴承滚道）。圆度仪精密轴系的回转精度可达 $0.025\mu m$，采用误差分离法，利用电子计算机自动补偿精密轴系的系统误差，并采用多次测量方法减小偶然误差，可将测量精确度提高到 $0.005\mu m$。

2）圆度测量仪的原理

圆度测量仪是一个采点工具，其原理就是先采点，然后由点构成线，再由线构成立体的三维模型。三坐标测量机就是在3个相互垂直的方向上有导向机构、测长元件、数显装置，有一个能够放置工件的工作台（大型和巨型不一定有），测头可以以手动或机动方式轻快地移动到被测点上，由读数设备和数显装置把被测点的坐标值显示出来的一种测量设备。

3）圆度测量的方法

（1）回转轴法：利用精密轴系中的轴回转一周所形成的圆轨迹（理想圆）与被测圆比较，两圆半径上的差值由电学式长度传感器转换为电信号，经电路处理和电子计算机计算后由显示仪表指示出圆度误差，或由记录器记录出被测圆轮廓图形。回转轴法有传感器回转和工作台回转两种形式。前者适用于高精度圆度测量，后者常用于测量小型工件。按回转轴法设计的圆度测量工具称为圆度测量仪。

（2）坐标法：一般在带有电子计算机的三坐标测量机上测量。按预先选择的直角坐标系测量出被测圆上若干点的坐标值，通过电子计算机按所选择的圆度误差评定方法计算出被测圆的圆度误差。

2. 三坐标测量机

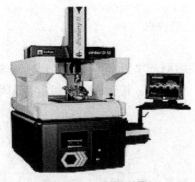

图1.31 三坐标测量机

三坐标测量机是一种以精密机械为基础，综合应用电子技术、计算机技术、光栅与激光干涉等先进技术的检测仪器，如图1.31所示。三坐标测量机可方便地测量各种零件的三维轮廓尺寸、位置精度等。其测量精确可靠，适用面广；由于计算机的引入，可方便地进行数字运算与程序控制，并具有很高的智能化程度。

一般点位测量有3种方法，即直接测量、程序测量和自学习测量。

1）直接测量方法（即手动测量）

操作员将决定的顺序利用键盘将指令输入测量机，再由系统逐步执行的操作方式称为直接测量法。测量时，根据被测零件的形状调用相应的测量指令，以手动或 NC 方式采样，其中 NC 方式是把测头拉到接近测量部位，系统根据给定的点数自动采点。测量机通过接口将测量点坐标值送入计算机进行处理，并将结果显示或打印出来。

2）程序测量方法

程序测量方法是指将测量一个零件所需要的全部操作按照其执行顺序编程，以文件形式存入磁盘，测量时按运行程序控制测量机自动测量。该方法适用于成批零件的重复测量。

3）自学习测量方法

自学习测量方法是指在操作者对第一个零件执行直接测量方式的正常测量循环中，借助适当命令使系统自动产生相应的零件测量程序，对其余零件测量时系统会重复调用这些程序。该方法与手工编程相比，具有省时且不易出错的特点，但要求操作员能熟练掌握直接测量技巧来控制操作的正确性，注意操作的目的是获得零件测量程序。

1.3.2 工作精度的检验

数控车床工作精度检验项目一般有精车外圆的精度、精车端面的平面度、螺纹的精度、车削综合样件的精度。

1. 精车外圆的精度

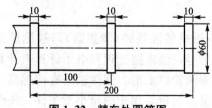

图 1.32　精车外圆简图

（1）检验项目：精车外圆的精度。

（2）检验要求：如图 1.32 所示。a 圆度：0.005；b 切削直径的一致性：300 长度上为 0.03（两个相邻台的直径差不应大于最外两个台直径差的 75%）。

（3）检验仪器：圆度仪、千分尺。

（4）检测方法：精车夹持在标准的工件夹具上的圆柱试件。单刃车刀安装在回转刀架的一个工位上。检验零件的材料和刀具的型式及形状、进给量、切削深度、切削速度均由制造厂规定，但应该符合国家或行业标准的相关规定。

2. 精车端面的平面度

（1）检验项目：精车端面的平面度。

（2）检验要求：如图 1.33 所示，200 直径上为 0.016（只许凹）。

（3）检验量具：平尺、塞尺或量块。

（4）检测方法：精车夹持在标准的工件夹具上的试件端面。单刃车刀安装在回转刀架上的一个工位上。检验零件的材料和刀具的型式及形状、进给量、切削深度、切削速度均由制造厂规定，但应该符合国家或行业标准的相关规定。

3. 螺纹的精度

（1）检验项目：螺纹的精度。

（2）检验要求：如图 1.34 所示，螺距精度：任意 50 测量长度上为 0.025。

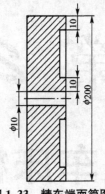

图1.33　精车端面简图

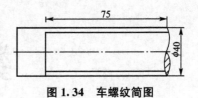

图1.34　车螺纹简图

（3）检验量具：工具显微镜。

（4）检测方法：用一把单刃车刀螺纹。V形螺纹形状：螺纹的螺距不应超过丝杠螺距之半。试件的材料、直径、螺纹的螺距连同刀具的型式和形状、进给量、切削深度和切削速度均由制造厂规定，但应该符合国家或行业标准的相关规定。

4. 车削综合样件的精度

（1）检验项目：车削综合样件的精度。

（2）检验要求：如图1.35所示。

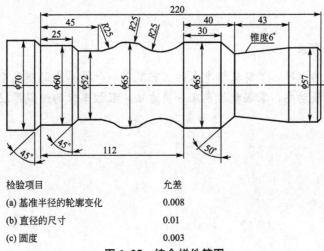

检验项目	允差
(a) 基准半径的轮廓变化	0.008
(b) 直径的尺寸	0.01
(c) 圆度	0.003

图1.35　综合样件简图

（3）检验量具：三坐标测量机。

（4）测量方法：在数字控制下用一把单刃车刀车削试件的轮廓。试件的材料、直径、螺纹的螺距连同刀具的型式和形状、进给量、切削深度和切削速度均由制造厂规定，但应该符合国家或行业标准的相关规定。

练习与思考题

（1）检测普通车床CA6140的几何精度。

（2）检测数控车床CK6140的几何精度、定位精度、工作精度。

第 2 章

数控车床概论

教学提示

数控车床是目前使用最广泛的数控机床之一，特别适合于复杂形状回转类零件的加工。本章着重讨论数控车床的工艺范围，数控车床的布局形式；重点介绍数控车床的分类方法、数控车床的组成原理；最后介绍数控车床的特点与发展动态。

教学要求

通过本章的学习，了解数控车床的工艺范围、数控车床的布局形式、数控车床的特点与发展动态；掌握数控车床分类方法、数控车床的组成原理。

数控车床是目前使用最广泛的数控机床之一。通过数控加工程序的运行，主要用于加工轴类、盘类等回转体零件，特别适合于复杂形状回转类零件的加工。

2.1 数控车床的工艺范围

数控车床与普通车床一样，主要用于加工各种轴类、套筒类和盘类零件上的回转表面，例如内外圆柱面、圆锥面、成型回转表面及螺纹面等。但是，数控车床是将零件的数控加工程序输入到数控系统中，由数控系统通过车床 X、Z 坐标轴的伺服电动机去控制车床进给运动部件的动作顺序、移动量和进给速度，再配以主轴的转速和转向，便能加工出各种形状不同的轴类或盘类回转体零件，还可加工高精度的曲面与端面螺纹。使用的刀具主要有车刀、钻头、铰刀、镗刀及螺纹刀具等。数控车床加工零件的尺寸精度可达 IT5～IT6，表面粗糙度可达 $1.6\mu m$ 以下。它是目前使用十分广泛的一种数控机床，而且其种类很多。

2.2 数控车床的分类

随着数控车床制造技术的不断发展，形成了产品繁多、规格不一的局面，因而也出现了几种不同的分类方法。

2.2.1 按数控系统的功能分类

1. 经济型数控车床

经济型数控车床，如图 2.1 所示，一般是在普通车床基础上进行改进设计的，采用步进电动机驱动的开环伺服系统，其控制部分采用单板机或单片机实现。此类车床结构简单，价格低廉，但无刀尖圆弧半径补偿和恒线速切削等功能。

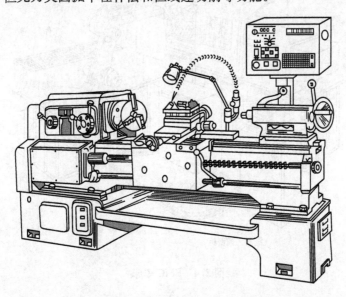

图 2.1 经济型数控车床

2. 全功能型数控车床

全功能型数控车床,如图 2.2 所示,一般采用闭环控制系统或半闭环控制系统,具有高刚度、高精度和高效率等特点。

3. 车削中心

车削中心(图 2.3)是以全功能型数控车床为主体,并配置刀库、换刀装置、分度装置、铣削动力头和机械手等,实现多工序的复合加工的机床。在工件一次装夹后,它可完成回转类零件的车、铣、钻、铰、攻螺纹等多种加工工序。车削中心的功能全面,但价格较高。

图 2.2　全功能型数控车床

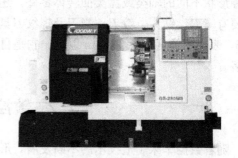

图 2.3　车削中心

4. FMC 车床

FMC 车床实际上是一个由数控车床、机器人等构成的柔性加工单元。它能实现工件搬运、装卸的自动化和加工调整准备的自动化,如图 2.4 所示。

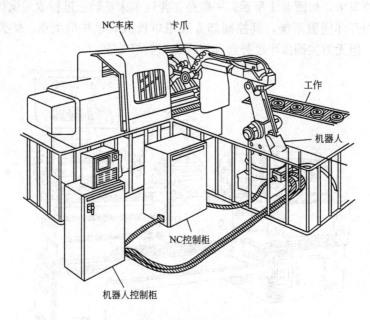

图 2.4　FMC 车床

2.2.2　按主轴的配置形式分类

1. 卧式数控车床

卧式数控车床是指主轴轴线处于水平位置的数控车床。

2. 立式数控车床

立式数控车床是指主轴轴线处于垂直位置的数控车床。还有具有两根主轴的车床，称为双轴卧式数控车床或双轴立式数控车床。

2.2.3　按数控系统控制的轴数分类

1. 两轴控制的数控车床

机床上只有一个回转刀架，可实现两坐标轴联动控制。

2. 四轴控制的数控车床

机床上有两个独立的回转刀架，可实现四轴联动控制。对于车削中心或柔性制造单元，还要增加其他的附加坐标轴来满足机床的功能。目前，我国使用较多的是中小规格的两坐标连续控制的数控车床。

2.3　数控车床的组成

数控卧式车床由以下几部分组成。

1. 主机

主机是数控车床的机械部件，包括床身、主轴箱、刀架、尾座、进给机构等，如图 2.5 所示，是典型数控车床结构组成图。

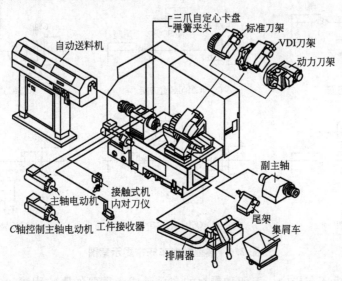

图 2.5　典型数控车床结构组成图

2. 数控装置

数控装置作为控制部分是数控车床的控制核心，其主体是一台计算机。

3. 伺服驱动系统

伺服驱动系统是数控车床切削工件的动力部分，主要实现主运动和进给运动。它由伺服驱动电路和驱动装置组成，驱动装置主要有主轴电动机、进给系统的步进电动机或交、直流伺服电动机等。

4. 辅助装置

辅助装置是指数控车床的一些配套部件，包括液压、气动装置及冷却系统、润滑系统和排屑装置等。

数控车床主轴安装有脉冲编码器，主轴的运动通过同步齿形带 1∶1 地传到脉冲编码器。当主轴旋转时，脉冲编码器便发出检测脉冲信号给数控系统，使主轴的转速与刀架的切削进给保持同步关系，就可以实现螺纹加工时主轴旋转 1 周，刀架 Z 向移动一个导程的运动关系。

2.4　数控车床的布局形式

数控车床的主轴、尾座等部件相对床身的布局形式与普通车床一样，受工件尺寸、质量、形状、生产率、精度、操纵方便运行要求、安全与环境保护要求的影响，而且刀架和导轨的布局形式有很大变化，并且布局形式直接影响数控车床的使用性能及机床的结构和外观。

根据生产率要求的不同，卧式数控车床的布局可以产生单主轴单刀架、单主轴双刀架、双主轴双刀架等不同的结构变化，如图 2.6 所示。

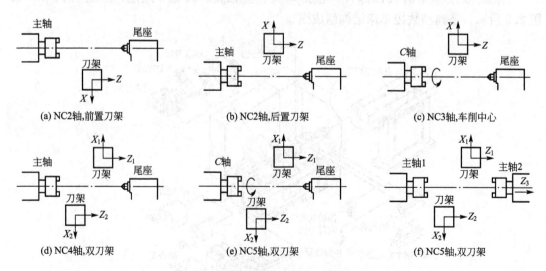

(a) NC2轴，前置刀架　　　　(b) NC2轴，后置刀架　　　　(c) NC3轴，车削中心

(d) NC4轴，双刀架　　　　(e) NC5轴，双刀架　　　　(f) NC5轴，双刀架

图 2.6　典型数控车床布局示意图

在卧式数控机床布局中，刀架和导轨的布局已成为重要的影响因素。它们的位置较大地影响了机床和刀具的调整、工件的装卸、机床操作的方便性，以及机床的加工精度，并

且考虑到了排屑性和抗振性。下面介绍卧式数控车床的床身导轨和刀架布局。

2.4.1 床身导轨

床身是机床的主要承载部件，是机床的主体。按照床身导轨面与水平面的相对位置，数控卧式车床床身导轨与水平面的相对位置有几种形式，如图 2.7 所示。

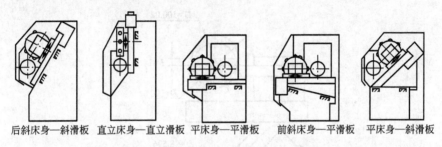

后斜床身—斜滑板　　直立床身—直立滑板　　平床身—平滑板　　前斜床身—平滑板　　平床身—斜滑板

图 2.7 数控卧式车床床身导轨布局形式

（1）水平床身的工艺性好，便于导轨面的加工。水平床身配上水平放置的刀架可提高刀架的运动精度，一般可用于大型数控车床或小型精密数控车床的布局。但是水平床身由于下部空间小，故排屑困难。由于刀架水平放置使得滑板横向尺寸较长，从而加大了机床宽度方向的结构尺寸。

（2）水平床身配上倾斜放置的滑板，并配置倾斜式导轨防护罩。这种布局形式一方面具有水平床身工艺性好的特点；另一方面机床宽度方向的尺寸较水平配置滑板的要小，且排屑方便。

（3）斜床身导轨倾斜角有 30°、45°、60°、75°和 90°几种。倾斜角度小，排屑不便；倾斜角度大，导轨的导向性及受力情况差。导轨倾斜角度的大小还影响机床的刚度、排屑，也影响到占地面积、宜人性、外形尺寸高度的比例，以及刀架质量作用于导轨面垂直分力的大小等。选用时，应结合机床的规格、精度等选择合适的倾斜角。一般来说，小型数控车床多采用 30°、45°形式；中等规格数控车床多采用 60°形式；大型数控车床多采用 75°形式。

斜床身和平床身-斜滑板布局形式在数控车床中被广泛采用，是因为具备以下优点。

① 容易实现机电一体化。

② 机床外形整齐、美观，占地面积小。

③ 从工件上切下的炽热切屑不至于堆积在导轨上影响导轨精度。

④ 容易排屑和安装自动排屑器。

⑤ 容易设置封闭式防护装置。

⑥ 宜人性好，便于操作。

⑦ 便于安装机械手，易实现单机自动化。

2.4.2 刀架布局

回转刀架在机床上有以下两种布局形式：一种是用于加工盘类零件的回转刀架，其回转轴垂直于主轴；另一种是用于加工轴类和盘类零件的回转刀架，其回转轴平行于主轴。目前两坐标联动数控车床多采用 12 工位回转刀架，除此之外，也有采用 6 工位、8 工位和

10 工位回转刀架的，4 工位方刀架主要应用于经济型前置刀架数控车床。

随着机床精度的不同，数控车床的布局要考虑到切削力、切削热和切削振动的影响。要使这些因素对精度影响最小，机床在布局上就要考虑到各部件的刚度、抗振性和在受热时使热变形的影响在不敏感的方向。如卧式车床主轴箱热变形时，随着刀架的位置不同，对尺寸的影响不同，如图 2.8 所示。

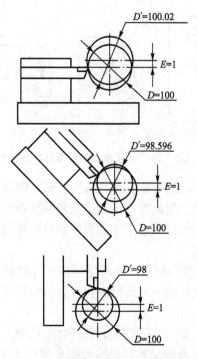

图 2.8　主轴箱热变形对加工尺寸的影响

2.5　数控车床的特点

数控车床与普通车床相比，是有以下几个特点。

1. **高精度**

数控车床控制系统的性能在不断提高，机械结构不断完善，机床精度日益提高。

2. **高效率**

随着新刀具材料的应用和机床结构的完善，数控车床的加工效率、主轴转速、传动功率不断提高，使得新型数控车床的加工效率比普通车床高 2～5 倍。加工零件的形状越复杂，越能体现出数控车床高效率加工的特点。

3. **高柔性**

数控车床具有高柔性，可适应 70% 以上的多品种、小批量零件的自动加工。

4. **高可靠性**

随着数控系统性能的提高，数控机床的无故障时间迅速增加。

5. 工艺能力强

数控车床既能用于粗加工又能用于精加工，可以在一次装夹中完成其全部或大部分工序。

6. 模块化设计

数控车床的制造多采用模块化原则设计。

随着数控系统、机床结构和刀具材料的技术发展，数控车床将向高速化发展，进一步提高主轴转速、刀架快移以及转位换刀速度；工艺和工序将更加复合化和集中化；数控车床向多主轴、多刀架加工方向发展；数控车床向全自动化方向发展；加工精度向更高方向发展；数控车床也向简易型发展。

练习与思考题

(1) 数控车床有哪些分类方法？

(2) 数控车床与普通车床相比有哪些特点？

(3) 数控车床由几个部分组成？

第 3 章

数控车床机械结构

教学提示

本章着重讨论数控车床的传动与结构，重点介绍数控车床的主轴传动方式。一般采用交流主轴电动机通过带传动带动主轴旋转或是由主轴电动机通过带传动和主轴箱内的变速齿轮带动主轴旋转；数控车床的进给传动方式和结构与普通车床截然不同，由交流伺服电动机驱动，通过滚珠丝杠螺母副带动刀架完成 X 轴和 Z 轴的进给运动；数控车床刀架多采用回转刀架；卡盘一般采用液压卡盘。

教学要求

通过本章的学习，要理解数控车床的主传动系统及各种主轴箱结构的特点；掌握数控车床主轴转速和功率特性图、主轴转速和转矩特性图的原理；掌握数控车床进给传动系统的基本结构；了解数控车床尾座和刀架的基本结构。

3.1　数控车床的机械结构概述

数控车床是按照预先编好的程序进行加工的，在加工过程中不需要人工干预，故要求数控车床的结构精密、完善且能长时间稳定可靠地工作，以满足重复加工过程。随着数控机床的发展，对数控车床的生产率、加工精度和使用寿命提出了更高的要求。普通车床的某些基本结构限制着数控车床技术性能的发挥，因此现代数控车床在机械结构上许多地方与普通车床存在着显著不同。

数控车床的机械结构仍然继承了普通车床的构成模式，其零部件的设计方法也同样类似于普通车床。但近年来，随着进给驱动、主轴驱动和CNC的发展，为适应高生产效率的需要，现今的数控车床有着独特的机械结构，除机床基础件外，主要由以下各部分组成：①主传动系统；②进给传动系统；③刀架；④实现某些部件动作和辅助功能的系统和装置，如液压、气动、润滑、冷却等系统，排屑、防护等装置；⑤特殊功能装置，如刀具破损监控，对刀仪、精度检测和监控装置等。

机床基础件通常是指床身、底座、立柱、横梁、拖板等。它们是整台机床的基础和框架。机床的其他零部件固定在基础件上，或工作时在其导轨上运动。

3.2　主传动系统

数控车床的主运动传动链的两端部件是主电动机与主轴，它的功用是把动力源的运动及动力传递给主轴，使主轴带动工件旋转实现主运动，并满足主轴变速和换向的要求。主运动传动系统是数控车床最重要的组成部分之一，它的最高与最低转速范围、传递功率和动力特性决定了数控车床的最高切削加工工艺能力。

3.2.1　数控车床对主轴系统的性能要求

数控车床主轴系统是数控机床的主运动传动系统，它是数控机床的重要组成部分之一。数控车床主轴运动是机床成形运动之一，它的运动精度、转速范围、传递功率和动力特性，决定了数控车床的加工精度、加工效率和加工工艺能力。数控车床的主轴系统除应满足普通车床主传动要求外，还必须满足如下性能要求。

1. 具有更大的调速范围，并实现无级调速

为了保证在加工时能选用合理的切削用量，充分发挥刀具的性能，要求数控车床主轴系统有更高的转速和更大的调速范围。

2. 具有较高的精度与刚度、传动平稳、噪声低

数控车床加工精度的提高，与主轴系统的精度密切相关。为此，应提高传动件的制造精度与刚度。例如，齿轮齿面采用高频感应加热淬火增加其耐磨性；最后一级采用斜齿轮传动，使传动平稳；采用高精度轴承及合理的支承跨距等以提高主轴组件的刚性。

3. 具有良好的抗振性和热稳定性

数控车床一般既要进行粗加工，又要进行精加工。加工时由于断续切削，加工余量不

均匀，运动部件不平衡以及切削过程中的自激振动等原因引起的冲击力或交变力的干扰，使主轴产生振动，影响加工精度和表面粗糙度，严重时甚至会破坏刀具或工件，使加工无法进行。主轴系统的发热使其中所有零部件产生热变形，降低传动效率，破坏零部件之间的相对位置精度和运动精度而造成加工误差。因此，要求主轴组件要有较高的固有频率、较好的动平衡、保持合适的配合间隙并进行循环润滑等。

3.2.2 主轴的传动方式

数控车床的主轴传动要求有较大的调速范围，以保证加工时能选用合理的切削用量，从而获得最佳的生产率、加工精度和表面质量。数控车床的变速是按照控制指令自动进行的，因此变速机构必须适应自动操作的要求。故大多数数控车床采用无级变速系统，其主轴传动系统主要有以下几种传动方式。

1. 具有变速齿轮的传动方式

这是大、中型数控车床采用较多的一种变速方式，其结构简图如图 3.1 所示，在无级变速的基础上配以齿轮变速，使之成为分段无级调速。通过几对齿轮降速，可扩大调速范围，增大输出扭矩，以满足主轴输出转矩特性的要求。部分小型数控机床也采用这种传动方式，以获得强力切削时所需的转矩。

齿轮变速传动方式常用的变速操纵方法有液压拨叉和电磁离合器两种。

1) 液压拨叉变速

如图 3.2 所示为三位液压拨叉的工作原理图，其工作原理如下所述。

(1) 当 1 通油、5 卸荷时，滑移齿轮在最左侧，如图 3.2(a) 所示。

(2) 当 5 通油、1 卸荷时，滑移齿轮在最右侧，如图 3.2(b) 所示。

(3) 当 1、5 同时通油时，套筒仍在最右侧，活塞杆左侧小直径圆柱体顶入套筒内，滑移齿轮在中间位置，如图 3.2(c) 所示。

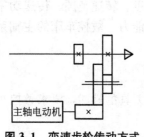

图 3.1 变速齿轮传动方式

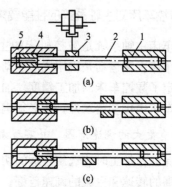

图 3.2 三位液压拨叉工作原理图

1、5—液压缸；2—活塞杆；3—拨叉；4—套筒

液压拨叉变速必须在主轴停车之后才能进行，但停车时拨叉带动齿轮块移动又可能产生"顶齿"现象。因此，常在主传动系统中增设一台微电动机，它在拨叉移动齿轮块的同时带动各传动齿轮做低速回转，使移动齿轮与主动齿轮顺利啮合。液压拨叉变速需附加一套液压装置，将电信号转换为电磁阀动作，再将压力油分至相应液压缸，因而增加了复杂性。

2) 电磁离合器变速

电磁离合器是利用电磁效应接通或切断运动的器件，它便于实现自动操纵，并有诸多的系列产品可供选用，因而在自动装置中得到了广泛应用。电磁离合器的缺点是体积大，易使机械件磁化。在数控机床主传动中，使用电磁离合器能简化变速机构，通过安装在各传动轴上离合器的吸合与分离，形成不同的运动组合传动路线以实现主轴变速。在数控机床中常使用无滑环摩擦片式电磁离合器和啮合式电磁离合器(也称为牙嵌式电磁离合器)。

2. 通过带传动的传动方式

如图 3.3 所示，带传动方式主要用于转速较高、变速范围不大的数控机床，其结构简单、安装调试方便，且在一定条件下能满足转速与转矩的输出要求，它可避免齿轮传动时引起的振动与噪声。在数控机床上一般采用多楔带、联组窄 V 带、同步齿形带。

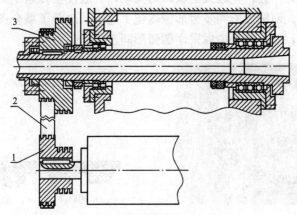

图 3.3　CK7815 型数控车床主轴带传动方式
1、3—带轮；2—联组窄 V 带

1) 多楔带

多楔带，如图 3.4 所示。多楔带是一次成型，不会因长度不一致而受力不均，因而承载能力比多根 V 带(截面积之和相同)高。同样的承载能力，多楔带的截面积比多根 V 带小，因而质量较轻、耐挠曲性能高，允许的带轮最小直径小、线速度高。多楔带综合了 V 带和平带的优点，与带轮的接触好，负载分配均匀，运转平稳振动小、发热少，但在安装时需要较大的张紧力，使主轴和电动机承受较大的径向负载。

2) 联组窄 V 带

联组窄 V 带一般有双联与三联，如图 3.5 所示，最多可有五联；与多楔带相比，单联 V 带横截面积较大、耐挠曲性能稍低，允许的带轮最小直径较大、线速度较低。有多种规格的截面，要根据所传递的功率查询有关图表来选择不同规格的截面。

图 3.4　多楔带

图 3.5　联组窄 V 带

3）同步齿形带

如图 3.6 所示，同步齿形带传动是一种综合了带、链传动优点的新型传动方式。带的工作面及带轮外圆上均制成齿形，通过带轮与轮齿相嵌合，做无滑动的啮合传动。带内采用了承载后无弹性伸长的材料作为强力层，以保持带的节距不变，使主、从动带轮可做无相对滑动的同步传动，与一般带传动相比，同步齿形带传动具有如下优点：无滑动，传动比准确；传动效率高，可达 98% 以上；传动平稳，噪声小；使用范围较广，速度可达 50m/s，速比可达 10 左右，传递功率由几瓦至数千瓦；维修保养方便，不需要润滑。同步齿形带传动的缺点为安装时中心距要求严格，带与带轮的制造工艺比较复杂，成本高。

同步齿形带根据齿形的不同分为梯形齿和圆弧形齿，如图 3.7（a）、图 3.7（b）所示。梯形齿同步带在传递功率时由于应力集中在齿根部位，使功率传递能力下降，且与轮齿啮合时受力状况不好，会产生较大的噪声与振动，一般仅在转速不高的运动传动或小功率的动力传动中使用。而圆弧形同步齿形带均化了应力，改善了啮合条件，因此在数控机床上需要用带传动时，总是优先考虑采用圆弧形同步齿形带。

(a) 梯形齿　　(b) 圆弧齿

图 3.6　同步齿形带传动　　　　　图 3.7　同步齿形带

同步齿形带的带轮在结构上与平带带轮基本相似，但在它的轮缘表面需制出轮齿。为防止在工作时齿形带脱落，一般在小带轮两边装有挡边，如图 3.8（a）所示；或在带轮的不同侧边上装有挡边，如图 3.8（b）所示；当带轮轴垂直安装时，两带轮一般都需要有挡边，或至少主动轮的两侧和从动轮的下侧装有挡边，如图 3.8（c）所示。

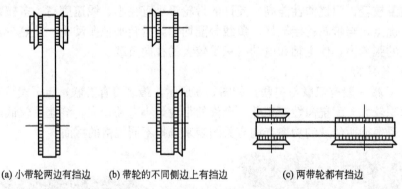

(a) 小带轮两边有挡边　　(b) 带轮的不同侧边上有挡边　　　　(c) 两带轮都有挡边

图 3.8　同步齿形带的挡边安装

3.2.3　主轴组件

机床的主轴组件是机床的重要部件之一。机床加工时，主轴带动工件或刀具直接参与表面的成型运动，所以主轴组件的精度、刚度和热变形对加工质量和生产效率等有着重要的影响。主轴组件由主轴、主轴支承、装在主轴上的传动件和密封件等组成。

1. 对主轴组件的性能要求

1）回转精度高

主轴的回转精度是指装配后，在无载荷、低速转动的条件下，主轴安装工件的定心表面(如车床轴端的定心短锥、锥孔等)的径向和轴向跳动。回转精度取决于各主要部件，如主轴、轴承、壳体孔等的制造、装配和调整精度。工件转速下的回转精度还取决于主轴的转速、轴承的性能、润滑剂和主轴组件的平衡。

2）刚度大

主轴组件的刚度是指受外力作用时，主轴组件抵抗变形的能力。主轴组件的刚度越大，主轴受力的变形越小。主轴组件的刚度不足，在切削力及其他力的作用下，主轴将产生较大的弹性变形，不仅影响工件的加工质量，还会破坏齿轮、轴承的正常工作条件，使其加快磨损、降低精度。主轴部件的刚度与主轴结构尺寸、支承跨距、所选用的轴承类型及配置形式、轴承间隙的调整、主轴上传动部件的位置等有关。

3）抗振性强

轴组件的抗振性是指切削加工时，主轴保持平稳地运转而不发生振动的能力。主轴组件抗振性差，工作时容易产生振动，不仅降低加工质量，而且限制了机床生产率的提高，使刀具耐用度下降。提高主轴抗振性必须提高主轴组件的静刚度，常采用较大阻尼比的前轴承，以及在必要时安装阻尼(消振)器，使主轴远远大于激振力的频率。

4）温升低

主轴组件在运转中，温升过高会引起以下两方面的不良结果：①主轴组件和箱体因热膨胀而变形，使得主轴的回转中心线和机床其他元件的相对位置发生变化，直接影响加工精度；②轴承等元件会因温度过高而改变已调好的间隙和破坏正常润滑条件，影响轴承的正常工作，严重时甚至会发生"抱轴"现象。数控机床在解决温升时，一般采用恒温主轴箱。

5）耐磨性好

主轴组件必须有足够的耐磨性，以便能长期地保持精度。主轴上易磨损的地方是工件的安装部位。为了提高耐磨性，主轴的上述部位应该淬硬或者经过氮化处理，以提高其硬度增加耐磨性。主轴轴承也需有良好的润滑，提高其耐磨性。

2. 主轴

主轴是主轴组件的重要组成部分。它的结构尺寸和形状、制造精度、材料及其热处理，对主轴组件的工作性能都有很大的影响。

1）主轴的主要尺寸参数

主轴的主要尺寸参数包括主轴直径、内孔直径、悬伸长度和支承跨距。评价和考虑主轴的主要尺寸参数的依据是主轴的刚度、结构工艺性和主轴组件的工艺适用范围。

(1)主轴直径。主轴直径越大，刚度越高，但使得轴承和轴上其他零件的尺寸相应增大。轴承的直径越大，同等级精度轴承的公差值也越大，要保证主轴的旋转精度就越困难，且极限转速下降。主轴前支承轴颈的直径可根据主电动机功率和机床种类进行初估，主轴后端支承轴颈的直径可为 0.7～0.8 的前支承轴颈值，前、后轴颈的差值越小则主轴的刚度越高，工艺性能也越好。主轴直径的实际尺寸要在主轴组件结构设计时确定。

（2）主轴内孔直径。主轴的内孔可用来通过棒料，用于通过传动气动或液压卡盘等。主轴孔径越大，可通过的棒料直径也越大，机床的使用范围就越广，同时主轴的质量也越轻。主轴的孔径大小主要受主轴刚度的制约，为保证主轴的刚度，一般取主轴的孔径与主轴直径之比为 0.3～0.5。

（3）悬伸长度。主轴的悬伸长度对主轴的刚度影响很大，悬伸长度越短则主轴刚度越大。主轴的悬伸长度与主轴前端结构的形状尺寸、前轴承的类型、组合形式和轴承的润滑与密封有关。

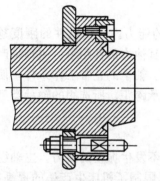

图 3.9　主轴轴端部结构形式

（4）主轴的支承跨距。主轴组件的支承跨距对主轴刚度和支承刚度有很大的影响。主轴的支承跨距存在着最佳跨距，此时可使主轴组件前端位移最小。机床的主轴组件由于受结构限制以及要保证主轴组件的重心落在两支承点之间，实际的支承跨距要大于最佳跨距。

2）主轴轴端结构

主轴的轴端用于安装夹具。要求夹具在轴端定位精度高，连接定位刚度好，装卸方便，同时使主轴悬伸长度短等。主轴端部结构形状都已标准化。如图 3.9 所示是数控车床主轴轴端的主要结构形式。

3. 主轴支承

1）主轴轴承

主轴轴承是主轴组件的重要组成部分，它的类型、结构、配置、精度、安装、调整、润滑和冷却都直接影响主轴组件的工作性能。主轴轴承按所承受的载荷可分为径向轴承、推力（轴向）支承和径向推力支承。在数控机床上主轴轴承常用的有滚动轴承和滑动轴承。

（1）滚动轴承。滚动轴承摩擦阻力小，可以预紧，润滑维护简单，能在一定的转速范围和载荷变动下稳定地工作，有专业化工厂生产，选购维修方便。但与滑动轴承相比，滚动轴承的噪声大，滚动体数目有限，刚度是变化的，抗振性略差并且对转速有很大的限制。由于滚动轴承有许多优点，加之制造精度的提高，在一般情况下，数控机床应尽量采用滚动轴承。只有当要求加工表面粗糙度数值很小，主轴又是水平的机床时，才用滑动轴承，或者主轴前支承用滑动轴承，后支承和推力轴承用滚动轴承。

滚动轴承根据滚动体的结构分为球轴承、圆柱滚子轴承和圆锥滚子轴承等。线接触的滚子轴承比点接触的球轴承刚度高，但在一定温升下允许的转速较低。圆锥滚子轴承由于滚子大端面与内圈挡边之间为滑动摩擦，发热较多，故转速受到限制。为了降低温升、提高转速，可以使用空心滚子轴承。这种轴承用整体保持架，把滚子之间的空隙占满，润滑油被迫从滚子的中孔通过，冷却滚子，从而可以降低温升、提高转速。但是这种轴承必须用油润滑，而不能采用脂润滑。用油循环润滑带来了回油和漏油问题，特别是立式主轴和装在套筒内的主轴这个问题更难解决，因此限制了它的使用。

主轴轴承主要根据精度、刚度和转速来选择。在数控机床上常见的主轴轴承如图 3.10 所示。下面简述几种常用的数控机床主轴轴承的结构特点及适用范围。

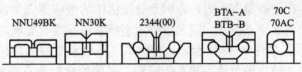

图 3.10　常用的主轴轴承

① 双列圆柱滚子轴承。如图 3.11 所示为双列圆柱滚子轴承，其内孔为 1∶12 的锥孔，与主轴的锥形轴颈相配合，轴向移动内圈，可把内圈胀大，以消除间隙或预紧。这种轴承只能承受径向载荷，多用于载荷较大、刚度要求较高、中等转速的地方。

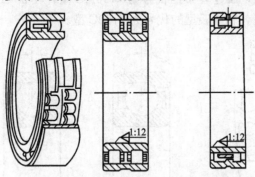

(a) 特轻型双列圆柱滚子轴承　　(b) 超轻型双列圆柱滚子轴承

图 3.11　双列圆柱滚子轴承

如图 3.11 (a) 所示为特轻型双列圆柱滚子轴承，轴承代号为 NN3000K 系列，其滚道挡边开在内圈上，滚动体、保持架与内圈成为一体，外圈可分离；如图 3.11 (b) 所示为超轻型双列圆柱滚子轴承，轴承代号为 NNU4900K 系列，其滚道挡边开在外圈上，滚动体、保持架与外圈成为一体，内圈可分离，可将内圈装上主轴后再精磨滚道，以便进一步提高精度。同样孔径下，超轻型比特轻型的外径小些。

② 双向推力角接触球轴承。如图 3.12 所示，这种轴承用于承受轴向载荷，一般与双列圆柱滚子轴承相配套使用。轴承由左、右内圈 1 和 5、外圈 3、左右两列滚珠 2 和 4 及保持架、隔套 6 组成。修磨隔套 6 的厚度就能消除间隙和预紧。它的公称外径与同孔径的双列圆柱滚子轴承相同，但外径公差带在零线的下方，与壳体之间有间隙，故不承受径向载荷，专作推力轴承使用。接触角有 60°的，编号为 234400。

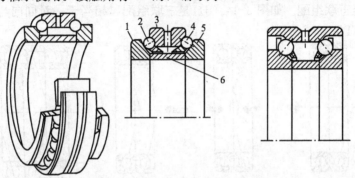

图 3.12　双向推力角接触球轴承

1—左内圈；2、4—滚珠；3—外圈；5—右内圈；6—隔套推力轴承应安装在主轴前支承内,原因是数控机床的坐标原点常设定在主轴前端。为了减少热膨胀造成的坐标原点位移,应尽量缩短坐标原点至推力支承之间的距离。

③ 角接触球轴承。如图 3.13 所示,这种轴承既可以承受径向载荷,又可承受轴向载荷,多用于高速主轴,随接触角的不同有所区别。常用的接触角有两种,即 $\alpha = 25°$ 和 $\alpha = 15°$。其中 $\alpha = 25°$ 的轴向刚度较高,但径向刚度和允许的转速略低,多用于车、镗、铣加工中心等主轴;$\alpha = 15°$ 的转速可更高些,但轴向刚度较低,常用于轴向载荷较小、转速较高的磨床主轴或不承受轴向载荷的车、镗、铣主轴后轴承。在 $\alpha = 25°$ 角接触球轴承中,属特轻型的代号为 7000AC 型,属超轻型的代号为 7190AC 型;在 $\alpha = 15°$ 角接触球轴承中,属特轻型的代号为 7000C 型,属超轻型的代号为 7190C 型。

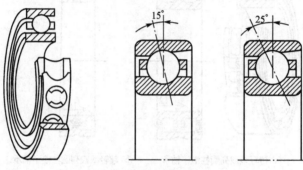

图 3.13　角接触球轴承

角接触球轴承的滚动体和滚道间为点接触,刚度较低,为了提高刚度和承载能力,常用多联组配的办法。如图 3.14 (a)、图 3.14 (b)、图 3.14 (c) 所示为 3 种基本组配方式,分别为背靠背、面对面和同向组配,代号分别为 DB、DF 和 DT。这 3 种组配方式两个轴承都能共同承受径向载荷。背靠背和面对面组配都能受双向轴向载荷;同向组配则只能承受单向轴向载荷。背靠背与面对面相比,支承点(接触线与轴线的交点)间的距离 AB 前者比后者大,因而能产生一个较大的抗弯矩,即支承刚度较大。运转时,轴承外圈的散热条件比内圈好,因此内圈的温度将高于外圈,径向膨胀的结果将使轴承的过盈加大。轴向膨胀对背靠背组配将使过盈减小,于是可以补偿一部分径向膨胀;而对于面对面组配,将使过盈进一步增加。基于上述分析,主轴受有弯矩,又属高速运转,因此主轴轴承必须采用背靠背组配。面对面组配常用于丝杠轴承。在上述 3 类组配的基础上,可派生出各种三联、四联甚至五联组配。如图 3.14 (d) 是三联组配,相当于一对同向与第 3 个背靠背组配,代号为 TBT。

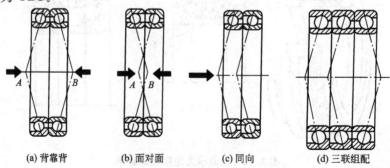

(a) 背靠背　　　(b) 面对面　　　(c) 同向　　　(d) 三联组配

图 3.14　角接触球轴承的组配

2）主轴轴承的配置

主轴轴承的结构配置主要取决于主轴转速和主轴刚度的要求。在数控机床上主轴轴承的轴向定位采用的是前端支承定位，这样前支承受轴向力、前端悬臂量小，主轴受热时向后端延伸，使前端变形小、精度高。主轴轴承结构配置形式主要有以下两种。

（1）适应高刚度要求的轴承配置形式。如图3.15(a)所示，主轴前支承采用双列圆柱滚子轴承和角接触球轴承组合，后支承采用调心双列圆柱滚子轴承或两个角接触球轴承，此配置形式使主轴的综合刚度较好，可满足强力切削的要求，普遍应用于各类加工中心和数控铣床。

如图3.15（b）所示，采用双列和单列圆锥滚子轴承作为主轴的前后支承，其径向和轴向刚度高，可承受重载荷，安装与调整性能好，但限制了主轴转速和精度的提高，适用于中等精度、低速与重载的数控机床主轴。

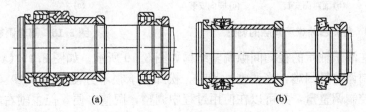

（a）　　　　　　　　　　　　　（b）

图3.15　高刚性轴承配置

（2）适应高速要求的轴承配置形式。如图3.16（a）所示，主轴前支承采用三个高精度的角接触球轴承组合，后支承也采用两个角接触球轴承。角接触球轴承具有较好的高速性能，但承载能力小，因而适用于高速、轻载和精密的数控机床主轴。如果要满足提高后支承刚性和适应主轴热胀时后端能自由移动的要求，后支承可采用双列圆柱滚子轴承，如图3.16（b）所示。

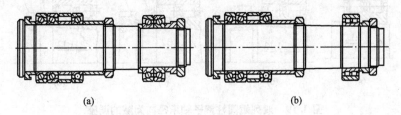

（a）　　　　　　　　　　　　　（b）

图3.16　高速主轴轴承配置

在数控机床上，主轴轴承精度要求较高，采用P3、P4、P5等级精度。一般情况下，主轴前支承的滚动轴承精度比后支承的滚动轴承精度要高一级。

3）主轴轴承的间隙调整和预紧

当滚动轴承存在较大间隙时，载荷将集中作用于受力方向上的少数滚动体上，使得轴承刚度下降、承载能力下降、旋转精度差。将滚动轴承进行适当预紧，使滚动体与内外圈滚道在接触处产生预变形，受载后承载的滚动体数量增多，受力趋向均匀，从而提高了承载能力和刚度，有利于减少主轴回转轴线的漂移，提高了旋转精度。若过盈量太大，轴承的摩擦磨损加剧，将使受力显著下降，而且轴承不同精度等级、不同的轴承类型和不同的工作条件的主轴部件，其轴承所需的预紧量也有所不同。主轴部件使用一段时间，轴承因磨损间隙将增大，就要重新调整间隙。因此，主轴部件必须具备轴承间隙的调整结构。

角接触球轴承间隙调整和预紧的方法如图 3.17 所示。成对使用的角接触球轴承是将轴承内圈端面或外圈端面磨去后实现。轴承生产厂家按要求的预紧量成对提供，装配时不需要再调整，用螺母将其并紧后即可获得精确的预紧力。由于使用中不能调整，维修比较麻烦。如图 3.18 所示为隔套调整的方法。在轴承外圈设有隔套，装配调整时用螺母并紧内圈获得所需预紧力。这种调整方法不必拆卸修磨轴承即可调整轴承的间隙，调整方便。

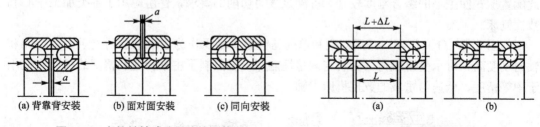

图 3.17　角接触轴球承间隙的调整　　　　图 3.18　隔套调整方法

双列短圆柱滚子轴承的径向间隙调整结构如图 3.19 所示。如图 3.19（a）所示的结构最简单，但控制调整量困难，当调整过紧时，松卸轴承很不方便。图 3.19（b）中的轴承右侧用螺母来控制调整量，并可以在使用过程中调整，调整方便，但主轴右端需要加工出螺纹，工艺要求较高。图 3.19（c）中是用螺钉 2 通过圆环垫圈 1 控制调整量，虽然这种结构工艺上要求可以低一些，但是用几个螺钉分别调整，容易将圆环压偏，导致轴承内圈偏斜，影响了旋转精度。图 3.19（d）中是用圆环垫圈 1 的厚度来控制调整量，圆环垫圈做成两半可取下修磨，螺钉 3 用于固定圆环垫圈，防止圆环垫圈工作时脱落。这种结构可以准确地控制调整量，可避免轴承内圈偏斜。

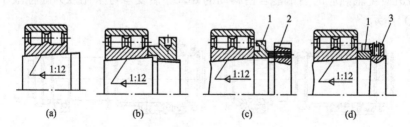

图 3.19　双列短圆柱滚子轴承径向间隙的调整
1—圆环垫圈；2—螺钉；3—螺钉

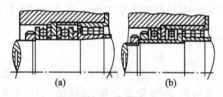

图 3.20　双列滚子与推力球
轴承的间隙调整

转速较低且载荷较大的主轴部件，常采用双列圆柱滚子轴承与推力球轴承的组合，如图 3.20 所示。其中图 3.20（a）是用一个螺母调整径向和轴向间隙，结构比较简单，但不能分别控制径向和轴向的预紧力。当双列滚柱滚子轴承尺寸较大时，调整径向间隙所需的轴向尺寸很大，易在推力球轴承的滚道上压出痕迹。因此，单个螺母调整主要用于中小型机床的主轴部件，在大型机床上一般采用两个螺母分别调整径向和轴向预紧力，如图 3.20（b）所示。用螺母调整间隙和预紧，方便简单。但螺母拧在主轴上后，其端面必须与主轴轴线严格垂直，否则会把轴承压偏，影响了主轴部件的旋转精度。造成螺母压偏的主要原因有主轴螺纹轴线与轴颈的轴线不重合，螺母端面与螺纹轴线不垂直等。因此除了在加工精度上给予保证外，可在结构方面也采取相应的措施。

4）主轴轴承润滑方式

在数控机床上，主轴轴承的润滑方式有油脂润滑、油液循环润滑、油雾润滑和油气润滑等。

（1）油脂润滑。这是目前数控机床主轴轴承上最常用的润滑方式，特别是在前支承轴承上更是常用。主轴轴承油脂加入量通常为轴承空间容积的10%，切忌随意填满。油脂过多会加剧主轴发热。

（2）油液循环润滑。主轴转速在6000～8000r/min之间的数控机床的主轴，一般采用油液循环润滑方式。由油温自动控制箱控制的恒温油液，经油泵打到主轴箱，通过主轴箱的分油器把恒温油喷射到各轴支承轴承和传动齿轮上，以带走它们所产生的热量。这种方式的润滑和降温效果都很好。

（3）油雾润滑。油雾润滑方式是将油液经高压气体雾化后从喷嘴成雾状喷到需要润滑部位的润滑方式。由于雾状油液吸热性好，又无油液搅拌作用，所以常用于高速主轴（速度为8000～13000r/min）的润滑。但是，油雾容易吹出，污染环境。

（4）油气润滑。油气润滑方式是针对高速主轴开发的新型润滑方式。它是用极微量的油（8～16min 约 $0.03cm^3$ 油）润滑轴承，以抑制轴承发热。

5）影响主轴旋转精度的因素

采用滚动轴承的主轴部件，影响其旋转精度的主要因素有滚动轴承、支承孔、主轴及主轴部件安装调整的有关零件的制造精度和装配质量。

（1）轴承制造误差的影响。轴承制造误差主要是：轴承内、外圈滚道的偏心引起的滚道的径向跳动，轴承滚道的圆度误差和波度引起的滚道的形状误差，滚道的端面跳动，滚动体直径不一致和形状误差等引起主轴的径向跳动和轴向窜动。

（2）轴承间隙的影响。

（3）主轴的制造误差的影响。主轴的制造误差主要是：主轴轴颈的圆度、主轴轴肩对主轴轴线的垂直度、主轴轴颈的轴线与主轴定位面轴线之间的偏心距等的误差，可引起主轴回转的径向跳动和轴向窜动。

（4）主轴箱支承孔制造误差的影响。主轴箱支承孔制造误差主要是：孔的圆柱度、孔阶与孔轴线的垂直度以及前后两个孔的同轴度等误差，可引起主轴回转的径向跳动和挠动。

3.2.4 典型数控车床主轴箱结构

（1）CK7815型数控车床主轴箱展开图，如图3.21所示，电动机经二级塔形带轮1、2和三联V带带动主轴，主轴9前端是3个角接触球轴承，形成背靠背组合形式。轴承由圆螺母11预紧，预紧量在轴承制造时已调好。带轮2直接安装在主轴上，为了加强刚性，主轴后支承为双列向心短圆柱滚子轴承。主轴脉冲发生器4是由主轴通过一对带轮和齿形带带动的，和主轴同步运转，齿形带的松紧由螺钉5来调节。

这种结构的特点是使用者可选择主轴高速挡或低速挡，由于低速挡通过带轮降速来提高主轴扭矩，因此适合低速车削。

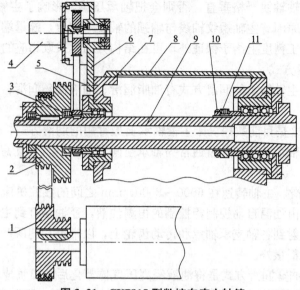

图 3.21　CK7815 型数控车床主轴箱

1、2—带轮；3、10、11—螺母；4—编码器；5—螺钉；
6—支架；7—床头箱；8—箱盖；9—主轴

（2）TND360 型数控车床主轴箱展开图，如图 3.22 所示，主电动机通过电动机轴上齿

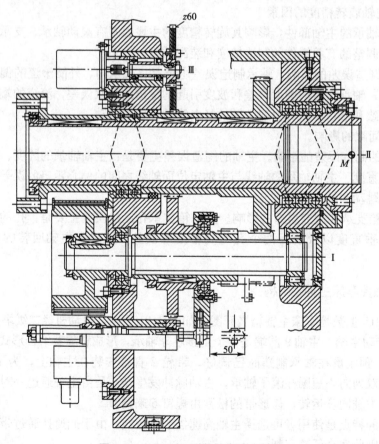

图 3.22　TND360 型数控车床主轴箱

数为27的同步齿形带轮，经同步齿形带将运动传到主轴箱Ⅰ轴上齿数为48的同步齿形带轮，Ⅰ轴上花键部分安装有一双联滑移齿轮，齿轮齿数分别为29和84，主轴上装有两个圆柱齿轮，齿数为86和60，双联滑移齿轮为分体组合形式，上面装有拨叉轴承，拨叉轴承隔离齿轮与拨叉的运动；双联滑移齿轮由液压缸带动拨叉驱动，在Ⅰ轴上轴向移动，分别实现齿轮副29/86(主轴工作在低速区)和84/60(主轴工作在高速区)的啮合，完成主轴的变速。

3.3 进给传动系统

3.3.1 进给传动系统的特点与方式

1. 对进给传动机构的要求

数控机床的进给传动系统常用伺服进给系统来工作。伺服进给系统的作用是根据数控系统传来的指令信息，进行放大以后控制执行部件的运动，不仅控制进给运动的速度，而且还要精确控制刀具相对于工件的移动位置和轨迹。一个典型的数控机床闭环控制的进给系统，通常由位置比较、放大部件、驱动单元、机械进给传动机构和检测反馈元件等几部分组成。其中，数控机床的机械进给传动机构是指将伺服电动机的旋转运动变为工作台或刀架直线进给运动的整个机械传动链，主要包括减速装置、丝杠螺母副、导向部件及其支承件等。数控机床进给机构是伺服系统中的一个重要环节，除了具有较高的定位精度之外，还应具有良好的动态响应特性，系统跟踪指令信号的响应要快，稳定性要好。

为确保数控机床进给系统的传动精度、系统的稳定性和动态响应特性，对进给机构提出了无间隙、低摩擦、低惯量、高刚度、高谐振率以及有适宜阻尼比等要求。为达到这些要求，主要采取如下措施。

(1) 尽量采用低摩擦的传动，如采用静压导轨、滚动导轨和滚珠丝杠等，以减少摩擦力。

(2) 选用最佳的传动比，以提高机床分辨率，使工作台尽可能大地加速，以达到跟踪指令，使系统折算到驱动轴上的转动惯量尽量小。

(3) 缩短传动链以及用预紧的办法提高传动系统的刚度，如采用电动机直接驱动丝杠，应用预加负载的滚动导轨和滚动丝杠副，丝杠支承设计成两端向固定的，并可用预拉伸的结构等办法来提高传动系统的刚度。

(4) 尽量消除传动间隙，减少反向死区误差，如采用消除间隙的联轴器，采用有消除间隙措施的传动副等。

2. 进给传动系统的特点

数控车床的进给传动系统是控制 X、Z 坐标轴的伺服系统的主要组成部分，它将伺服电动机的旋转运动转化为刀架的直线运动，而且对移动精度要求很高，X 轴最小移动量为 0.0005mm(直径编程)，Z 轴最小移动量为 0.001mm。采用滚珠丝杠螺母传动副，可以有效地提高进给系统的灵敏度、定位精度和防止爬行。另外，消除丝杠螺母的配合间隙和丝杠两端的轴承间隙，也有利于提高传动精度。

数控车床的进给系统采用伺服电动机驱动，通过滚珠丝杠螺母带动刀架移动，所以刀架的快速移动和进给运动均为同一传动路线。

3. 进给传动方式

中、小型数控车床的进给系统普遍采用滚珠丝杠螺母副传动。伺服电动机与滚珠丝杠的传动连接方式有以下两种。

（1）滚珠丝杠与伺服电动机轴端通过联轴器直接连接，如图 3.23 所示，整个系统结构简单，可减少产生误差的环节。

（2）滚珠丝杠通过同步齿形带及带轮与伺服电动机连接，如图 3.24 所示，这种结构的连接特点是通过带轮降速，提高驱动扭矩，且安装精度要求不高。为了消除同步齿形带传动对精度的影响，把脉冲编码器安装在滚珠丝杠的端部，以便直接对滚珠丝杠的旋转状态进行检测。

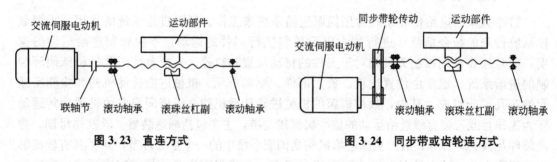

图 3.23　直连方式　　　　　图 3.24　同步带或齿轮连方式

3.3.2　齿轮传动装置

在数控机床进给伺服系统中采用齿轮传动的目的有：①将高转速低扭矩的伺服电动机的输出，改变为低转速大转矩的执行件的输出；②使滚珠丝杠和工作台的转动惯量在系统中占有较小比率。此外，对开环系统还可以保证所要求的运动精度。若齿轮传动副存在间隙则会使进给运动反向滞后于指令信号，造成反向死区而影响其传动精度和系统的稳定性，常用的消除齿轮间隙的方法有以下几种。

1. 直齿圆柱齿轮传动副

1）偏心套调整法

如图 3.25 所示为偏心套消隙结构，电动机 1 通过偏心套 2 安装到机床壳体上，通过转动偏心套，就可以调整两齿轮的中心距，从而消除齿侧间隙。

2）轴向垫片调整法

如图 3.26 所示，在加工相啮合的齿轮 1 和齿轮 2 时，将分度圆柱面制成带有小锥度的圆锥面，使其在齿厚、齿轮的轴向稍有变化。调整时，只要改变垫片 3 的厚度使齿轮 2 做轴向移动，调整两齿轮的轴向相对位置从而消除齿侧间隙。

以上两种方法的特点是结构简单、能传递较大转矩、传动刚度较好，但齿侧间隙调整后不能自动补偿，故又称为刚性调整法。

3）双片齿轮错齿调整法

如图 3.27（a）所示是双片齿轮周向可调弹簧错齿消隙结构。两个相同齿数的薄齿轮 1 和 2 与另一个宽齿轮啮合，两薄齿轮可相对回转。在两个薄齿轮 1 和 2 的端面上均匀分

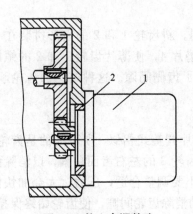

图 3.25 偏心套调整法

1—电动机；2—偏心套

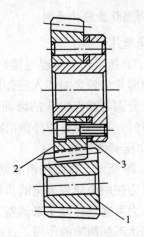

图 3.26 轴向垫片调整法

1、2—齿轮；3—垫片

布着 4 个螺孔，用于安装凸耳 3 和 8。齿轮 1 的端面还有另外 4 个通孔，凸耳 8 可以在其中穿过。弹簧 4 的两端分别钩在凸耳 3 和调节螺钉 7 上。通过螺母 5 调节弹簧 4 的拉力，调节完毕用螺母 6 锁紧。弹簧的拉力使薄齿轮错位，即两个薄齿轮的左右齿面分别贴在宽齿轮槽的左右齿面上，从而消除了齿侧间隙。

如图 3.27（b）所示是双片齿轮周向弹簧错齿消隙结构。两片薄齿轮 1 和 2 套装在一起，每片齿轮各开有两条周向通槽。齿轮的端面上装有短柱 3，用来安装弹簧 4。装配时为使弹簧 4 具有足够的拉力，两个薄齿轮的左右面分别与宽齿轮的左右面贴紧，以消除齿侧间隙。

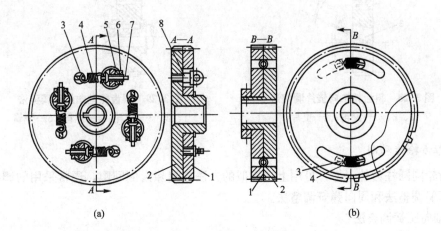

(a)　　　　　　　　　　　　　　(b)

图 3.27　双片齿轮周向弹簧错齿消隙结构

1、2—薄齿轮；3、8—凸耳或短柱；4—弹簧；5、6—螺母；7—螺钉

采用双片齿轮错齿法调整间隙结构，在齿轮传动时，由于正向和反向旋转分别只有一片齿轮承受转矩，因此承载能力有限，而且弹簧的拉力要能克服最大转矩，否则起不到消隙作用，故称为柔性调整法。这种结构装配好后能自动消除（补偿）齿侧间隙，可始终保持无间隙啮合，是一种常见的无间隙齿轮传动结构，适用于负荷不大的传动装置。

2. 斜齿圆柱齿轮传动副

1）轴向垫片调整法

如图 3.28 所示，其原理与错齿调整法相同。斜齿轮 1 和 2 的齿形拼装在一起加工，装配时在两薄片齿轮之间装入已知厚度为 t 的垫片 4，使薄片齿轮 1 和 2 的螺旋面错开，其左右两面分别与宽齿轮 3 的齿面贴紧，消除了齿侧间隙。这种结构的齿轮承载能力较小，调整费时，且不能自动补偿消除齿侧间隙。

2）轴向压簧调整法

如图 3.29 所示，该结构消隙原理与轴向垫片调整式相似，所不同的是齿轮 2 右面的弹簧 5 的压力使两个薄片齿轮的齿面分别与宽齿轮 3 的左右齿面贴紧，以消除齿侧间隙。弹簧 5 的压力可通过螺母 4 来调整。压力的大小要调整合适，压力过大会加快齿轮磨损，压力过小则达不到消隙的作用。这种结构能自动消除齿轮间隙，使齿轮始终保持无间隙啮合，但它只适用于负载较小的场合，并且结构的轴向尺寸较大。

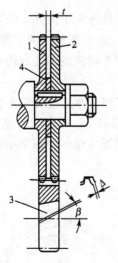

图 3.28　斜齿轮轴向垫片调整法
1、2、3—齿轮；4—垫片

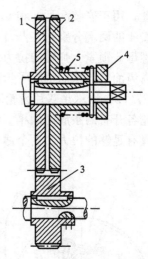

图 3.29　斜齿轮轴向压簧调整法
1、2、3—齿轮；4—螺母；5—弹簧

3. 锥齿轮传动副

锥齿轮同圆柱齿轮一样，可用上述类似的方法来消除齿侧间隙，通常采用的调整方法是轴向压簧调整法和周向弹簧调整法。

1）轴向压簧调整法

如图 3.30 所示，两个啮合着的锥齿轮 1 和 2，锥齿轮 1 的传动轴 5 上装有压簧 3，锥齿轮 1 在弹簧力的作用下可稍做轴向移动，从而消除齿侧间隙。弹簧力的大小由螺母 4 调节。

2）周向弹簧调整法

如图 3.31 所示，将一对啮合锥齿轮中的一个齿轮做成大小两片 1 和 2，在大片上制有 3 个圆弧槽，而在小片的端面上制有 3 个凸爪 6，凸爪 6 伸入大片的圆弧槽中。弹簧 4 一端顶在凸爪 6 上，而另一端顶在镶块 3 上，利用弹簧力使大小片锥齿轮稍微错开，从而达到消除齿侧间隙的目的。

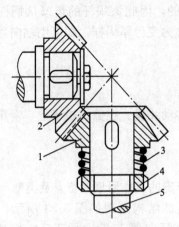

图 3.30 锥齿轮轴向压簧调整法

1、2—锥齿轮；3—压簧；

4—螺母；5—传动轴

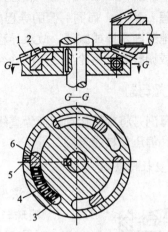

图 3.31 锥齿轮周向弹簧调整法

1、2—锥齿轮；3—镶块；4—弹簧；

5—螺钉；6—凸爪

4. 齿轮齿条传动副

在大型数控机床(如大型数控龙门铣床)中，工作台的行程很大，其进给运动不宜采用滚珠丝杠副来实现，因太长的丝杠易下垂，将影响丝杠的传动精度和工作性能，故常采用齿轮齿条传动。

当驱动负载较小时，可采用双齿轮错齿调整法，分别与齿条齿槽左、右两侧面贴紧，从而消除齿侧间隙。如图 3.32 所示，进给运动由轴 2 输入，通过两对斜齿轮将运动传给轴 1 和 3，然后由两个直齿轮 4 和 5 去传动齿条，带动工作台移动。轴 2 上两个斜齿轮的螺旋线方向相反。如果通过弹簧在轴 2 上作用一个轴向力 F，则使斜齿轮产生微量的轴向移动，这时轴 1 和轴 3 便以相反的方向转过微小的角度，使齿轮 4 和 5 分别与齿条的两齿面贴紧，消除了齿侧间隙。

5. 蜗杆蜗轮传动副

当数控机床上要实现回转进给运动或大降速比的传动要求时，常采用蜗杆蜗轮传动副。蜗杆蜗轮传动副的啮合侧隙对传动和定位精度影响很大，为了提高传动精度，可用双导程蜗杆来消除或调整传动副的间隙。如图 3.33 所示，双导程蜗杆齿的左、右两侧面具

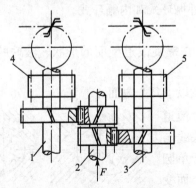

图 3.32 齿轮齿条消除齿侧间隙

1、2、3—轴；4、5—齿轮

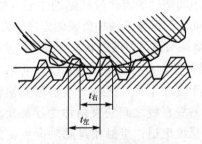

图 3.33 双导程蜗杆齿形

有不同的导程 $t_左$、$t_右$，而同一侧的导程则是相等的，因此该蜗杆的齿厚从蜗杆的一端向另一端均匀地逐渐增厚或减薄，故双导程蜗杆又称为变齿厚蜗杆，即可用轴向移动蜗杆的办法来消除或调整蜗杆蜗轮副之间的啮合间隙。

3.3.3 丝杠螺母副

丝杠螺母副是将旋转运动转换为直线运动的传动装置。在数控机床上，常用的是滚珠丝杠螺母副和静压丝杠螺母副。

1. 滚珠丝杠螺母副

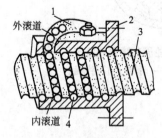

图 3.34 滚珠丝杠螺母副
1—反向器；2—螺母；
3—丝杠；4—滚珠

1）滚珠丝杠螺母副的工作原理、特点及类型

滚珠丝杠螺母副的结构原理如图 3.34 所示，它由丝杠 3、螺母 2、滚珠 4 和反向器 1（滚珠循环反向装置）等组成。丝杠 3 和螺母 2 上都有半圆弧形的螺旋槽，它们套装在一起时形成滚珠的螺旋滚道，在滚道内装满滚珠 4。当丝杠旋转时，带动滚珠在滚道内既自转又沿螺纹滚道滚动，从而使螺母（或丝杠）轴向移动。为防止滚珠从滚道端面掉出，在螺母的螺旋槽上设有滚珠回程反向引导装置 1，从而形成滚珠流动的闭合循环回路滚道，使滚珠能够返回循环滚动。

滚珠丝杠螺母副的特点有以下几点。

（1）摩擦损失小、传动效率高。

（2）丝杠螺母预紧后，可以完全消除间隙。传动精度高、刚度好。

（3）运动平稳性好，不易产生低速爬行现象。

（4）磨损小、使用寿命长、精度保持性好。

（5）不能自锁，有可逆性。既能将旋转运动转换为直线运动，也能将直线运动转换为旋转运动，可满足一些特殊要求的传动场合。当立式使用时，应增加平衡或制动装置。

滚珠丝杠副通常可根据多种方式进行分类，如按制造方法的不同分为普通滚珠丝杠副和滚轧滚珠丝杠副，按螺母形式可分为单侧法兰盘双螺母型、单侧法兰盘单螺母型、双法兰盘双螺母型、圆柱双螺母型、圆柱单螺母型、简易螺母型等；按螺旋滚道型面分为单圆弧型面和双圆弧型面；按滚珠的循环方式可分为外循环式和内循环式。

2）滚珠丝杠螺母副的结构

各种不同结构的滚珠丝杠副的主要区别体现在螺旋滚道型面的形状、滚珠的循环方式、轴向间隙的调整及预加负载的方法等方面。

（1）螺旋滚道型面的形状及其主要尺寸应注意以下几个方面。

① 单圆弧型面。如图 3.35（a）所示，通常滚道半径稍大于滚珠半径。滚珠与滚道型面接触点法线与丝杠轴线的垂直线之间的夹角称为接触角。对于单圆弧型面的螺纹滚道，接触角是随轴向负荷的大小而变化。当接触角增大后，传动效率、轴向刚度以及承载能力随之增大。

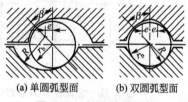

(a) 单圆弧型面　(b) 双圆弧型面

图 3.35 螺旋滚道形状

② 双圆弧型面。如图 3.35（b）所示，当偏心决定后，只在滚珠直径滚道内相切的两点接触，接触角不变。双圆弧交接处有一小空隙，可容纳一些润滑油脂或杂物，这对滚珠的流动有利。从有利于提高传动效率和承载能力及流动畅通等要求出发，接触角应选大些，但接触角过大，将使得制造较困难（磨滚道型面），建议取 45°。

（2）采用滚珠循环方式时应考虑以下几方面。

① 外循环式。如图 3.36（a）所示是插管式，用一弯管作为返回管道，弯管的两端插在与螺纹滚道相切的两个孔内，用弯管的端部引导滚珠进入弯管，完成循环，其结构工艺性好，但管道突出于螺母体外，从而使得径向尺寸较大。如图 3.36（b）所示是螺旋槽式，在螺母的外圆上铣有螺旋槽，槽的两端钻出通孔并与螺纹滚道相切，安装上挡珠器，挡珠器的舌部切断螺旋滚道，迫使滚珠流向螺旋槽的孔中而完成循环。外循环式结构制造工艺简单，使用较广泛，其缺点是滚道接缝处很难做得平滑，影响滚珠滚动的平稳性，且噪声较大。

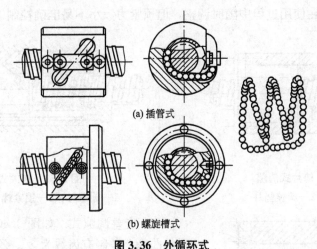

(a) 插管式

(b) 螺旋槽式

图 3.36　外循环式

② 内循环式。如图 3.37 所示为内循环滚珠丝杠副，在螺母外侧孔中装有接通相邻滚道的圆柱凸键式反向器，反向器上铣有 S 形回珠槽，以迫使滚珠翻越丝杠的齿顶而进入相邻滚道，实现循环。一般一个螺母上装有 2～4 个反向器，反向器彼此沿螺母圆周等分分布，轴向间隔为螺距。内循环式径向尺寸紧凑、刚性好，因其返回轨道较短，摩擦损失小。缺点是反向器加工困难。

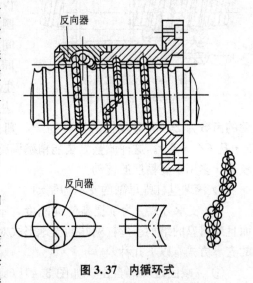

反向器

反向器

图 3.37　内循环式

3）滚珠丝杠螺母副轴向间隙的调整和施加预紧力的方法

滚珠丝杠螺母副的轴向间隙，是负载在滚珠与滚道型面接触点的弹性变形所引起的螺母位移量和螺母原有间隙的总和。为了保证滚珠丝杠螺母副的传动刚度和反向传动精度，必须要消除其轴向间隙。消除间隙和预紧的方法通常采用双螺母结构，其原理是使两个螺母间产生相对轴向位移，使两个螺母中的滚珠分别贴紧在螺旋滚道的两个相反侧面上，以达到消除间隙、产生预紧力的目的。滚珠丝杠螺母副用预紧方法消除轴向间隙时，应注意预紧力不宜过大，预紧力过大会使摩擦阻力增大，从而降低传动效率，缩短使用寿命。

常用的双螺母消除轴向间隙的结构形式有以下 3 种。

（1）垫片调隙式。如图 3.38 所示，通常用螺钉来连接滚珠丝杠两个螺母的凸缘，并在凸缘间加垫片，调整垫片的厚度使螺母产生轴向位移，即可消除间隙和产生预紧力。这种方法结构简单、可靠性好、刚度高，但调整费时，且在工作中不能随时调整。

（2）螺纹调隙式。如图 3.39 所示，两个螺母以平键 3 与螺母座相连，其中左螺母的外端有凸缘，而右螺母的外端制有螺纹，在套筒外用圆螺母 1 和锁紧螺母 2 固定着。旋转圆螺母 1 时，即可消除间隙，并产生预拉紧力，调整好后再用锁紧螺母 2 把它锁紧。这种结构调整方便，可以在使用过程中随时调整，但预紧力大小不易准确控制。

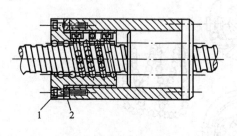

图 3.38　垫片式消隙
1—螺钉；2—调整垫片

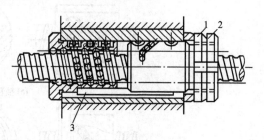

图 3.39　螺纹式消隙
1—圆螺母；2—锁紧螺母；3—平键

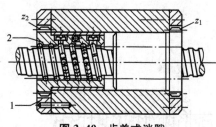

图 3.40　齿差式消隙
1—内齿轮；2—圆柱齿轮

（3）齿差调隙式。如图 3.40 所示，在两个螺母的凸缘上各制有齿数为 Z_1、Z_2 的圆柱齿轮，其齿数相差一个齿，分别与紧固在套筒两端的内齿圈相啮合。调整时，先取下两端的内齿圈，根据间隙的大小，将两个螺母分别同方向转动若干相同的齿数，然后再合上内齿圈，则两个螺母便产生相对角位移，从而使螺母在轴向相对移近距离达到消除间隙的目的。若两螺母分别在同方向转动的齿数为 Z，滚珠丝杠的导程为 P，则相对两螺母的轴向位移量（即消除间隙量）$S = Z \cdot P / (Z_1 \cdot Z_2)$。这种调整方法能精确调整预紧量，调整方便可靠，但结构较复杂、尺寸较大，多用于高精度的传动。

4）滚珠丝杠螺母副的支承与制动

（1）支承方式。为了提高传动刚度，不仅应合理确定滚珠丝杠螺母副的结构和参数，而且螺母座的结构、丝杠两端的支承形式对机床的连接刚度也有很大影响。滚珠丝杠常用的支承方式有以下几种。

① 一端固定一端自由。如图 3.41（a）所示，这种安装方式的承载能力小，轴向刚度低，仅适合于短丝杠。一般用于数控机床的调节环节和升降台式数控铣床的垂直坐

标中。

　　② 两端各装一个角接触球轴承。如图 3.41（b）所示，用于丝杠较长的情况。这种方式轴向刚度小，只适用于对刚度和位移精度要求不高的场合。

　　③ 一端固定一端支持。如图 3.41（c）所示，当热变形造成丝杠伸长时，其一端固定，另一端能做微量的轴向浮动，可减少丝杠热变形的影响。适用于对刚度和位移精度要求较高的场合，适用于较长丝杠。

　　④ 两端固定。如图 3.41（d）所示，两端均采用一双角接触球轴承支承并施加预紧，使丝杠具有较大的刚度，还可使丝杠的温度变形转化为推力轴承的预紧力。这种方式适用于长丝杠。

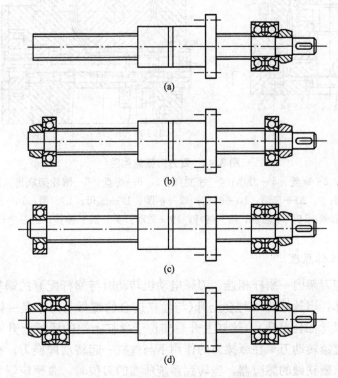

(a)

(b)

(c)

(d)

图 3.41　滚珠丝杠在机床上的支承方式

　　（2）制动方式。滚珠丝杠螺母副的传动效率很高，但不能自锁，当用在垂直传动或水平放置的高速大惯量传动中，必须装有制动装置。常用的制动方法有超越离合器、电磁摩擦离合器或者使用具有制动装置的伺服驱动电动机。

3.4　刀　　架

　　数控机床为了能在工件一次装夹中完成多个工步，以缩减辅助时间和减少多次安装工件所引起的误差，通常带有自动换刀系统。自动换刀系统由控制系统和换刀装置组成。控制系统属于数控系统中的部分内容，这里只讨论换刀装置即刀架。数控车床的刀架是机床的重要组成部分，用于夹持切削用的刀具，它的结构直接影响机床的切削性能和切削效率。数车常用的刀架有四方刀架、六角刀架、回轮刀架等。

1. 四方刀架的结构

四方刀架可以安装 4 把不同的刀具，转位信号由加工程序指定，其结构如图 3.42 所示。

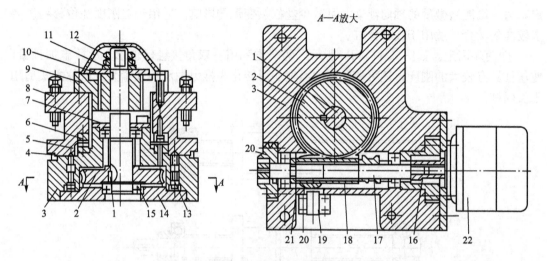

图 3.42　四方刀架结构图

1、17—轴；2—蜗轮；3—刀座；4—密封圈；5、6—齿盘；6—滚轮架端齿；7—压盖；
8—刀架；9、20—套筒；10—轴套；11—垫圈；12—螺母；13—销；14—底盘；
15—轴承；16—联轴器；18—蜗杆；19—微动开关；21—弹簧；22—电动机

2. 四方刀架工作原理

刀架电动机与刀架内一蜗杆相连，刀架电动机转动时与蜗杆配套的蜗轮转动，此蜗轮与一条丝杠为一体，当丝杠转动时会上升(与丝杠旋合的螺母与刀架是一体的，当松开时刀架不动作，所以丝杠会上升)，丝杠上升后使位于丝杠上端的压板上升即松开刀架；刀架松开后，丝杠继续转动刀架在摩擦力的作用下与丝杠一起转动即换刀；在刀架的每一个刀位上有一个用永磁铁做的感应器，当转到系统所需的刀位时，磁感应器发出信号，刀架电动机开始反转；当丝杠反转时刀架不能动作，丝杠就带着压板向下运动将刀架锁紧，换刀完成。

3.5　导　轨

3.5.1　对导轨的基本要求及其分类

在机床的进给传动系统中，导轨起着导向和支承的作用，即支承运动部件并保证其能在外力作用下准确地沿着规定的方向运动。在一对导轨中，与支承件连成一体固定不动的导轨，称为支承导轨，与运动部件连成一体的导轨称为动导轨。导轨的精度和性能对数控机床的加工精度、承载能力、使用寿命以及对伺服系统的性能都有着很大的影响。因此，在数控机床上对导轨有如下要求。

1．导向精度高

导向精度保证部件运动轨迹的准确性。导向精度受导轨的结构形状、组合方式、制造精度和导轨间隙的调整等影响。

2．良好的耐磨性

耐磨性好使导轨的导向精度得以长久保持，使用寿命长。耐磨性受到导轨副的材料、硬度、润滑和载荷的影响。

3．足够的刚度

导轨要有足够的刚度，保证在载荷作用下不产生过大的变形，从而保证各部件间的相对位置和导向精度。刚度受到导轨结构和尺寸的影响。

4．具有低速运动的平稳性

运动部件在导轨上低速运动时易产生"爬行"现象，将会造成被加工表面的表面粗糙度值增大，故要求导轨低速运动平稳。影响导轨低速运动的平稳性的主要因素有摩擦性质、润滑条件和传动系统的刚度。

5．工艺性好

导轨要结构简单，工艺性和经济性好，便于制造、装配、调整和维修。

为防止低速爬行，导向精度、提高运动精度和定位数控机床普遍采用了摩擦因数小，动、静摩擦力相差甚微，运动轻便灵活的导轨副。按两导轨的工作接合面的摩擦性质可分为塑料滑动导轨、滚动导轨和静压导轨等。

3.5.2 滑动导轨

滑动导轨具有结构简单、制造方便、接触刚度大的优点。但传统的滑动导轨摩擦阻力大、磨损快、动、静摩擦因数差别大，低速时易产生爬行现象，因此在数控机床上广泛使用塑料滑动导轨。塑料导轨与其他导轨相比有以下特点：摩擦因数小，且动、静摩擦因数相差很小，能防止低速爬行现象；化学稳定性、抗振性好；耐磨性好，且具有良好的自润滑性；结构和工艺简单，成本低，维护修理方便等。数控机床上使用的塑料导轨主要有贴塑导轨和涂塑导轨。

1．贴塑导轨

如图 3.43 所示，贴塑导轨是在动导轨上粘接上一层塑料导轨软带，通常与支承导轨上的铸铁导轨或淬硬钢导轨相配使用。塑料导轨软带是由聚四氟乙烯为基体，加入合金粉和氧化物等多种填充剂制成的复合材料。由于材料较软，因此其承载能力较低，尺寸稳定性较差，容易被硬物划伤，需要有良好的密封防护措施。塑料导轨软带有各种厚度规格，长和宽可裁剪，采用粘贴的方法固定。

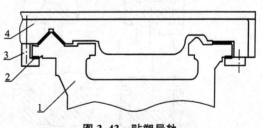

图 3.43 贴塑导轨
1—床身；2—导轨软带；3—下压板；4—床鞍

2. 涂塑导轨

涂塑导轨是在动导轨和支承导轨之间采用涂塑或注塑的方法制成塑料导轨。涂塑的材料是环氧型耐磨涂层，以环氧树脂和二硫化钼为基体，加入增塑剂，混合成液状或膏状为一组份和以固化剂为另一组份的双组份塑料涂层。当导轨间隙调整好后，将两组材料按比例混合好，注涂于动导轨涂层面上，固化成塑料导轨面。涂塑导轨材料有良好的可加工性，固化时体积不收缩、尺寸稳定，也具有良好的摩擦特性和耐磨性，抗压强度比聚四氟乙烯导轨软带高，常用于重型机床和不易用导轨软带的复杂配合型面。

3. 金属导轨

塑料导轨常用在导轨副的动导轨上，与其相配的金属导轨有铸铁和镶钢两种，组成铸铁－塑料导轨副或镶钢－塑料导轨副。

（1）铸铁导轨。常用铸铁导轨的材料是灰铸铁，如 HT200 和 HT300。为了提高耐磨性，还应用有耐磨铸铁，如孕育铸铁、高磷铸铁及合金铸铁等。铸铁导轨经表面淬火硬度一般为 50～55HRC，淬火层深度规定经磨削后应保留 1.0～1.5mm。

（2）镶钢导轨。镶钢导轨是机床导轨的常用形式之一，其材料常用 Ti0A、GCrl5 或 38CrMnAl 等，一般采用中频淬火或渗氮淬火方式，淬火硬度为 58～62HRC，渗氮层厚度为 0.5mm。镶钢导轨的硬度高、耐磨性好，但其制造工艺复杂、加工困难、安装费时、成本较高，为便于处理和减少变形，可把钢导轨分段钉接在床身上。

（3）有色金属材料导轨。用于镶装导轨的还有有色金属板材料，主要有锡青铜 ZQSn6-6-3 和铝青铜 ZQAl9-4。这种导轨耐磨性高，可以防止撕伤，保证运动的平稳性，提高运动精度，多用于重型机床的动导轨上，与铸铁的支承导轨相搭配。

4. 滑动导轨的结构及其组合形式

导轨的刚度大小、制造工艺性、间隙的调整方法、摩擦损耗性能以及导轨的精度保持性等，在很大程度上取决于导轨的横截面形状。滑动导轨的常见截面形状，如图 3.44 所示。

（1）矩形导轨。如图 3.44(a)所示，制造维修方便，承载能力大，水平方向和垂直方向上的位置精度各不相关，新导轨导向精度高，但侧面磨损产生间隙后不能自动补偿，影响导向精度，必须设置间隙调整机构。

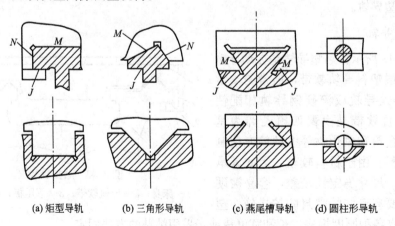

(a) 矩型导轨   (b) 三角形导轨   (c) 燕尾槽导轨   (d) 圆柱形导轨

图 3.44　滑动导轨截面

（2）三角形导轨。如图 3.44(b)所示，三角形导轨有两个导向面，同时控制了垂直方向和水平方向的导向精度，导向精度高，导轨磨损后能靠自重下沉自动补偿消除间隙。

（3）燕尾槽导轨。如图 3.44(c)所示，结构紧凑，能承受颠覆力矩，但刚性较差，摩擦阻力较大，制造检修不方便，适用于导向精度不太高的情况。

（4）圆柱形导轨。如图 3.44(d)所示，制造容易，可以做到精密配合，但对温度变化较敏感，磨损后调整间隙困难，在数控机床上应用较少。

以上截面形状的导轨有凸形和凹形两类。凹形导轨容易存油，但也容易积存切屑和尘粒，因此适用于具有良好防护的环境；凸形导轨有利于排污物，但不易存油，需要有良好的润滑条件。

直线运动导轨一般有两条导轨组成，不同的组合形式是为了满足各类机床的工作要求。在数控机床上，滑动导轨的组合形式主要是三角形—矩形式和矩形—矩形式，有少部分结构采用燕尾式。

5．滑动导轨的间隙调整

为保证导轨的正常运动，导轨的滑动表面之间应保持适当的间隙。间隙过小会增加摩擦阻力，使运动不灵活，磨损加剧；间隙过大，又会降低导向精度，引起加工质量问题。所以导轨应具有间隙的调整装置，调整的方法有以下几点。

（1）压板调整法。在导轨的垂直方向调整间隙时，一般都采用下压板来调整其底面间隙，如图 3.45 所示。如图 3.45(a)所示是修刮压板与下导轨面的接触面，这种调整办法比较麻烦费时，必须多次拆装；如图 3.45(b)所示是在压板与接合面之间采用垫片，修磨垫片厚度，以调整间隙；如图 3.45(c)所示是在压板与接合面之间采用镶条，改变镶条位置来控制底面间隙。这种结构调整方便，但刚度稍差。

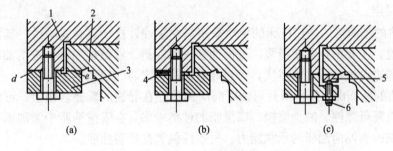

图 3.45 导轨压板调整

1—床鞍；2—床身；3—压板；4—垫片；5—镶条；6—螺钉

（2）镶条调整法。在对导轨侧向间隙的调整，常采用平镶条和斜镶条来调整。

① 平镶条。如图 3.46 所示，平镶条的全长厚度相等，横截面为平行四边形或矩形，通过侧面螺钉来调节平镶条的侧面间隙，由于收紧力不均匀，平镶条上各处受力不同，很难达到各点的间隙完全一致。

② 斜镶条。如图 3.47 所示，斜镶条又称锲铁，其斜度为 1：40 或 1：100，全长厚度是变化的，可通过端部的调节螺钉使斜镶条做纵向移动来调整间隙。斜镶条在全长上支承，由于楔形的增压作用会产生过大的横向压力，也会引起运动部件（如工作台或滑鞍等）的横向位移，因此在调整时应细心注意。

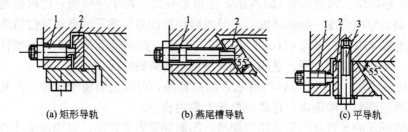

(a) 矩形导轨　　　　　(b) 燕尾槽导轨　　　　　(c) 平导轨

图 3.46　平镶条

1—调节螺钉；2—平镶条；3—紧固螺钉

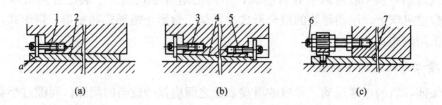

(a)　　　　　　　　　(b)　　　　　　　　　(c)

图 3.47　斜镶条

1、3、5、6—调节螺钉；2、4、7—斜镶条

3.5.3　导轨的润滑与防护

1. 导轨的润滑

数控机床导轨常用的润滑方式有油润滑和脂润滑。滑动导轨采用油润滑，滚动导轨两种方式都可采用。

（1）导轨的油润滑。数控机床的导轨采用集中供油，自动点滴式润滑。其润滑设备为集中润滑装置，主要由定量润滑泵、进回油精密滤油器、液位检测器、进给油检测器、压力继电器、递进分油器及油箱组成，可对导轨面进行定时、定量供油。

（2）导轨的脂润滑。脂润滑是将油脂润滑剂覆盖在导轨的摩擦表面上，形成黏结型固体润滑膜，以降低摩擦、减少磨损。润滑脂的种类较多，在润滑油脂中添加固态润滑剂粉末，可增强或改善润滑油脂的承载能力、时效性能和高低温性能。

2. 导轨的防护

为了防止切屑、磨粒或切削液等散落在导轨面上而引起其磨损加快、擦伤和锈蚀，导轨面上应有可靠的防护装置。导轨的防护方法很多，常用的有刮板式、卷帘式、叠层式和柔性风琴式等，如图 3.48 所示。这些防护装置结构简单，且由专门厂家制造。

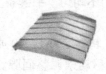　　　　　

(a) 钢板叠层式防护罩　　　　　　　(b) 柔性风琴式防护罩

图 3.48　导轨防护罩

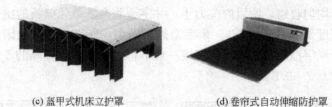

(c) 盔甲式机床立护罩　　　　　　　(d) 卷帘式自动伸缩防护罩

图 3.48　导轨防护罩(续)

3.6　机床支承件

机床的支承件主要指床身、立柱、横梁、底座等基础件，其主要作用是支承安装在上面的零部件，并保证各零部件的相互位置及承受各种作用力。支承件不仅支承着主轴箱、床鞍、工作台、自动换刀装置等机床部件，而且支承件一般附有导轨，导轨主要起导向定位作用，以保证各部件正确的相对位置及运动。此外，在支承件的内部空间可存储切削液、润滑液以及放置液压装置和电气装置等。在机床加工时，支承件承受着各种进给力和动态力，如重力、切削力、摩擦力、夹紧力和惯性力等。

3.6.1　支承件的性能要求及其改善措施

1. 支承件的刚度

支承件刚度是指支承件在恒定载荷和交变载荷作用下抵抗变形的能力。前者称为静刚度，后者称为动刚度。静刚度取决于支承件本身的结构刚度和接触刚度。动刚度不仅与静刚度有关，而且与支承件系统的阻尼、固有频率等有关。支承件要有足够的刚度，即在外载荷作用下，变形量不得超过允许值。影响支承件刚度的因素有支承件的受力状态、支承件的材料和支承件的结构等因素。提高支承件的刚度的方法有以下几种。

(1) 改善支承件的受力状态，如使受力点靠近高刚度的支承点附近，降低弯矩和扭矩，可以降低变形量，提高支承件的刚度。

(2) 采用高刚性的材料，如人造花岗岩、树脂混凝土和高质量的钢、铁材料等，提高材料的弹性模量，从而提高支承件的刚度。

(3) 采用合理的结构加大接触刚度，提高支承件的刚度。整体结构的刚度大于分体的刚度。在支承件分体时，提高表面接触面积，加大预紧力，可较好地提高接触刚度。在支承件自身结构中，在材料截面面积相同的条件下，空心结构的刚度比实心结构好；封闭式结构的刚度大于开式结构的刚度；方形截面的抗弯刚度大于圆形截面的抗弯刚度，而圆形截面的抗扭刚度高于方形截面的抗扭刚度。根据受力情况，选择好截面形状，能提高支承件的刚度。配置好加强肋板和加强肋，能显著地提高支承件的刚度。肋板连接了支承件的两壁，纵向肋板主要提高抗弯刚度，横向肋板主要提高抗扭刚度，斜向肋板兼有提高抗弯和抗扭刚度。肋条被制在支承件的内壁上，主要是为了提高局部刚度的功能，减少局部变形和薄壁振动，其结构形式如图 3.49 所示。口字型肋条最简单；纵横肋条、直角相交也容易制造，但容易产生内应力；三角形肋条能够保证足够的刚度，多用于矩形截面床身的宽壁处；肋条交叉布置，能提高刚度，常用于重要床身的宽壁上；蜂窝型肋条，用于平板上，由于各方面能均匀收缩，所以内应力小；井字型肋条其单元壁板的抗弯刚度接近米字型肋条，但抗扭刚度是米字型的 1/2。米字型铸造困难，所以一般铸铁床身采用井字型肋条，焊接床身采用米字型肋条。肋条的高度一般不得大于支承件壁厚的 5 倍，肋条的厚度一般是床身壁厚的 0.7～0.8 倍。

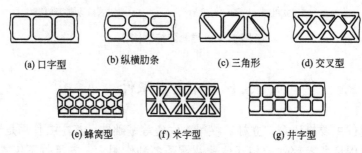

(a) 口字型   (b) 纵横肋条   (c) 三角形   (d) 交叉型

(e) 蜂窝型   (f) 米字型   (g) 井字型

图 3.49　肋条结构形式

（4）采用平衡和预变形的方法，降低变形量，提高刚度，如加工中心主轴箱的平衡等。

2. 支承件的抗振性

支承件的抗振性是指其抵抗受迫振动和自激振动的能力。机床在切削加工时产生振动，将会影响加工质量和刀具的使用寿命，影响机床的生产率。此外，振动常成为机床产生噪声的主要原因之一，因此支承件应有足够的抗振性，具有合乎要求的动态特性。影响支承件抗振性的因素有支承件的静刚度、支承件的固有频率、支承件的阻尼、支承件的支撑情况和支承件的材料等。提高支承件抗振性的措施有以下几种。

（1）采用高阻尼材料，提高抗振性，如铸铁的阻尼是钢的两倍，所以常用作为支承件的材料；焊接钢的阻尼和固有频率有了大幅度的提高，工艺性比铸铁好，现在也常用作为床身材料；还有如树脂粘接的混凝土、花岗岩等材料做床身底座。

（2）采用高阻尼部件，如液压导轨，提高抗振能力；也可在材料的表面，涂贴阻尼材料，增大吸振能力；在支承件内填充泥芯、混凝土等阻尼材料，提高抗振性。

（3）改善支承件的支承条件，如采用消振垫、加固地基、移开振源，提高抗振能力。机床支承在垫铁上时，抗振效果最差；在混凝土地基上时较好；在橡胶消振垫上则抗振效果最好。

（4）在机床设计中，把振源与支承件分开，如把电动机、传动装置、液压与冷却液装置等移出支承件，单独放置。

（5）提高支承件的静刚度，就可提高动刚度，也能够加大其抗振能力。

3. 支承件的热变形

支承件应具有比较小的热变形和内应力，这对于精密机床更为重要。影响支承件热变形的因素有支承件的结构、运动部位的发热和外面热源（如室温、切屑和电动机）等。改善支承件热变形的措施有以下几种。

（1）在机床结构方面，采用热对称结构，如卧式加工中心的框式双立柱结构、数控车床的倾斜床身、平床身和斜滑板结构、在加工中心上配有山形导轨防护罩和在机床上配有自动排屑装置等。

（2）在机床上采取热平衡措施，如在支承件上包二层隔热层，使支承件在室温变化时能保持温度场均匀，隔离热源，将热源移出支承件。

（3）在机床上采取控制温升的措施，如对机床发热部位（主轴箱、静压导轨等）采取散热、风冷和液冷等温控措施，对切削部位采用大切削液量来排除切削热，用大量冷却液循环散热和用冷却装置制冷以控制温升。

（4）采用热位移补偿，预测热变形规律，建立数学模型存入计算机中进行实时补偿。

4. 其他要求

支承件设计时还应便于排屑、吊运安全、合理安置液压、电器部件，并具有良好的工艺性等。

3.6.2　床身

床身是整个机床的基础支承件，一般用来放置导轨、主轴箱等重要部件。为了满足数控机床高速度、高精度、高生产率、高可靠性和高自动化程度的要求，其床身应具有足够高的静、动刚度、抗振性、热稳定性和精度保持性。床身设计受机床总体设计的制约，在满足总体设计要求的前提下，应尽可能做到既要结构合理、肋板布置恰当，又要保证良好的冷、热加工工艺性。

1. 床身的整体结构

根据数控机床的类型不同，床身的结构形式有各种各样的形式。

1）数控车床的床身结构

数控车床的床身结构有平床身、斜床身、平床身斜导轨和直立床身4种类型。斜床身可以改善机床切削加工时的受力情况，还能设计成封闭的腔形结构截面，床身的刚度好、排屑性好，因此在数控车床上广泛采用，如图3.50所示。

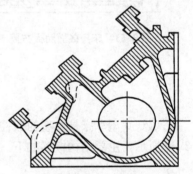

图3.50　斜床身

2）钢板焊接结构

随着焊接技术的发展和焊接质量的提高，焊接结构的床身在数控机床中应用越来越多。而轧钢技术的发展，提供了多种形式的型钢，焊接结构床身的突出优点是制造周期短，一般比铸铁结构的快1.7～3.5倍，省去了制作木模和铸造工序，不易出废品。焊接结构设计灵活，便于产品更新，改进结构。焊接件能达到与铸件相同，甚至更好的结构特性，可提高抗弯截面惯性矩、减小质量。采用钢板焊接结构能够按刚度要求布置肋板的形式，充分发挥壁板和肋板的承载和抗变形作用。另外，采用钢板焊接床身，其弹性模量大，有利于提高床身的固有频率。

2. 床身的截面形状

床身的截面形状受机床结构设计条件和铸造能力的制约以及各厂家习惯的影响，种类繁多。数控机床的床身通常为箱体结构，通过合理设计床身的截面形状及尺寸，采用合理布置的肋板结构可以在较小质量下获得较高的静刚度和适当的固有频率。床身中常用的几种截面肋板布置如图 3.51 所示。床身肋板通常是根据床身结构和载荷分布情况进行设计的，以满足床身刚度和抗振性要求，V 形肋有利于加强导轨支承部分的刚度，斜方肋和对角肋结构可明显增强床身的扭转刚度，并且便于设计成全封闭的箱形结构。此外，还有纵向肋板和横向肋板，分别对抗弯刚度和抗扭刚度有显著效果，米字形肋板和井字形肋板的抗弯刚度也较高。

3. 床身箱体封砂结构

如图 3.52 所示，床身封砂结构是利用肋板隔成封闭箱体结构，将大件的泥心留在铸件中不清除，利用砂粒良好的吸振性能，可以提高结构件的阻尼比；也可以在床身内腔填充泥心和混凝土等阻尼材料，在振动时利用相对摩擦来耗散振动能量，有明显的消振作用。封砂结构降低了床身的重心，有利于床身结构的稳定性，可提高床身的抗弯和抗扭刚度。此外，填充物增加了床身的质量，从而可提高床身的静刚度。

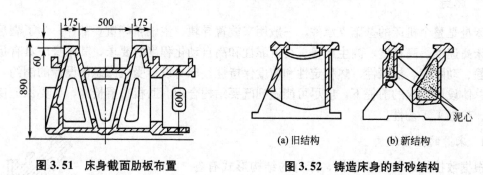

图 3.51 床身截面肋板布置 　　　　　图 3.52 铸造床身的封砂结构

3.7 HTC2050 型数控车床

HTC2050 型车床是典型的数控车床，总体布局为斜床身，后置刀架，其传动系统如图 3.53 所示，主要结构概述如下。

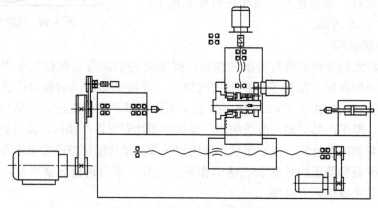

图 3.53 数控车床的传动系统图

3.7.1 主传动系统

数控车床的主传动系统现在一般采用交流主轴电动机，通过带传动或主轴箱内 2~4

级齿轮变速传动主轴。由于这种电动机调速范围宽而且又可无级调速，因此大大地简化了主轴箱的结构。主轴电动机在额定转速时可输出全部功率和最大转矩，随着转速的变化，功率和转矩将发生变化；也有的主轴由交流调速电动机通过两级塔轮直接带动，并由电气系统无级调速，由于主传动链中没有齿轮，故噪声很小。

HTC2050 型数控车床的主传动系统，如图 3.53 所示。其中主传动系统由功率为 11kW 的变频电动机驱动，经一级 5∶8 的带传动带动主轴旋转，使主轴在 45～4000r/min 的转速范围内实现无级调速。当电动机转速在 1500～6000r/min 时，为恒功率输出；当电动机转速在 70～1500r/min 时，为恒转矩输出。主轴功率特性如图 3.54 所示，主轴转矩特性如图 3.55 所示。机床主要适于高速加工，在最低转速时，由于功率过低实际加工的有效功率很低，是很难进行正常切削的。

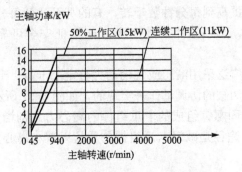

图 3.54 主轴转速和功率特性

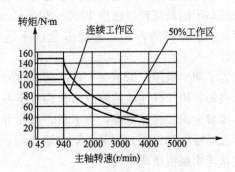

图 3.55 主轴转速和转矩特性

1. 主轴箱结构

主轴箱的作用是支承主轴和支承主轴运动的传动系统。

HTC2050 型数控车床的主轴箱展开图，如图 3.56 所示。电动机通过带轮 3 和多楔带直接带动主轴。改变电动机旋转方向，可以得到相同的主轴正、反转，主轴制动是由电动机制动来实现。

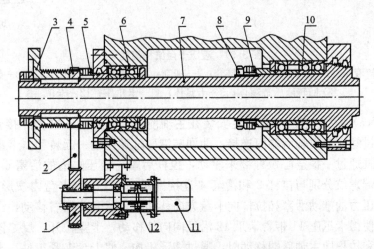

图 3.56 HTC2050 型数控车床主轴箱

1、4—同步带轮；2—同步带；3—带轮；5、8、9—螺母；6、10—轴承；7—主轴主轴前支承是 3 个角接触球轴承 7020ACTBTP4，前面两个大口向外（朝向主轴前端），后面一个大口朝里（朝向主轴后端），形成背靠背组合形式。轴承由压块锁紧圆螺母 9 预紧，预紧量在轴承制造时已调好，为了防止圆螺母 9 回松，用圆螺母 8 锁紧。后支承是两个角接触球轴承 7018CDBP4，形成背靠背组合形式，轴承由压块锁紧圆螺母 5 预紧。主轴脉冲编码器 11 是由主轴通过带轮 1、带轮 2 和齿形带及联轴器 12 带动的，和主轴同步运转，实现螺纹切削和主轴每转进给量。

因为这种结构在高转速时可降低主轴温升，减少热变形，所以能满足高速切削的需求。

2. 卡盘结构

卡盘是数控车床的主要夹具，随着主轴转速的提高，可实现高速甚至超高速切削。目前数控车床的最高转速已由 1000～2000r/min 提高到每分钟数千转，有的甚至达到每分钟数万转。这样高的转速，普通卡盘已不适用，必须采用高速卡盘才能保证安全可靠地加工。

为了减少数控车床装夹工件的辅助时间，广泛采用液压或气动动力自定心卡盘，卡盘的松夹是靠用拉杆连接的液压卡盘和液压夹紧油缸的协调动作来实现的，如图 3.57 所示。

随着卡盘的转速提高，由卡爪、滑座和紧固螺钉组成的卡爪组件的离心力急剧增大，而卡盘对零件的夹紧力下降。解决这个问题的途径是减轻卡爪组件的质量以减小离心力，为此常采用斜齿条式结构。

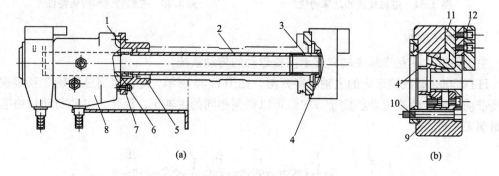

(a)　　　　　　　　　　　　　　　(b)

图 3.57　液压卡盘结构简图

1—回转液压缸；2—拉杆；3—连接套；4—滑套；5—接套；6—活塞；7、10—螺钉；
8—回转液压缸箱体；9—卡盘体；11—卡爪座；12—卡爪

如图 3.57(a)所示，液压卡盘固定安装在主轴前端，回转液压缸 1 与接套 5 用螺钉 7 连接，接套通过螺钉与主轴后端面连接，使回转液压缸随主轴一起转动。卡盘的夹紧与松开由回转液压缸通过一根空心拉杆 2 来驱动，拉杆后端与液压缸内的活塞 6 用螺纹连接，连接套 3 的两端螺纹分别与拉杆 2 和滑套 4 连接。图 3.57(b)为卡盘内楔形机构示意图，当液压缸内的压力油推动活塞和拉杆向卡盘方向移动时，滑套 4 向右移动，由于滑套上楔形槽的作用，使得卡爪座 11 带着卡爪 12 沿径向向外移动，卡盘松开。反之液压缸内的压力油推动活塞和拉杆向主轴后端移动时，通过楔形机构，使卡盘夹紧工件。卡盘体 9 用螺钉 10 固定安装在主轴前端。

3. 主轴编码器

数控车床主轴编码器采用与主轴同步的光电脉冲发生器。该装置可以通过中间轴上的齿轮或同步带轮 1∶1 与主轴同步转动，也可以通过弹性联轴器与主轴同轴安装。利用主轴编码器检测主轴的运动信号，一方面可实现主轴调速的数字反馈；另一方面可用于进给运动的控制，例如车螺纹时，控制主轴与刀架之间的准确运动关系。

数控车床主轴的转动与进给运动之间没有机械方面的直接联系，为了加工螺纹，要求输给进给伺服电动机的脉冲数与主轴的转数应有相位关系，主轴脉冲发生器起到了主轴传动与进给传动的联系作用。

3.7.2　进给传动系统

1. X 轴进给传动装置

如图 3.58 所示是 HTC2050 型数控车床 X 轴进给传动装置的结构简图。伺服电动机经联轴器 7 带动滚珠丝杠 12 回转，其上螺母带动刀架沿滑板 3 的导轨移动，实现 X 轴的进给运动。滚珠丝杠有前后两个支承。前支承由两个角接触球轴承组成，其中一个轴承大口向前，一个轴承大口向后，承受双向的轴向载荷，前支承的轴承由螺母 9 进行预紧。其后支承为一个深沟球轴承，其仅起支持作用。这种丝杠一端固定一端支持的支承形式，其结构和工艺都较简单。脉冲编码器安装在伺服电动机的尾部。图 3.58 中 10 和 13 是缓冲块，在出现意外碰撞时起保护作用。

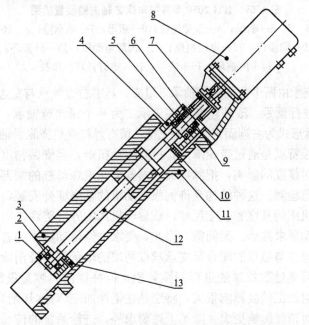

图 3.58　HTC2050 型数控车床 X 轴进给装置简图

1、4—轴承座；2、5—轴承；3—滑板；6—轴承盖；7—联轴器；8—伺服电动机；
9—螺母；10、13—缓冲块；11—床鞍；12—滚珠丝杠

由于刀架为倾斜布置，而滚珠丝杠又不能自锁，回转刀架的自身重力使其下滑，这个问题可由伺服电动机的电磁制动来解决。

2. Z 轴进给传动装置

如图 3.59 所示是 HTC2050 型数控车床 Z 轴进给传动装置简图。伺服电动机 12 经同步带轮 10 和 8 以及同步带 9 传动到滚珠丝杠 3，由螺母带动床鞍连同刀架沿床身 17 的矩形导轨移动，实现 Z 轴的进给运动。电动机轴与同步带轮 10 之间用锥环无键连接，局部放大视图中 13 和 14 是锥面相互配合的外内锥环，当拧紧螺钉 16 时，法兰 15 的端面压迫内锥环 14，使其向外膨胀，外锥环 13 受力后向电动机轴收缩，从而使电动机轴与同步带轮连接在一起。这种连接方式无须在被连接件上开键槽，而且两锥环的内外圆锥面压紧后，使连接配合面无间隙，对中性较好。选用锥环对数的多少，取决于所传递扭矩的大小。这种连接方式在进给传动链的各个环节得到了广泛的应用。

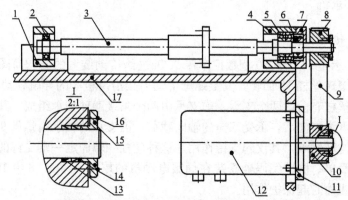

图 3.59 HTC2050 型数控车床 Z 轴进给装置简图

1、4—轴承座；2、5—轴承；3—滚珠丝杠；6—螺母；7—轴承盖；8、10—同步带轮；
9—同步带；11—电动机座；12—伺服电动机；13—外锥环；
14—内锥环；15—法兰；16—螺钉；17—床身

滚珠丝杠的右支承由两个角接触球轴承 5 组成，其中右边轴承与左边轴承形成背靠背布置，由调整螺母 6 进行预紧。滚珠丝杠的左支承 2 为一个深沟球轴承，只用于承受径向载荷。滚珠丝杠的支承形式为右端固定、左端支持，留有丝杠受热膨胀后轴向伸长的余地。

这种结构的连接特点是通过带轮降速，提高驱动扭矩，且安装精度要求不高。为了消除同步齿形带传动对精度的影响，把脉冲编码器安装在滚珠丝杠的端部，以便直接对滚珠丝杠的旋转状态进行检测。这种结构允许伺服电动机的轴端朝外安装，因此可避免由电动机外伸，造成加大机床的高度和长度尺寸，或影响机床的外形美观。

进给系统的传动要求准确、无间隙。因此，要求进给传动链中的各环节，如伺服电动机与丝杠的连接，丝杠与螺母的配合及支承丝杠两端的轴承等都要消除间隙。如果经调整后仍有间隙存在，可通过数控系统进行间隙补偿，但补偿的间隙量最好不超过 0.05mm。因为传动间隙太大对加工精度影响很大，特别是在镜像加工（对称切削）方式下车削圆弧和锥面时，传动间隙对精度影响更大。除了上述要求外，进给系统的传动还应具有较高的灵敏度和较高的传动效率。

3.7.3 尾座

HTC2050 型数控车的床尾座结构如图 3.60 所示。尾座体的移动由滑板带动移动，尾座体移动后，由螺母、螺栓、压板将其锁紧在床身上。

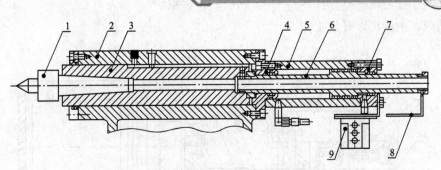

图 3.60 HTC2050 型数控车床尾座结构

1—顶尖；2—尾座体；3—尾座套筒；4、7—端盖；5—液压缸；
6—活塞杆；8—行程杆；9—行程开关

在调整机床时，可以手动控制尾座套筒移动。顶尖 1 与尾座套筒 3 用锥孔连接，尾座套筒可带动顶尖一起移动。在机床自动工作循环中，可通过加工程序由数控系统控制尾座套筒的移动。当数控系统发出尾座套筒伸出的指令后，液压电磁阀动作，压力油进入液压缸的右腔，推动尾座套筒 3 伸出。当数控系统指令令其退回时，压力油进入液压缸的左腔，从而使尾座套筒退回。尾座套筒移动的行程靠调整套筒外部连接的行程杆 8 上面的移动挡块来完成。当套筒伸出到位时，行程杆上的挡块压下行程开关 9，向数控系统发出尾座套筒到位信号。当套筒退回时，行程杆上的挡块压下行程开关 9，向数控系统发出套筒退回的确认信号。

尾座套筒的进退由操作面板上的按钮来操纵。在电路上尾座套筒的动作与主轴互锁，即在主轴转动时，按动尾座套筒退出按钮，套筒并不动作，只有在主轴停止状态下，尾座套筒才能退出，以保证安全。

3.7.4 刀架

该车床采用 AK31 系列回轮刀架，如图 3.61 所示为 AK31 系列回轮刀架外观图，如图 3.62 所示为 AK31 系列回轮刀架结构图，本刀架采用三联齿盘作为分度定位元件。由电动机驱动后，通过一对齿轮和一套行星轮系进行分度传动。工作程序为：主机控制系统发出转位信号后，刀架上的电动机制动器松开，电源接通，电动机开始工作，通过齿轮 2、3 带动行星齿轮 4 旋转，这时驱动齿轮 5 为定齿轮，由于与行星齿轮 4 啮合的齿轮 5、23 齿数不同，行星齿轮 4 带动空套齿轮 23 旋转，空套齿轮带动滚轮架 8 转过预置角度，使

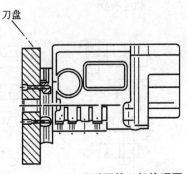

图 3.61 AK31 系列回轮刀架外观图

端齿盘后面的端面凸轮松开，端齿盘向后移动脱开端齿啮合，滚轮架 8 受到端齿盘后端面键槽的限制停止转动，这时空套齿轮 23 成为定齿轮，行星齿轮 4 通过驱动齿轮 5 带动主轴 11 旋转，实现转位分度，当主轴转到预选位置时，角度编码器 21 发出信号，电磁铁 17 向下将插销 13 压入主轴 11 的凹槽中，主轴 11 停止转动，预分度接近开关 18 给电动机发出信号，电动机开始反向旋转。通过齿轮 2 与 3、行星齿轮 4 和空套齿轮 23，带动滚轮架 8 反转，滚轮压紧凸轮，使端齿盘向前移动，端齿盘重新啮合，这时锁紧接近开关 19 发出信号，切断电动机电源，制动器通电刹紧电动机，电磁铁断电，插销 13 被弹簧弹回，转

位工作结束，主机可以开始工作。

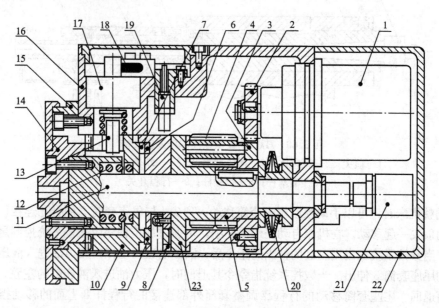

图3.62　AK31系列回轮刀架结构图

1—电动机；2—电动机齿轮；3—齿轮；4—行星齿轮；5—驱动齿轮；6—滚轮架端齿；7—沟槽；

8—滚轮架；9—滚轮；10—双联齿盘；11—主轴；12—弹簧；13—插销；14—动齿盘；

15—定齿盘；16—箱体；17—电磁铁；18—预分度接近开关；

19—锁紧接近开关；20—蝶形弹簧；21—角度编码器；

22—后盖；23—空套齿轮

3.7.5　液压系统

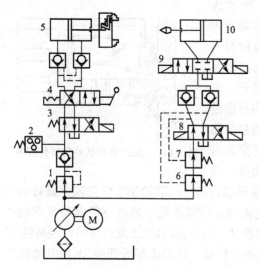

图3.63　HTC2050型数控车床工作原理图

1、6、7—减压阀；2—压力继电器；3、8、9—换
向阀；4—手动换向阀；5、10—液压缸

现代数控机床在实现整机的控制中，除电气控制外，还需配备液压和气动等辅助装置，以实现整机的自动运行功能。液压传动装置以工作压力高的油为工作介质，机械结构紧凑，与其他传达室动装置相比在同等体积条件下可以产生较大的力或力矩，动作平稳可靠、易于调节和控制、噪声较小，但需配置液压泵和油箱，且易产生渗漏和环境污染，常用于大、中型数控机床。

在HTC2050型数控车床上，卡盘的夹紧与松开、尾架的顶紧与退回等均由液压系统来驱动控制，其工作原理如图3.63所示。

机床采用变量泵，系统油压调整到3MPa，压力油经滤油器进入控制油路。卡盘的夹紧与松开由二位四通阀3来控制，夹紧力的大小由减压阀1来调节，但其最大油压不能大于 2.5MPa；手动换向阀 4 控制是用正卡夹紧还是用反卡夹紧。在液压缸的进油路上设置了压力继电器 2，使卡盘夹紧力达到一定值后，能发出控制指令。

尾架顶尖由三位四通换向阀 9 来控制，其顶紧力的大小由减压阀 6 或减压阀 7 来调整，减压阀 6 与减压阀 7 预调不同的顶紧力，以供使用时选用，由二位四通阀 8 来控制，油压调整范围为 0.5～1.0 MPa。

练习与思考题

(1) 数控车床与普通车床相比在使用性能的结构方面有什么特点？

(2) 数控车床的床身与导轨的布局为什么做成斜置的？

(3) 数控车床的主传动比普通车床简单得多，但它的转速范围反而更大了，为什么？

第 4 章

车削中心

⤵ **教学提示**

车削中心是一种多工序加工机床，特别适合于复杂形状回转类零件的加工。本章着重讨论车削中心的工艺范围、车削中心的主传动系统与结构，重点介绍车削中心的 C 轴功能及其传动原理，最后介绍车削中心的典型部件结构。

⤵ **教学要求**

通过本章的学习，了解车削中心的工艺范围与特点；理解车削中心的主传动系统与结构的特点；掌握车削中心的自驱动力刀具的原理；掌握车削中心的 C 轴功能；了解车削中心的典型部件结构。

车削中心是一种多工序加工机床，它是数控车床在扩大工艺范围方面的发展。不少回转体零件上常常还需要进行钻孔、铣削等工序，例如钻油孔、钻横向孔、铣键槽、铣扁方及铣油槽等。在这种情况下，所有工序最好能在一次装夹下完成。这对于降低成本、缩短加工周期、保证加工精度等都具有重要意义，特别是对重型机床，更能显示其优点，因为其加工的重型零件吊装不易。

4.1　车削中心的工艺范围

　　为了便于深入理解车削中心的结构原理，如图 4.1 所示，首先列出了车削中心能完成的除了一般车削以外的工序。如图 4.1(a)所示为铣端面槽。加工时，机床主轴不转，装在刀架上的铣主轴带着铣刀旋转。端面槽有以下 3 种情况。

　　(1) 端面槽位于端面中央，由刀架带动铣刀做 X 向进给，通过工件中心。

　　(2) 端面槽不在端面中央，如图 4.1(a)中的小图所示，则铣刀 Y 向偏置。

　　(3) 端面不只一条槽，则需主轴带动工件分度。

　　如图 4.1(b)所示为端面钻孔、攻螺纹，主轴或刀具旋转，刀架做 Z 向进给。如图 4.1(c)所示为铣扁方，机床主轴不转，刀架内的铣主轴带动刀具旋转，可以做 Z 向进给(见图)，也可做 X 向进给；如需加工多边形，则主轴分度。如图 4.1(d)所示为端面分度钻孔、攻螺纹，钻(或攻螺纹)刀具主轴装在刀架上偏置旋转并做 Z 向进给，每钻完一个孔，主轴带工件分度。如图 4.1(e)、图 4.1(f)、图 4.1(g)所示为横向或在斜面上钻孔、铣槽、攻螺纹，除此之外，还可铣螺旋槽等。

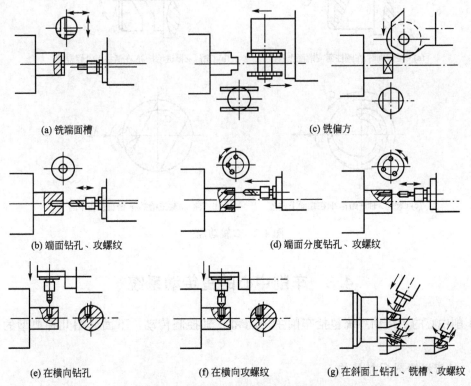

(a) 铣端面槽　　　　　　　　　　　　　　(c) 铣偏方

(b) 端面钻孔、攻螺纹　　　　　　　　(d) 端面分度钻孔、攻螺纹

(e) 在横向钻孔　　　　　(f) 在横向攻螺纹　　　　(g) 在斜面上钻孔、铣槽、攻螺纹

图 4.1　除车削外车削中心能完成的工序

4.2 车削中心的 C 轴

由以上对车削中心加工工艺的分析可见，车削中心在数控车床的基础上增加了两大功能。

1. 自驱动力刀具

在刀架上备有刀具主轴电动机，自动无级变速，通过传动机构驱动装在刀架上的刀具主轴。

2. 增加了主轴的 C 轴坐标功能

机床主轴旋转除做车削的主运动外，还做分度运动（即定向停车）和圆周进给，并在数控装置的伺服控制下，实现 C 轴与 Z 轴联动，或 C 轴与 X 轴联动，以进行圆柱面上或端面上任意部位的钻削、铣削、攻螺纹及平面或曲面铣加工，如图 4.2 所示为 C 轴功能的示意图。车削中心在加工过程中，驱动 C 轴进给的伺服电动机与驱动车削运动的主电动机是互锁的，即当进行分度和 C 轴控制时，脱开主电动机，接合伺服电动机；当进行车削时，脱开伺服电动机，接合主电动机。

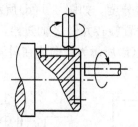　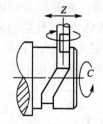

(a) C 轴定向时,在圆柱面或端面上铣槽　　　(b) C 槽、Z 槽进给插补,在侧柱上铣螺旋槽

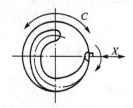　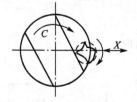

(c) C 轴、X 轴进给插补,在端面上铣槽　　　(d) C 轴、X 轴进给插补,铣直线和平面

图 4.2　C 轴功能

4.3　车削中心的主传动系统

车削中心的主传动系统包括车削主传动和 C 轴控制传动，下面介绍几种典型的传动系统。

1. 精密蜗轮副 C 轴结构

如图 4.3 所示为车削柔性加工单元的主传动系统结构和 C 轴传动及主传动系统简图。

C 轴的分度和伺服控制采用可啮合和脱开的精密蜗轮副结构，它由一个伺服电动机驱动蜗杆 1 及主轴上的蜗轮 3 组成。当机床处于铣削和钻削状态时，即主轴需要通过 C 轴分度或对圆周进给进行伺服控制时，蜗杆与蜗轮啮合，该蜗杆蜗轮副由一个可固定的精确调整滑块来调整，以消除啮合间隙。C 轴的分度精度由一个脉冲编码器来保证。

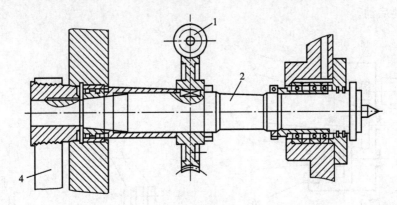

(a) 主轴结构简图

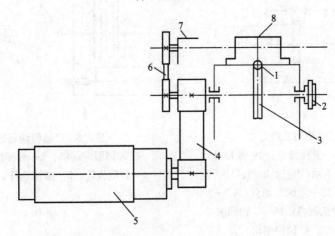

(b) C 轴传动系统示意图

图 4.3　C 轴传动系统之一

1—蜗杆；2—主轴；3—蜗轮；4、6—齿形带；5—主轴电动机；
7—脉冲编码器；8—C 轴伺服电动机

2. 经滑移齿轮控制的 C 轴传动

如图 4.4 所示为车削中心的 C 轴传动系统图，由主轴箱和 C 轴控制箱两部分组成。当主轴在一般车削状态时，换位油缸 6 使滑移齿轮 5 与主轴齿轮 7 脱开，制动油缸 10 脱离制动，主轴电动机通过 V 带带动带轮 11 使主轴 8 旋转。当主轴需要 C 轴控制做分度或回转时，主轴电动机处于停止状态，齿轮 5 与齿轮 7 啮合，在制动油缸 10 未制动状态下，C 轴伺服电动机 15 根据指令脉冲值旋转，通过 C 轴变速器变速，经齿轮 5、7 使主轴分度，然后制动油缸 10 工作使主轴制动。当进行铣削时，除制动油缸制动主轴外，其他动作与上述相同，此时主轴按指令做缓慢的连续旋转进给运动。

如图4.5所示C轴传动也是通过安装在伺服电动机轴上的滑移齿轮带动主轴旋转的，可以实现主轴旋转进给和分度。当不用C轴传动时，伺服电动机上的滑移齿轮脱开，主轴由电动机带动，为了防止主传动与C轴传动之间产生干涉，在伺服电动机上滑移齿轮的啮合位置装有检测开关，利用开关的检测信号来识别主轴的工作状态，当C轴工作时，主轴电动机就不能启动。

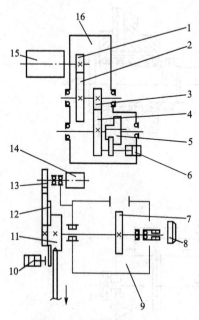

图4.4 C轴传动系统之二

1~4—传动齿轮；5—滑移齿轮；6—换位油缸；7—主轴齿轮；8—主轴；9—主轴箱；10—制动油缸；11—带轮；12—主轴制动盘；13—齿形带轮；14—脉冲编码器；15—C轴伺服电动机；16—C轴控制箱

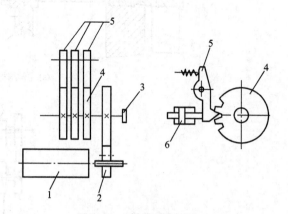

图4.5 C轴传动系统之三

1—C轴伺服电动机；2—滑移齿轮；3—主轴；4—分度齿轮；5—插销连杆；6—压紧油缸

主轴分度是采用安装在主轴上的3个120齿的分度齿轮来实现的。3个齿轮分别错开1/3个齿距，以实现主轴的最小分度值1°。主轴定位靠一个带齿的连杆来实现，定位后通过油缸压紧。3个油缸分别配合3个连杆协调动作，用电气系统实现自动控制。

C轴坐标除了以上介绍的用伺服电动机通过机械结构实现外，还可以用带C轴功能的主轴电动机直接进行分度和定位。

4.4 车削中心自驱动力刀具典型结构

车削中心自驱动力刀具主要由3部分组成，即动力源、变速装置和刀具附件（钻孔附件和铣削附件等）。

1. 变速传动装置

如图4.6所示是动力刀具的传动装置。传动箱2装在转塔刀架体（图中未画出）的上方。变速电动机3经锥齿轮副和同步齿形带，将动力传至位于转塔回转中心的空心轴4。

轴4的左端是中央锥齿轮5，与下文所述的自驱动力刀具附件相联系。由图4.6可见，齿形带轮与轴采用了锥环摩擦连接。

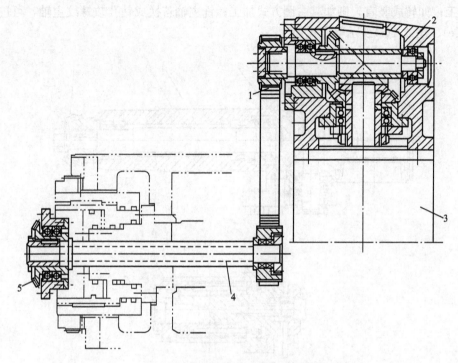

图4.6 自驱动力刀具的传动装置
1—齿形带；2—传动箱；3—变速电动机；4—空心轴；5—中央锥齿轮

2. 自驱动力刀具附件

自驱动力刀具附件有许多种，下面列举两例。

如图4.7所示是高速钻孔附件。轴套的A部装入转塔刀架的刀具孔中。刀具主轴3的右端装有锥齿轮1，与图4.6所示的中央锥齿轮5相啮合。主轴前端支承是三联角接触球轴承4，后支承为滚针轴承2，主轴头部有弹簧夹头5。拧紧外面的套，就可靠锥面的收紧力夹持刀具。

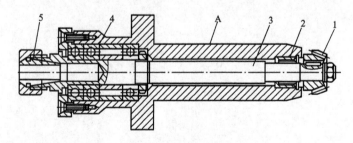

图4.7 高速钻孔附件
1—锥齿轮；2—滚针轴承；3—刀具主轴；4—角接触球轴承；5—弹簧夹头

如图4.8所示是铣削附件，分为两部分。图4.8(a)是中间传动装置，仍由锥套的A部装入转塔刀架的刀具孔中，锥齿轮1与图4.6所示中的中央锥齿轮5啮合。轴2经锥齿轮 3、横轴 4 和圆柱齿轮 5，将运动传至图 4.8(b)的铣主轴 7 上的圆柱齿轮 6，铣主轴 7 上装铣刀。中间传动装置可连同铣主轴一起旋转。如铣主轴水平，则如图 4.1(c)所示的左图方式加工；如转成竖直，则如其右图方式加工；铣主轴若换成钻孔攻螺纹主轴，可进行如图 4.1(e)、图 4.1(f)所示等方式加工。

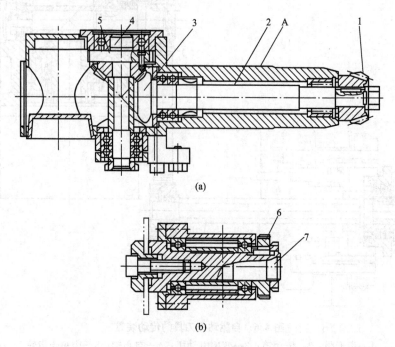

(a)

(b)

图 4.8 铣削附件

1、3—锥齿轮；2—轴；4—横轴；5、6—圆柱齿轮；7—铣主轴；A—轴套

练习与思考题

(1) 车削中心能完成哪些加工工序？

(2) 何谓车削中心的 C 轴？它有哪些功能？

第 **5** 章

数 控 系 统

▶ 教学提示

本章从数控系统的总体结构、硬件和软件功能及其实现、插补原理和可编程序控制器几个方面来讲述 CNC 数控系统结构及其工作原理。

▶ 教学要求

通过本章的学习，了解数控系统的软、硬件结构；掌握最基本的直线和圆弧的逐点比较插补法；了解直线和圆弧的数据采样插补的原理；对数控机床的可编程序控制器的特点和控制过程有一个较全面的了解。

数控系统(Numerical Computer System)是指利用数字控制技术实现的自动控制系统。最初的数控系统是由数字逻辑电路构成的，因而被称之为硬件数控系统。随着微型计算机的发展，硬件数控系统已逐渐被淘汰，取而代之的是当前广泛使用的计算机数控(CNC)系统。

计算机数控系统主要由硬件和软件两部分组成。通过系统控制软件与硬件的配合，合理地组织、管理数据的输入，数据的处理、插补运算和信息输出，控制执行部件，对数控机床运动进行实时控制。

5.1 数控系统的原理

5.1.1 CNC系统的组成

目前CNC系统大都采用体积小、成本低、功能强的微处理机，如图5.1所示为计算机数控系统的组成原理图，它是数控技术的典型应用。CNC数控系统通常包括操作面板、输入/输出(I/O)装置、计算机数控装置、伺服单元、驱动装置、辅助控制装置和位置检测装置，这几部分之间通过I/O接口互连。

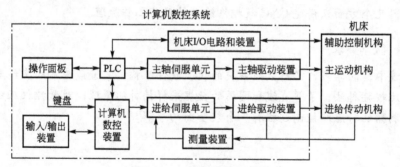

图5.1 CNC系统的组成图

1. 操作面板

操作面板是操作人员与机床数控统进行信息交流的工具，它由按钮站、状态灯、按键阵列(功能与计算机键盘类似)和显示器组成。操作者对机床的控制、对当前机床工作状态

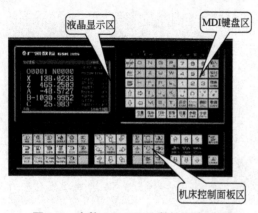

图5.2 广数GSK980TD数控系统面板图

的了解，均可通过操作面板进行。数控系统一般采用集成式操作面板，分为三大区域，即液晶显示区、MDI键盘区和机床控制面板区，如图5.2所示。

显示器一般位于操作面板的左上部，用于菜单、系统状态、故障报警的显示和加工轨迹的图形仿真。显示器为操作人员提供必要的信息，根据系统所处的状态和操作命令的不同，显示的信息可以是正在编辑的程序，可以是机床的加工信息，如工作台位置、刀具位置、进给速度、主轴转速及动态加工轨迹等。较简单的显示器只有若干个数码管，显示信息也很有限，较高级的系统一般配有 CRT 显示器或点阵式液晶显示器，显示信息较丰富，低档的显示器只能显示字符，高档的显示器能显示图形。

MDI 键盘包括标准化的字母、数字，用于零件程序的编制、修改程序、参数输入、手动数据输入、系统管理操作和发送操作命令等。

机床控制面板区（MCP）用于直接控制机床的动作或加工过程。一般主要包括急停按键、轴手动按键、速率修调（进给修调、快进修调、主轴修调）、回参考点、手动进给、增量进给、手摇进给、自动运行、单段运行、超程解除、机床动作手动控制。例如，冷却启停、主轴正反转、主轴停止等。

2. 输入/输出装置

输入装置的作用是将程序载体上的数控代码变成相应的数字信号，传送并存入数控装置内。输出装置的作用是显示加工过程中必要的信息，如坐标值、报警信号等。

数控机床加工的过程是机床数控系统和操作人员进行信息交流的过程，输入/输出装置就是这种人机交互设备，主要包括键盘、机床操作面板、显示器、外部存储设备、编程机、串行通信接口等。外部存储设备的功能是存放和读取零件加工程序，有的也用于系统控制软件的输入。常用的外部存储设备有磁盘、移动硬盘等。计算机数控系统还可以用通信的方式进行信息的交换，这是实现 CAD/CAM 集成、FMS 和 CIMS 的基本技术。

3. 计算机数控（CNC）装置

计算机数控装置是数控系统的核心，它包括微处理器 CPU、存储器、局部总线、外围逻辑电路及与 CNC 系统其他组成部分联系的接口及相应控制软件。它的主要功能是将输入装置传送的加工程序，经数控装置系统软件进行译码、数值计算、插补运算和速度预处理，产生位置和速度指令以及辅助控制功能信息等，控制机床的各执行部件的运动。CNC 装置输出的信号有各坐标轴的进给速度、进给方向和位移指令，还有主轴的变速、换向和启停信号，换刀指令，控制冷却液、润滑油启停等。这个过程是由 CNC 装置内的硬件和软件协调完成的。数控装置通过软件可以实现很多功能，常见的功能有以下几种。

（1）准备功能。准备功能亦称为 G 功能，是用来控制机床动作方式的功能。主要有基本移动、程序暂停、刀具补偿、米制英制转换、绝对值与增量值转换、固定循环、坐标系设定等指令。ISO 标准对 G 功能从 G00 到 G99 中的大部分指令进行了定义，其余部分指令可由数控机床制造商根据需要进行定义。

（2）控制功能。控制功能主要反映 CNC 系统能够控制的轴数和联动控制的轴数。控制轴有移动轴和回转轴，有基本轴和附加轴。控制的轴数越多，特别是联动的轴数越多，CNC 系统就越复杂，成本就越高，编程也就越困难。

（3）进给功能。它反映刀具的进给速度，用 F 直接指定各轴的进给速度，主要有以下几种功能。

① 切削进给速度（每分钟进给量单位为 mm/min）。以每分钟进给距离的形式指定刀具切削速度，用 F 和它后续的数值指定。对于直线轴如 F100 表示每分钟进给量为 100mm/min，对于回转轴如 F15 表示每分钟进给 15°。

② 同步进给速度（每转进给量单位为 mm/r）。同步进给速度为主轴每转时进给轴的进给量，只有主轴上装有位置编码器（脉冲编码器）的机床才能指定同步进给速度，如螺纹

加工。

③ 进给倍率。操作面板上设置了进给倍率开关，可实时进行人工调整。倍率一般在10%～100%之间变化。使用倍率开关可以不修改程序中的 F 代码，就改变机床的进给速度，对每分钟进给量和每转进给量都有效。

④ 快速进给速度。CNC 装置出厂时就已经设定了快速进给速度，它可通过参数设定，用 G00 指令来实现，还可通过操作面板上的快速进给倍率开关来调整实际快速进给速度。

（4）主轴转速功能。主轴速度由 S 字母和它后面的数字来指定，有恒转速（r/min）和表面恒线速度（m/min）两种运转方式。

（5）刀具功能。刀具功能包括选择的刀具数量和种类、刀具的编码方式以及自动换刀的方式。

（6）辅助功能。辅助功能也称 M 功能，用来规定主轴的启、停和转向、切削液的开关。

（7）插补功能。插补功能是指 CNC 装置可以实现各种曲线轨迹插补运算的功能，如直线插补、圆弧插补和其他二次曲线与多坐标高次曲线插补。插补运算实时性很强，即CNC 装置插补计算速度要能同时满足机床坐标轴对进给速度和分辨率的要求。它可用硬件或软件两种方式来实现，硬件插补方式比软件插补方式快，如日本 FANUC 公司就采用DDA 硬件插补专用集成芯片。但目前由于微处理机的位数和频率的提高，大部分系统还是采用了软件插补方式，并把插补分为粗、精插补两步，以满足其实时性要求。软件每次插补一个小线段称为粗插补。根据粗插补的结果，将小线段分成单个脉冲输出，称为精插补。

（8）补偿功能。CNC 装置可备有多种补偿功能，可以对加工过程中由于刀具磨损或更换，以及机械传动的丝杠螺距误差和反向间隙所引起的加工误差予以补偿。按存放在存储器中的补偿量重新计算刀具运动轨迹和坐标尺寸，从而加工出符合图样要求的零件。

（9）字符图形显示功能。CNC 装置可配置高分辨率的 CRT、TFT 显示器，通过软件和接口实现字符和图形显示，可以显示程序、人机对话编程菜单、零件图形、动态模拟刀具轨迹等。

（10）通信功能。CNC 装置与外界进行信息和数据交换的功能。数控系统通常具有RS-232 接口，可与上级计算机进行通信，传送零件加工程序，有的还备有 DNC 接口，更高档的系统还能与 MAP（制造自动化协议）相连，接入工厂的通信网络，以适应 FMS、CIMS 的要求。

（11）自诊断功能。CNC 装置中设置各种诊断程序，可以防止故障的发生或扩大，在故障出现后迅速查明故障类型及部位，减少故障停机时间。

（12）人机对话编程功能。人机对话编程功能有助于编制复杂零件的加工程序，操作者或程序员只要输入图样上零件几何尺寸的角度、斜率、半径等命令，CNC 装置就能自动计算出全部基点坐标且生成加工程序。有的 CNC 装置可根据引导图和说明进行对话式编程，并具有自动选择工序、刀具、切削等条件的智能功能。

4. 伺服单元

伺服单元分为主轴伺服和进给伺服，分别用来控制主轴电动机和进给电动机。伺服单元接收来自 CNC 装置的进给指令，这些指令经变换和放大后通过驱动装置转变成执行部件进给的速度、方向和位移。因此，伺服单元是数控装置与机床本体的联系环节，它把来自数控装置的微弱指令信号放大成控制驱动装置的大功率信号。伺服单元有脉冲单元和模拟单元之分；就其系统而言又有开环系统、半闭环系统和闭环系统之分，其工作原理亦有差别。

5. 驱动装置

驱动装置是将伺服单元的输出变为机械运动。它和伺服单元是数控装置和机床传动部件间的联系环节，它们有的带刀具、有的带工作台，通过几个轴的综合联动，使刀具相对于工件产生各种复杂的机械运动，加工出形状、尺寸与精度符合要求的零件。驱动装置有步进电动机、直流伺服电动机、交流伺服电动机。

伺服单元和进给驱动装置合称为进给伺服驱动系统，数控机床的运动速度、跟踪及定位精度，加工表面质量、生产率及工作可靠性，往往取决于伺服系统的动态和静态性能，一般数控机床的故障也主要出现在伺服系统上。

6. 辅助控制装置

辅助控制装置是介于数控装置和机床机械、液压部件之间的控制装置，通过可编程序控制器(PLC)来实现。数控装置和 PLC 配合共同完成数控机床的控制，数控装置主要完成与数字运算和程序管理等有关的功能，如零件程序的编辑、译码、插补运算、位置控制等，PLC 主要完成与逻辑运算有关的动作，如刀具的更换、冷却液的开关等。

7. 位置检测装置

位置检测装置与进给驱动装置组成半闭环和闭环伺服驱动系统，位置检测装置通过直接或间接测量将执行部件的实际位移量检测出来，反馈到数控装置并与指令(理论)位移量进行比较，将其误差转换放大后控制执行部件的进给运动，以提高系统精度。

5.1.2　CNC 系统的基本原理

CNC 系统的生产厂家编制好 CNC 控制软件(也称为系统程序)后，要把它固化在 ROM(EPROM)中，系统接上电源后即自动由 CPU 按照此固化的程序运行。使用 CNC 机床加工时，首先要编制好零件程序，而零件程序的解释与具体执行则要由系统程序来完成。

CNC 的控制软件主要完成如下基本任务：①系统管理；②操作指令处理；③零件程序的输入、解释与执行；④系统状态显示；⑤手动数据输入 MDI；⑥故障报警和诊断。

其中最主要的是控制零件程序的执行，这是 CNC 的核心任务，其他任务可以说是为了更好地完成这一任务而进行的辅助和配合。一个零件程序的执行首先要输入 CNC，经过译码、数据处理、插补和位置控制，由伺服系统执行 CNC 输出的指令驱动机床完成加工。如图 5.3 所示为零件程序的处理过程。

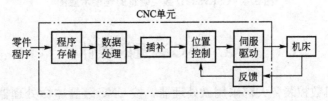

图 5.3　零件程序的处理过程

5.1.3 计算机数控装置的接口

计算机数控装置(以下简称数控装置)的接口是数控装置与数控系统的功能部件和机床进行信息传递、交换和控制的端口,称之为接口。接口在数控系统中占有重要的位置,不同的功能模块与数控装置相连接,采用与其相应的输入/输出(I/O)接口。

数控装置与数控系统各个功能模块和机床之间的来往信息和控制信息,不能直接连接,而要通过 I/O 接口电路连接起来,该接口电路的主要任务如下所述。

(1) 进行电平转和功率放大。因为一般数控装置的信号是 TTL 逻辑电路产生的电平而控制机床的信号则不是 TTL 电平,且负载较大。因此,要进行必要的信号电平转换和功率放大。

(2) 提高数控装置的抗干扰性能,防止外界的电磁干扰噪声引起误动作。接口采用光电耦合器件或继电器,避免信号的直接连接。

(3) 输入接口接收机床操作面板的各开关信号。按钮信号,机床上的各种限位开关信号及数控系统各个功能模块的运行状态信号,若输入的是触点输入信号,要消除其振动。

(4) 输出接口是将各种机床工作状态灯的信息送至机床操作面板上显示,将控制机床辅助动作信号送至电柜,从而控制机床主轴、刀架、液压、冷却、等单元的继电器和接触器。如图 5.4 所示是 GSK980TD 数控装置的连接示意图。

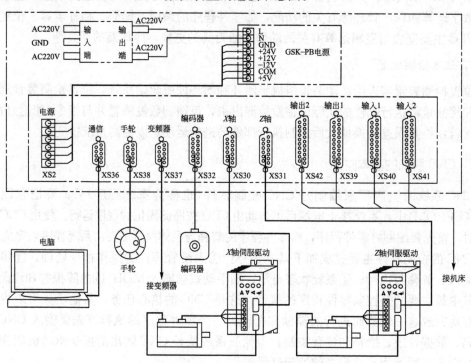

图 5.4 GSK980TD 数控装置的连接示意图

5.2 CNC 装置的硬件

现代的计算机数控装置大都采用微处理器,按 CNC 装置中微处理器的个数可以分为单微处理器结构和多微处理器结构。

5.2.1 单微处理器结构

所谓单微处理器结构，即采用一个微处理器来集中控制，分时处理数控的各个任务。而某些 CNC 装置虽然采用了两个以上的微处理器，但能够控制系统总线的只有其中一个微处理器，它占有总线资源，其他微处理器作为专用的智能部件，它们不能控制系统总线，也不能访问存储器，这是一种主从结构，故被归纳于单微处理器结构中。

单微处理器结构数控装置的组成如图 5.5 所示。微处理器通过总线与存储器(RAM、EPROM)、位置控制器、可编程序控制器(PLC)及 I/O 接口、MDI/CRT 接口、通信接口等相连。

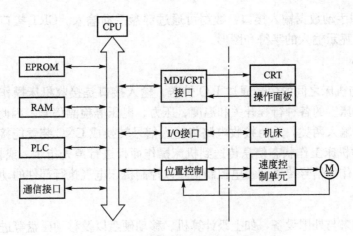

图 5.5 单微处理器结构数控装置的组成

1. 微处理器和总线

微处理器是 CNC 装置的核心，由运算器及控制器两大部分组成。运算器对数据进行算术运算和逻辑运算；控制器则将存储器中的程序指令进行译码，并向 CNC 装置各部分顺序发出执行操作的控制信号，并且接收执行部件的反馈信息，从而决定下一步的命令操作。也就是说，微处理器主要担负数控有关的数据处理和实时控制任务。数据处理包括译码、刀补、速度处理。实时控制包括插补运算和位置控制以及对各种辅助功能的控制。

总线是微处理器与各组成部件、接口等之间的信息公共传输线，由地址总线、数据总线和控制总线 3 种总线组成。

2. 存储器

存储器用于存储系统软件和零件加工程序等，并将运算的中间结果和处理后的结果(数据)存储起来。数控系统所用的存储器分为随机存取存储器(读/写存储器)RAM 和只读存储器 EPROM 两类。RAM 用来存储零件加工程序，或作为工作单元存放各种输出数据、输入数据、中间计算结果，与外存交换信息以及堆栈用等。其存储单元的内容既可以读出又可写入或改写，但断电后，信息也随之消失，需备用电池方可保存信息。ROM 专门用于存放系统软件(控制程序、管理程序和常数等)，使用时其存储单元的内容不可改变，即不可写入而只能读出，也不会因断电而丢失内容。

3. 位置控制器

位置控制器是一种同时具有位置控制和速度控制两种功能的反馈控制系统。主要用来控制数控机床各进给坐标轴的位移量，需要时将插补运算所得的各坐标位移指令与实际检测的位置反馈信号进行比较，并结合补偿参数，适时地向各坐标伺服驱动控制单元发出位置进给指令，使伺服控制单元驱动伺服电动机转动。

4. 可编程序控制器

可编程序控制器(PLC)用于控制数控机床的辅助功能和顺序控制。

5. MDI/CRT 接口

MDI 接口即手动数据输入接口，数据可通过键盘手动输入。CRT 接口是在软件配合下，在显示器上显示输入的字符和图形。

6. I/O 接口

CNC 装置与机床之间的信号通过 I/O 传送。输入接口是接收机床操作面板上的各种开关、按钮及机床上的各种行程开关和温度、压力、电压等检测信号。因此，它分为数字量输入和模拟量输入两类，并由接收电路将输入信号转换成 CNC 装置能接收的信号。输出接口可将各种机床工作状态信息传送到机床操作面板进行声光指示，或将 CNC 装置发出的控制机床动作的信号传送到强电控制柜，以控制机床电气执行部件的动作。

7. 通信接口

通信接口用来与外围设备，如上级计算机、移动硬盘以及移动磁盘等进行信息传输。

5.2.2　多微处理器结构

多微处理器结构的数控装置是将数控机床的总任务划分为多个子任务，每个子任务均由一个独立的微处理器来控制。有些多微处理器结构中，有两个或两个以上的微处理器构成处理部件，处理部件之间采用紧耦合，有集中的操作系统，并共享资源。有些多微处理器结构则有两个或两个以上的微处理器构成的功能模块，功能模块之间采用松耦合，有多重操作系统，能有效地实现并行处理。这种结构中的各处理器分别承担一定的任务，通过公共存储器或公用总线进行协调，实现各微处理器间的互联和通信。

1. 多微处理器结构的组成

多微处理器由 CNC 管理模块、CNC 插补模块、位置控制模块、存储器模块、PLC 模块、数据输入/输出及显示模块组成。功能模块的互联方式有共享总线结构和共享存储器结构两种。

(1) CNC 管理模块：管理和组织整个 CNC 装置的工作，主要包括初始化、中断管理、总线仲裁、系统出错识别和处理系统软件硬件诊断功能。

(2) CNC 插补模块：完成插补前的预处理，如对零件程序的译码、刀具半径补偿、坐标位移量计算及进给速度处理等；进行插补计算，为各坐标轴提供位置给定值。

(3) 位置控制模块：进行位置给定，并与检测所得的实际值相比较，进行自动加减速、回基准点、伺服系统滞后量的监视和漂移补偿，最后得到速度控制值，用来驱动进给电动机。

（4）存储器模块：该模块是程序和数据的主存储器，或是各功能模块间进行数据传送的共享存储器。

（5）PLC模块：对零件程序中的开关功能和机床传来的信号进行逻辑处理，实现主轴启停和正反转、换刀、冷却液的开和关、工件的夹紧和松开等。

（6）数据输入/输出和显示模块：它包括控制零件程序、参数、数据及各种操作命令的输入/输出，显示所需的各种接口电路。

2. 多微处理器结构各功能模块的互联方式

1）共享存储器结构

这种结构是以存储器为中心组成的多微处理器 CNC 装置，如图 5.6 所示。

其结构特征为：面向公共存储器来设计的，即采用多端口来实现各主模块之间的互联和通信，每个端口都配有一套数据、地址、控制线，以供端口访问。采用多端口控制逻辑来解决多个模块同时访问多端口存储器冲突的矛盾。但由于多端口存储器设计较复杂，而且对两个以上的主模块，会因争用存储器可能造成存储器传输信息的阻塞，所以这种结构一般采用双端口存储器(双端口 RAM)。

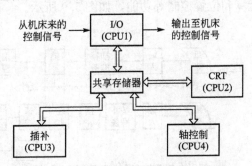

图 5.6　多微处理器共享存储器的 CNC 装置

2）共享总线结构

这种结构是以系统总线为中心组成的多微处理器 CNC 装置，如图 5.7 所示。

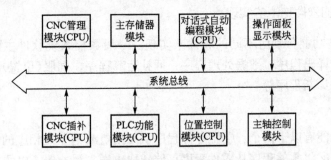

图 5.7　多微处理器共享总线结构的 CNC 装置

其结构特征为：将系统功能模块分为带有微处理器的主模块和不带微处理器从模块(RAM/ROM，I/O 模块)，以系统总线为中心，所有的主、从模块都插在严格定义的标准系统总线上。系统总线的作用是把各个模块有效地连接在一起，按照要求交换各种数据和控制信息，实现各种预定的功能。这种结构中只有主模块有权控制使用系统总线，采用总线仲裁机构(电路)来裁定多个模块，同时请求使用系统总线的竞争问题。

5.3　CNC 系统的软件功能

随着计算机技术的发展，数控系统的软件功能越来越丰富。用软件代替硬件，元器件数量减少了，降低了成本，提高了可靠性。软件可实现复杂的信息处理和高质量的控制，软件可随时修改和补充。但一般情况下，软件执行的速度较慢，一般是毫秒级，相对而言，硬件执行速度较快，一般是微秒级。哪些控制功能由硬件来实现，哪些控制功能由软件来完成，这是数控系统结构设计的一个主要问题。总的趋势是能用软件完成的功能一般不用硬件来完成，能用微处理器来控制尽量不用硬件电路来控制。在 CNC 装置中，数控功能的实现方法大致分为 3 种情况，如图 5.8 所示。

5.3.1　CNC 系统的软件功能

CNC 系统软件功能可分为管理功能与控制功能两种。管理功能包括信息的输入功能、I/O 的处理功能、显示功能和诊断功能；控制功能包括译码、刀具补偿、速度控制、插补运算和位置控制等功能，如图 5.9 所示。

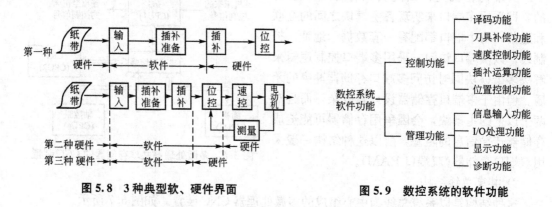

图 5.8　3 种典型软、硬件界面　　　　　图 5.9　数控系统的软件功能

5.3.2　CNC 系统的软件功能的实现

CNC 系统的各功能分别由不同的软件来实现。一般数控系统软件主要由以下几部分组成：输入程序、译码程序、数据处理程序、插补运算程序、伺服（位置）控制程序、输出程序、管理程序和诊断程序等。

1. 输入程序

输入程序的功能有以下两个：①把零件程序从阅读机或键盘经相应的缓冲器输入到零件程序存储器中；②将零件程序从零件程序存储器取出送入缓冲器，以便加工时使用。

2. 译码程序

在输入的零件加工程序中，含有零件的轮廓信息（线型、起点、终点坐标值）、工艺要求的加工速度及其他辅助信息（换刀、冷却液开/关等）。这些信息在计算机做插补运算与控制操作之前，需按一定的语法规则解释成计算机容易处理的数据形式，并以一定的数据格式存放在给定的内存专用区间，即把各程序段中的数据根据其前面的文字地址送到相应的缓冲寄存器中。译码就是从数控加工程序缓冲器或 MDI 缓冲器中逐个读入字符，先识别出其中的文字码和数字码，然后根据文字码所代表的功能，将后续数字码送到相应译码结果缓冲器单元中。

3. 数据处理程序

数据处理程序的任务通常包括刀具半径补偿、刀具长度补偿、进给速度计算以及辅助功能的处理等。

刀具半径补偿是把零件的轮廓轨迹转换成刀具中心轨迹；速度计算确定加工数据段的运动速度，开环系统根据给定进给速度 F 计算出频率 f，而闭环、半闭环系统则根据 F 算出位移量（ΔL）；辅助功能处理是指换刀，主轴启动、停止，冷却液开、停等辅助功能的处理（即 M、S、T 功能的传送及其先后顺序的处理）。

数据处理是为了减轻插补工作及速度控制程序的负担，提高系统的实时处理能力，故也称为预计算。

4. 插补运算程序

插补运算是 CNC 系统中最重要的计算工作之一，根据零件加工程序中提供的数据，如曲线的种类、起点、终点等进行运算。插补运算程序是根据插补数学模型而编制的运算处理程序，常用的脉冲增量插补方法有逐点比较法和数字积分法等，通过运行插补程序，生成控制数控机床各轴运动的脉冲分配规律。采用数据采样法插补时，则生成各轴位置增量，该位置增量用数值表示。

5. 伺服（位置）控制程序

伺服位置控制程序的主要功能是对插补运算程序每次运行后的结果进行处理，输出控制执行元件的信号。

6. 输出程序

输出程序的功能主要有伺服控制和 M、S、T 辅助功能的输出，M、S、T 代码大多是开/关量控制，由机床强电执行。

7. 管理程序

管理程序负责对数据输入、数据处理、插补运算等为加工过程服务的各种程序进行调度管理。管理程序还要对面板命令、时钟信号、故障信号等引起的中断进行处理。

8. 诊断程序

诊断程序的功能是在程序运行中及时发现系统的故障，并指出故障的类型和部位，减少故障停机时间。也可以在运行前或故障发生后，检查系统各主要部件（微处理器、存储器、接口、开关、伺服系统等）的功能是否正常，并指出发生故障的部位，防止故障的发生或扩大。

5.4 插补原理

插补就是沿着规定的轮廓，在轮廓的起点和终点之间按一定算法进行数据点的密化。在数控加工中，根据给定的信息进行某种预定的数学计算，不断向各个坐标轴发出相互协调的进给脉冲或数据，使被控机械部件按指定的路线移动，完成整个曲线的轨迹运行，以满足加工精度的要求，这就是插补。一般数控机床都具备直线和圆弧插补功能。

目前，插补算法有很多种，归纳为两大类，即脉冲增量插补和数据采样插补。

5.4.1 脉冲增量插补

脉冲增量插补就是通过向各个运动轴分配脉冲，控制机床坐标轴做相互协调的运动，从而加工出一定形状的零件轮廓的算法。脉冲增量插补方法主要应用于步进电动机驱动的开环控制的数控机床中，这类算法输出的是脉冲，每个脉冲通过步进电动机驱动装置使步进电动机转过一个固定的角度(称为步距角)，相应地使机床移动部分(刀架或工作台)产生一个单位的行程增量(脉冲当量——一个脉冲所对应的机床机械运动机构所产生的位移量)。这类插补算法比较简单，仅需几次加法和移位操作就可完成，用硬件和软件模拟都可实现，硬件插补速度快，软件插补灵活可靠，但速度较硬件慢，其最高进给速度取决于插补软件进行一次插补运算所需的时间，因此最高速度受限于插补程序的执行时间，所以CNC系统精度与最高进给速度是相互制约的。因此，这种插补法只适用于中等精度和中等速度的机床CNC系统，如逐点比较法、DDA法及一些相应的改进算法等都属此类。现以逐点比较法为例，介绍其基本思想方法。

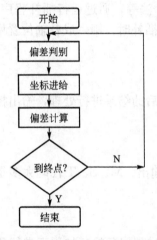

图5.10　逐点比较法工作流程图

1. 逐点比较法

逐点比较法是通过逐点地比较刀具与所需插补曲线之间的相对位置，确定刀具的进给方向，进而加工出工件轮廓的插补方法。刀具每走一步都要将加工点的瞬时坐标与规定的图形轨迹相比较，判断其偏差，然后决定下一步的走向。如果加工点走到图形外面，那么下一步就要向图形里面走；如果加工点在图形里面，则下一步就要向图形外面走，以缩小偏差。每次只进行一个坐标轴的插补进给。通过这种方法能得到一个接近规定图形的轨迹，而最大偏差不超过一个脉冲当量。在逐点比较法中，每进给一步都要经过四个节拍，如图5.10所示。

(1) 第一节拍：偏差判别。通过偏差判别后，即可知道加工点是否偏离了理想轨迹，以及偏离的情况如何。根据刀具的实际位置，确定进给方向。

(2) 第二节拍：坐标进给。根据偏差判别结果，控制刀具沿规定图形向减小偏差的方向进给一步。

(3) 第三节拍：偏差计算并判别。进给一步后，计算刀具新的位置与规定图形的新偏差值，作为下一步偏差判别的依据。

(4) 第四节拍：终点判别。刀具每进给一步，都要进行一次终点判别，判断是否到达终点，若未到达终点，返回去进行偏差判别，再重复上述过程。若到达终点，发出插补完成信号。终点判别的方法有两种，即总步长法和终点坐标法。

1) 逐点比较法第Ⅰ象限直线插补

(1) 偏差函数值的判别。如图5.11所示，OE 为Ⅰ象限直线，起点 O 为坐标原点，终点 E 的坐标为 $E(X_e, Y_e)$，刀具在某一时刻处于动点 $T(X_i, Y_i)$。现假设动点 T 正好处于直线 OE 上，则有下式成立：

$$\frac{Y_i}{X_i} = \frac{Y_e}{X_e}, \quad 即 \quad X_e Y_i - X_i Y_e = 0。$$

假设动点处于 OE 的上方，则直线 OT 的斜率大于直线 OE 的斜率，从而有

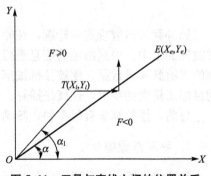

图5.11　刀具与直线之间的位置关系

$\dfrac{Y_i}{X_i} > \dfrac{Y_e}{X_e}$，即 $X_e Y_i - X_i Y_e > 0$。

设点 T 处于直线 OE 的下方，则有下式成立

$\dfrac{Y_i}{X_i} < \dfrac{Y_e}{X_e}$，即 $X_e Y_i - X_i Y_e < 0$。

由以上关系式可以看出，$(X_e Y_i - X_i Y_e)$ 的符号反映了动点 T 与直线 OE 之间的偏离情况。为此取偏差函数为

$$F = X_e Y_i - X_i Y_e$$

依此可总结出动点 $T(X_i, Y_i)$ 与设定直线 OE 之间的相对位置关系如下。

① 当 $F=0$ 时，动点 $T(X_i, Y_i)$ 正好处在直线 OE 上。

② 当 $F>0$ 时，动点 $T(X_i, Y_i)$ 落在直线 OE 上方的区域。

③ 当 $F<0$ 时，动点 $T(X_i, Y_i)$ 落在直线 OE 下方的区域。

(2) 坐标进给，以图 5.12 为例。设 OE 为要加工的直线轮廓，而动点 $T(X_i, Y_i)$ 对应于切削刀具的位置，终点 E 坐标为 (X_e, Y_e)，起点为 $O(0, 0)$。显然，当刀具处于直线下方区域时 $(F<0)$，为了更靠拢直线轮廓，则要求刀具向"$+Y$"方向进给一步；当刀具处于直线上方区域时 $(F>0)$，为了更靠拢直线轮廓，则要求刀具向"$+X$"方向进给一步；当刀具正好处于直线上时 $(F=0)$，理论上既可向"$+X$"方向进给一步，也可向"$+Y$"方向进给一步，但一般情况下约定向"$+X$"方向进给，从而将 $F>0$ 和 $F=0$ 两种情况归一类 $(F \geqslant 0)$。根据上述原则，从原点 $O(0, 0)$ 开始走一步，计算并判别 F 的符号，再趋向直线进给，步步前进，直至终点 E。这样，通过逐点比较的方法，控制刀具走出一条尽量接近零件轮廓直线轨迹，如图 5.12 中的折线所示。当每次进给的台阶（即脉冲当量）很小时，就可以将这折线近似当做直线来看待。显然，逼近程度的大小与脉冲当量的大小直接相关。

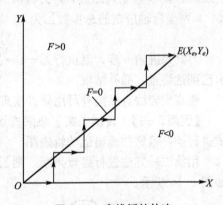

图 5.12 直线插补轨迹

(3) 新偏差计算。由式 $F = X_e Y_i - X_i Y_e$ 可以看出，每次求 F 时要做乘法和减法运算，而这在使用硬件或汇编语言软件实现插补时不大方便，还会增加运算的时间。因此，为了简化运算，通常采用递推法，即每进给一步后新加工点的加工偏差值通过前一点的偏差递推算出。

现假设第 i 次插补后动点坐标为 $T(X_i, Y_i)$，偏差函数为

$$F_i = X_e Y_i - X_i Y_e$$

若 $F_i \geqslant 0$，则向"$+X$"方向进给一步，新的动点坐标值为

$$X_{i+1} = X_i + 1, \quad Y_{i+1} = Y_i$$

这里，设坐标值单位是脉冲当量，进给一步即走一个脉冲当量的距离 $(+1)$。新的偏差函数为

$$\begin{aligned} F_{i+1} &= X_e Y_{i+1} - X_{i+1} Y_e \\ &= X_e Y_i - X_i Y_e - Y_e \\ &= F_i - Y_e \end{aligned}$$

所以 $\hspace{4cm} F_{i+1} = F_i - Y_e \hspace{4cm} (5-1)$

同样，若$F<0$，则向"$+Y$"方向进给一步，新的动点坐标值为

$$X_{i+1}=X_i, \quad Y_{i+1}=Y_i+1$$

因此新的偏差函数为

$$\begin{aligned}F_{i+1}&=X_eY_{i+1}-X_{i+1}Y_e\\&=X_eY_i-X_iY_e+X_e\\&=F_i+X_e\end{aligned}$$

所以

$$F_{i+1}=F_i+X_e \tag{5-2}$$

根据式(5-1)和式(5-2)可以看出，采用递推算法后，偏差函数F的计算只与终点坐标值X_e、Y_e有关，而不涉及动点坐标X_i、Y_i的值，且不需要进行乘法运算，新动点的偏差函数可由上一个动点的偏差函数值递推出来(减Y_e或加X_e)。因此，该算法相当简单，易于实现。但要一步步速推，且需知道开始加工点处的偏差值。一般是采用人工方法将刀具移到加工起点(对刀)，这时刀具正好处于直线上，当然也就没有偏差，所以递推开始时偏差函数的初始值为$F_0=0$。

(4) 终点判别。常用的有终点坐标法和总步长法。终点坐标法是刀具每进给一步，就将动点坐标与终点坐标进行比较，即判别$X_i-X_e=0$? 和$Y_i-Y_e=0$? 是否成立，若等式成立，插补结束，否则继续。总步长法是根据刀具沿X、Y轴所走的总步数判断终点。从直线的起点O移动到终点E，刀具沿X轴应走的步数为X_e，沿Y轴应走的步数为Y_e，沿X、Y两坐标轴应走的总步数Σ为

$$\Sigma=|X_e|+|Y_e|$$

刀具每进给一步，就执行$\Sigma-1\to\Sigma$，即从总步数中减去1，这样当总步数为0时即表示已到达终点，插补结束。

逐点比较法直线插补可用硬件实现，也可用软件实现，软件流程图如图5.13所示。

【例题5-1】 设加工第Ⅰ象限直线OA，起点坐标为$O(0,0)$，终点坐标为$A(6,4)$，试进行插补运算并画出运动轨迹图。

用第二种方法进行终点判断，则$\Sigma=6+4=10$，其插补运算过程见表5-1，插补轨迹如图5.14所示。

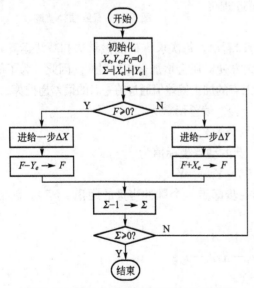

图5.13　逐点比较法直线插补软件流程图

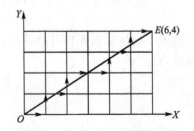

图5.14　直线插补运动轨迹图

表 5-1 逐点比较法直线插补运算表

序号	偏差判别	坐标进给	新偏差计算	终点判别
起点			$F_0=0$	$\sum=10$
1	$F_0=0$	$+X$	$F_1=F_0-Y_e=-4$	$\sum=10-1=9$
2	$F_1=-4<0$	$+Y$	$F_2=F_1+X_e=+2$	$\sum=9-1=8$
3	$F_2=+2>0$	$+X$	$F_3=F_2-Y_e=-2$	$\sum=8-1=7$
4	$F_3=-2<0$	$+Y$	$F_4=F_3+X_e=+4$	$\sum=7-1=6$
5	$F_4=+4>0$	$+X$	$F_5=F_4-Y_e=0$	$\sum=6-1=5$
6	$F_5=0$	$+X$	$F_6=F_5-Y_e=-4$	$\sum=5-1=4$
7	$F_6=-4<0$	$+Y$	$F_7=F_6+X_e=+2$	$\sum=4-1=3$
8	$F_7=+2>0$	$+X$	$F_8=F_7-Y_e=-2$	$\sum=3-1=2$
9	$F_8=-2<0$	$+Y$	$F_9=F_8+X_e=+4$	$\sum=2-1=1$
10	$F_9=+4>0$	$+X$	$F_{10}=F_9-Y_e=0$	$\sum=1-1=0$

2) 逐点比较法Ⅰ象限逆圆插补

（1）偏差判别。在圆弧加工过程中，要描述刀具位置与被加工圆弧之间的相对关系，可用动点到圆心的距离大小来反映。

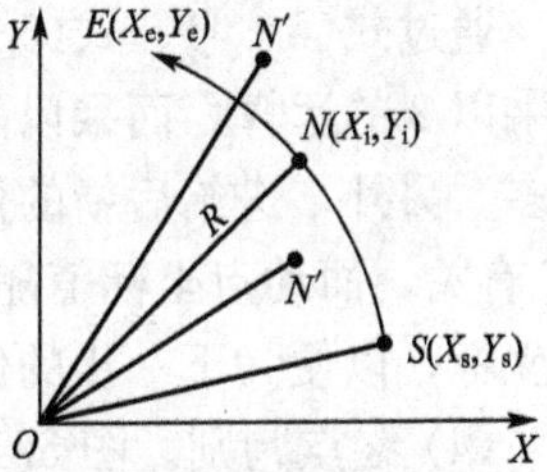

如图 5.15 所示，假设被加工的零件轮廓为Ⅰ象限逆圆弧 $\overset{\frown}{SE}$，刀具在动点 $N(X_i,Y_i)$ 处，圆心为 $O(0,0)$，半径为 R。通过比较动点 N 到圆心的距离 $\overset{\frown}{RN}$ 与圆弧半径 R 之间的大小，就可反映出动点与圆弧之间的相对位置关系，即当动点 $N(X_i,Y_i)$ 正好落在圆弧 $\overset{\frown}{SE}$ 上时，则有下式成立：

$$X_i^2+Y_i^2=X_e^2+Y_e^2=R^2$$

当动点 N 落在圆弧 $\overset{\frown}{SE}$ 外侧（如在 N' 处）时，则有下式成立：

$$X_i^2+Y_i^2>X_e^2+Y_e^2=R^2$$

当动点 N 落在圆弧 $\overset{\frown}{SE}$ 内侧（如在 N'' 处）时，则有下式成立：

$$X_i^2+Y_i^2<X_e^2+Y_e^2=R^2$$

为此，可取圆弧插补时的偏差函数表达式为

$$F=X_i^2+Y_i^2-R^2 \tag{5-3}$$

进一步可以从图中直观看出，当动点处于圆外时，为了减小加工误差，应向圆内进给，即向 "$-X$" 轴方向走一步。当动点落在圆弧内部时，为了缩小加工误差，则应向圆外进给，即向 "$+Y$" 轴方向走一步。当动点正好落在圆弧上时，为了使加工进给继续下去，"$+Y$" 和 "$-X$" 两个方向均可以进给，但一般情况下约定向 "$-X$" 轴方向进给。

（2）坐标进给。综上所述，可总结出逐点比较法Ⅰ象限逆圆弧插补的规则如下。

① 当 $F>0$ 时，$R_N-R>0$，动点在圆外，向 "$-X$" 轴进给一步。

② 当 $F=0$ 时，$R_N-R=0$，动点正好在圆上，向 "$-X$" 轴进给一步。

当 $F<0$ 时，$R_N-R<0$，动点在圆内，向 "$+Y$" 轴进给一步。

图 5.15 刀具与圆弧之间的位置关系

(3) 新偏差计算。在式(5-3)中，要求出偏差 F 之值必须进行平方运算，而且在用硬件或汇编语言实现插补时也不太方便。为简化计算，可进一步推导其相应的递推形式表达式。

现假设第 i 次插补后动点坐标为 $N(X_i, Y_i)$，对应的偏差函数为

$$F_i = X_i^2 + Y_i^2 - R^2$$

若 $F_i \geqslant 0$，则向"$-X$"轴方向进给一步，获得新的动点坐标值为

$$X_{i+1} = X_i - 1, \quad Y_{i+1} = Y_i$$

因此，新的偏差函数为

$$F_{i+1} = X_{i+1}^2 + Y_{i+1}^2 - R^2 = (X_i - 1)^2 + Y_i^2 - R^2$$

所以 $\qquad\qquad\qquad\qquad F_{i+1} = F_i - 2X_i + 1 \qquad\qquad\qquad\qquad (5-4)$

同理，若 $F_i < 0$，则向"$+Y$"轴方向进给一步，获得新的动点坐标值为

$$X_{i+1} = X_i, \quad Y_{i+1} = Y_i + 1$$

因此可求得新的偏差函数为

$$F_{i+1} = X_{i+1}^2 + Y_{i+1}^2 - R^2 = X_i^2 + (Y_i + 1)^2 - R^2$$

所以 $\qquad\qquad\qquad\qquad F_{i+1} = F_i + 2Y_i + 1 \qquad\qquad\qquad\qquad (5-5)$

通过式(5-4)、式(5-5)可以看出：递推形式的偏差计算公式中除加/减运算外，只有乘以 2 的运算，而乘以 2 的运算可等效为二进制数左移一位，显然比原来平方运算简单得多。另外，进给后新的偏差函数值除与前一点的偏差值有关外，还与动点坐标 $N(X_i, Y_i)$ 有关，而动点坐标值随着插补的进行是变化的，所以在插补的同时还必须修正新的动点坐标，以便为下一步的偏差计算做好准备。

(4) 终点判别。图 5.15 的圆弧 $\overset{\frown}{SE}$ 是所要加工的圆弧，起点为 $S(X_s, Y_s)$，终点为 $E(X_e, Y_e)$。加工完这段圆弧，刀具在 X 轴方向应走的步数为 $X_e - X_s$，在 Y 轴方向应走的步数为 $Y_e - Y_s$，在 X、Y 两个坐标轴方向应走的总步数为

$$\textstyle\sum = |X_e - X_s| + |Y_e - Y_s|$$

刀具每进给一步，就执行 $\sum - 1 \to \sum$，即从总步数中减去 1，这样当总步数为 0 时即表示已到达终点，插补结束。

3) 象限处理

以上只讨论了第 I 象限直线和第 I 象限逆圆插补，但事实上，任何机床都必须具备处理不同象限、不同走向轮廓曲线的能力。将坐标值用绝对值代入，则第 I 象限的计算公式适用于各象限的直线和圆弧的插补，见表 5-2。

表 5-2 四个象限直线、圆弧插补进给方向和偏差计算

线型	$F_i \geqslant 0$		$F_i < 0$	
	偏差计算	进给	偏差计算	进给
L1		$+\Delta X$		$+\Delta Y$
L2	$F - Y_e \to F$	$-\Delta X$	$F + X_e \to F$	$+\Delta Y$
L3		$-\Delta X$		$-\Delta Y$
L4		$+\Delta X$		$-\Delta Y$

（续）

线型	$F_i \geqslant 0$		$F_i < 0$	
	偏差计算	进给	偏差计算	进给
SR1		$-\Delta Y$		$+\Delta X$
SR3	$F-2Y+1 \to F$	$+\Delta Y$	$F+2X+1 \to F$	$-\Delta X$
NR2	$Y-1 \to Y$	$-\Delta Y$	$X+1 \to X$	$-\Delta X$
NR4		$+\Delta Y$		$+\Delta X$
SR2		$+\Delta X$		$+\Delta Y$
SR4	$F-2X+1 \to F$	$-\Delta X$	$F+2Y+1 \to F$	$-\Delta Y$
NR1	$X-1 \to X$	$-\Delta X$	$Y+1 \to Y$	$+\Delta Y$
NR3		$+\Delta X$		$-\Delta Y$

L1、L2、L3、L4 分别表示第一、二、三、四象限内直线；SR1、SR2、SR3、SR4 分别表示第一、二、三、四象限内顺圆；NR1、NR2、NR3、NR4 分别表示第一、二、三、四象限内逆圆。通过分析得出以下结论。

5.4.2　数据采样插补

数据采样插补方法适用于以直流或交流伺服电动机构成的闭环或半闭环位置控制系统中。数据采样插补法实质上就是使用一系列首尾相连的微小直线段来逼近给定曲线，由于这些微小直线段是根据编程进给速度，按系统给定的时间间隔为进行分割的，所以又称为"时间分割法"插补。一般分割后得到的小线段相对于系统精度来讲仍是比较大的。为此，必须进一步进行数据的密化工作。微小直线段的分割过程也称为粗插补，而后续进一步的密化过程称为精插补。通过两者的紧密配合即可实现高性能的轮廓插补。一般数据采样插补法中的粗插补是由软件实现的，由于其算法中涉及一些三角函数和复杂的算术运算，所以大多采用高级计算机语言完成；而精插补算法大多采用前面介绍的脉冲增量法，它既可由软件实现，也可由硬件实现。由于相应的算术运算较简单，所以软件实现时大多采用汇编语言完成。

1. 插补周期与位置控制周期

插补周期 T_s 是相邻两个微小直线段之间的插补时间间隔。位置控制周期 T_c 是数控系统中伺服位置环的采样控制周期。对于给定的某个数控系统而言，插补周期和位置控制周期是两个固定不变的时间参数。

通常 $T_s \geqslant T_c$，并且为了便于系统内部控制软件的处理，当 T_s 与 T_c 不相等时，一般要求 T_s 是 T_c 的整数倍。这是由于插补运算较复杂，处理时间较长，而位置环数字控制算法较简单，处理时间较短，所以每次插补运算的结果可供位置环多次使用。现假设编程进给速度为 F，插补周期为 T_s，则可求得插补分割后的微小直线段长度为

$$\Delta L = FT_s \tag{5-6}$$

插补周期对系统稳定性没有影响，但对被加工轮廓的轨迹精度有影响，控制周期对系统稳定性和轮廓误差均有影响。因此选择 T_s 时主要从插补精度方面考虑，而选择 T_c 时则从伺服系统的稳定性和动态跟踪误差两方面考虑。

在一般情况下，插补周期 T_s 越长，插补计算的误差也越大。因此，单从减小插补计算误差的角度考虑，插补周期 T_s 应尽量选得小一些。但 T_s 也不能太短，因为 CNC 系统在进行轮廓插补控制时，其 CNC 装置中的 CPU 不仅要完成插补运算，还必须处理一些其他任务（如位置误差计算、显示、监控、I/O 处理等），因此 T_s 不单是指 CPU 完成插补运算所需的时间，而且还必须留出一部分时间用于执行其他相关的 CNC 任务。一般要求插补周期 T_s 必须大于插补运算时间和完成其他相关任务所需时间之和。

CNC 系统位置控制周期的选择有两种形式，一种是 $T_c = T_s$，另一种是 T_s 为 T_c 的整数倍。如 System—7CNC 系统中，$T_s = 8\text{ms}$、$T_c = 4\text{ms}$，即插补周期是位置控制周期的 2 倍，这时插补程序每 8ms 调用一次计算出每个周期内各坐标轴应进给的增量长度，而对于 4ms 的位置控制周期来讲，每次仅将插补出的增量的一半作为该位置控制周期的位置给定，也就是说，每周期插补出的坐标增量均分两次送给伺服系统执行。这样，在不改变计算机速度的前提下，提高了位置环的采样频率，使进给速度得到了平滑，提高了系统的动态性能。总之，一般来讲，位置控制周期 T_c 大多在 $4\sim20$ ms 范围内选择。

2. **插补周期与精度、速度之间的关系**

在数据采样法直线插补过程中，由于给定的轮廓本身就是直线，则插补分割后的小直线段与给定直线是重合的，也就不存在插补误差问题。但在圆弧插补过程中，一般采用切线、内接弦线和内外均差弦线来逼近圆弧，显然这些微小直线段不可能完全与圆弧相重合，从而造成了轮廓插补误差。下面就以弦线逼近法为例加以分析。

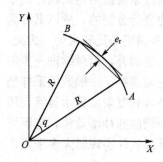

图 5.16 用弦线代替圆弧进给

如图 5.16 所示为弦线逼近圆弧的情况，其最大径向误差 e_r 为

$$e_r = R[1 - \cos(\theta/2)] \qquad (5-7)$$

式中：R 为被插补圆弧的半径（mm）；θ 为步距角，是每个插补周期所走弦线对应的圆心角，且

$$\theta \approx \Delta L/R = (FT_s)/R \qquad (5-8)$$

反过来，在给定允许的最大径向误差 e_r 后，也可求出最大的步距角，即

$$\theta_{\max} = 2\arccos\left(1 - \frac{e_r}{R}\right) \qquad (5-9)$$

由于 θ 很小，现将 $(\cos\theta/2)$ 按幂级数展开，有

$$\cos\frac{\theta}{2} = 1 - \frac{(\theta/2)^2}{2!} + \frac{(\theta/2)^4}{4!} - \cdots \qquad (5-10)$$

现取其中的前两项，代入式（5-7）中，得

$$e_r \approx R - R\left[1 - \frac{(\theta/2)^2}{2!}\right] = \frac{\theta^2}{8}R = \frac{(FT_s)^2}{8} \times \frac{1}{R} \qquad (5-11)$$

可见在圆弧插补过程中，插补误差 e_r 与被插补圆弧半径 R、插补周期 T_s 以及编程进给速度 F 有关。若 T_s 越长，F 越大，R 越小，则插补误差就越大。但对于给定的某段圆弧轮廓来讲，如果将 T_s 选得尽量小，则可获得尽可能高的进给速度 F，从而提高了加工效率。同样在其他条件相同的情况下，大曲率半径的轮廓曲线可获得较高的允许切削速度。

3. 数据采样法直线插补

假设刀具在 XOY 平面内加工直线轮廓 OE，起点为 $O(0，0)$，终点为 $E(X_e，Y_e)$，动点为 $N_{i-1}(X_{i-1}，Y_{i-1})$，编程进给速度为 F，插补周期为 T_s，如图 5.17 所示。

在一个插补周期内进给直线长度为 $\Delta L = FT_s$，根据图中的几何关系，很容易求得插补周期内各坐标轴对应的位置增量为

$$\begin{cases} \Delta X_i = \dfrac{\Delta L}{L}X_e = KX_e \\[2mm] \Delta Y_i = \dfrac{\Delta L}{L}Y_e = KY_e \end{cases} \qquad (5-12)$$

式中：L 为被插补直线的长度，$L = \sqrt{X_e^2 + Y_e^2}(\mathrm{mm})$；$K$ 为每个插补周期内的进给速率系数，$K = \Delta L/L = (FT_s)/L$。

这样很容易得出下一个动点 N_i 的坐标值为

$$\begin{cases} X_i = X_{i-1} + \Delta X_i = X_{i-1} + \dfrac{\Delta L}{L}X_e \\[2mm] Y_i = Y_{i-1} + \Delta Y_i = Y_{i-1} + \dfrac{\Delta L}{L}Y_e \end{cases} \qquad (5-13)$$

利用数据采样法插补直线时的算法相当简单，可在 CNC 装置中分两步完成。①插补准备，完成一些常量的计算工作，如 L，K 的计算等（一般对于每个零件轮廓段仅执行一次）；②插补计算，每个插补周期均执行一次，求出该周期对应的坐标增量值（ΔX_i，ΔY_i）及动点坐标值（X_i，Y_i）。数据采样法直线插补软件的流程图如图 5.18 所示。

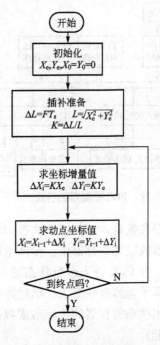

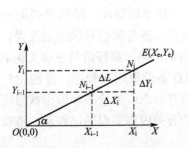

图 5.17　数据采样法直线插补　　**图 5.18　数据采样法直线插补软件流程图**

数据采样法插补过程中所使用的起点坐标、终点坐标及插补所得到的动点坐标都是带有符号的代数值，而不像脉冲增量插补算法那样使用绝对值参与插补运算，并且这些坐标

值也不一定转换成以脉冲当量为单位的整数值，即数据采样法中涉及的坐标值是带有正、负号的真实坐标值。另外，求取坐标增量值和动点坐标的算法并非唯一，例如也可利用轮廓直线与横坐标夹角 α 的三角函数关系来求得。

5.5　可编程序控制器

可编程序控制器(Programmable Controller，PC)是一种数字运算电子系统，专为工业环境下运行而设计。国际电工委员会(IEC)对可编程序控制器定义为：它采用可编程序的存储器，用于存储执行逻辑运算、顺序控制、定时、计数和算术运算等特定功能的用户指令，并通过数字式或模拟式的输入或输出，控制各种类型的机械或生产过程。为了与个人计算机 PC(Personal Computer)相区别，仍采用旧称 PLC(Programmable Logic Controller)，以下采用 PLC 这一简称。

数控机床除了对机床各坐标轴的位置进行连续控制外，还需要对机床主轴正反转与启停工件的夹紧与松开、冷却液开关、刀具更换、工件与工作台交换、液压与气动以及润滑等辅助功能进行顺序控制。以上控制功能由 PLC 实现控制。

5.5.1　PLC 的结构

PLC 实际上是一种工业控制用的专用计算机，它与微型计算机基本相同，也是由硬件系统和软件系统两大部分组成。

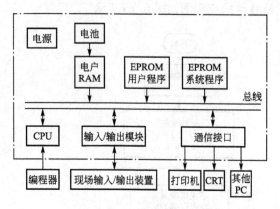

图 5.19　PLC 控制系统组成

1. PLC 的硬件系统

PLC 的种类型号很多，大、中、小型 PLC 的功能不尽相同，但它们的基本结构大体上是相同的，都是由中央处理单元(CPU)、存储器、输入输出单元(I/O)、编程器、电源模块和外围设备等组成，并且内部采用总线结构，如图 5.19 所示。

1) 中央处理单元

PLC 中的 CPU 与通用微机中的 CPU 一样，是 PLC 的核心部分。CPU 按照系统程序赋予的功能，接收并存储从编程器输入的用户程序和数据，用扫描方式查询现场输入状态以及各种信号状态或数据，并存入输入状态寄存器或数据寄存器中；诊断电源、PLC 内部电路、编程语句正确无误后，PLC 进入运行状态。在 PLC 进入运行状态后，从存储器逐条读取用户程序，完成用户程序中的逻辑运算或算术运算等任务。根据运算结果，更新有标志位的状态和输出状态寄存器的内容，再由输出状态寄存器的位状态或数据寄存器的有关内容实现输出控制、数据通信和制表打印等功能。

由于 PLC 实现的控制任务主要是动作速度要求不是特别快的顺序控制，在一般情况下，不需要使用高速的微处理器。为了进一步提高 PLC 的功能，通常采用多 CPU 控制方式，如用一个 CPU 来管理逻辑运算和专用功能指令；另一个 CPU 专用来管理 I/O 接口和通信。中、小型 PLC 常用 8 位或 16 位微处理器，大型 PLC 则采用高速单片机。

2) 存储器

PLC 存储器一般有随机存储器(RAM)和只读存储器(ROM、EPROM)。RAM 中一般存放用户程序，如梯形图和语句表等。EPROM 用于存储 PLC 控制的系统程序，如检查程序、键盘输入处理程序、指令译码程序及监控程序等，这些程序由制造厂家固化在 EPROM 中。有时用户程序也可固化到 EPROM 中，避免 RAM 中存储的用户程序丢失。

3) I/O 模块

I/O 模块是 PLC 与现场 I/O 装置或其他外部设备之间进行信息交换的桥梁。其任务是将 CPU 处理产生的控制信号输出传送到被控设备或生产现场，驱动各种执行机构动作，实现实时控制；同时将被控对象或被控生产过程的各种变量转换成标准的逻辑电平信号，送入 CPU 处理。

现场输入装置有控制按钮、转换开关、行程开关、接近开关、压力开关及温控开关等，这些信号经接口电路接入 PLC 后，还要经过抗强电干扰的光电耦合、消抖动电路、滤波电路才能送到 PLC 输入数据寄存器。PLC 通常有继电器、双向晶闸管和晶体管的输出形式，因此，PLC 提供了各种操作电平、驱动能力以及不同功能的 I/O 模块供用户选用。现场输出装置有指示灯、中间继电器、接触器、电磁阀及电磁制动器等，输出模块同样也具备与输入模块相同的抗干扰措施。

4) 编程器

编程器一般由键盘、显示屏、智能处理器、外部设备(如硬盘、软盘驱动器等)组成，用于用户程序的编制、编辑、调试和监视，还可调用和显示 PLC 的一些内部状态和系统参数。它通过接口与 PLC 相连，完成人机对话功能。

编程器分为简易型和智能型两种。简易型编程只能在线编程，它通过一个专用接口与 PLC 连接；智能型编程器既可在线编程也可离线编程，还可与微型计算机接口或与打印机接口，实现程序的存储、打印、通信等功能。

5) 电源

电源单元的作用将外部提供的交流电转换成为 PLC 内部所需的直流电源。一般地，电源单元有 3 路输出：一路供给 CPU 模块，一路供给编程器接口，还有一路供给各种接口模板。由于 PLC 直接用于工业现场，因此对电源单元的技术要求较高，不但要求具有较好的电磁兼容性能，而且还要求工作电源稳定，以适应电网波动和温度变化的影响，并且还有过电流和过电压的保护功能，以防止在电压突变时损坏 CPU。另外，电源单元一般还装有后备电池，用于掉电时能及时保护 RAN 区中重要的信息和标志。

2. PLC 的软件系统

PLC 的软件系统包括系统软件和用户应用软件。

系统软件一般包括操作系统、语言编译系统和各种功能软件等，其中操作系统管理 PLC 的各种资源，协调系统各部分之间、系统与用户之间的关系，为用户应用软件提供了一系列管理手段，使用户应用程序能正确地进入系统，正常工作。

用户应用软件是用户根据现场控制的需要，采用 PLC 程序语言编写的逻辑处理软件，由用户用编程器输入到 PLC 内存。

PLC 内部一般采用循环扫描工作方式，在大、中型 PLC 中还增加了中断工作方式。

当用户将应用软件设计、调试完成后，用编程器写入 PLC 的用户程序存储器中，并将现场的输入信号和被控制的执行元件相应地连接在输入模块的输入端和输出模块的输出端上，然后通过 PLC 的控制开关使其处于运行工作方式，接着 PLC 就以循环顺序扫描的工作方式进行工作。在输入信号和用户程序的控制下，产生相应的输出信号，完成预定的控制任务。如图 5.20 所示是一个行程开关 LS1 被压下（指示灯灭）时 PLC 的控制过程。

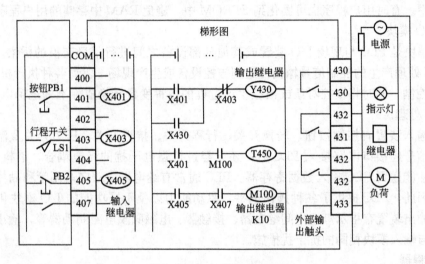

图 5.20　PLC 的控制过程

（1）当按下按钮 PB1 时，输入继电器 X401 的线圈接通，X401 常开触点闭合，输出继电器 Y430 通电，其常开触点闭合，形成自锁保持；外部输出点 Y430 闭合，指示灯亮。

（2）当放开 PB1 时，输入继电器 X401 失电，其对应的触点 X401 断开，由于自保持作用，输出继电器 Y430 仍保持接通。

（3）当按下行程开关 LS1 时，继电器 X403 的线圈接通，X403 的常闭触点断开，使得继电器 Y430 的线圈断电，指示灯灭，输出继电器 Y430 的自锁功能复位。

5.5.2　PLC 的特点

1. 可靠性高

由于 PLC 针对恶劣的工业环境设计，在其硬件和软件方面均采取了很多有效措施来提高其可靠性。在硬件方面采取了屏蔽、滤波、光电隔离、模块化设计等措施；在软件方面采取了故障自诊断、信息保护和恢复等手段；另外，PLC 采用软继电器控制，不会出现继电器触点接触不良、触点熔焊、线圈烧断等故障，运行时无振动、无噪声，可以在环境较差的条件下稳定可靠地运行。

2. 编程简单，使用方便

由于 PLC 沿用了梯形图编程简单的优点，便于从事继电器控制工作的技术人员掌握。

3. 灵活性好

由于 PLC 是利用软件来处理各种逻辑关系，当在现场装配和调试过程中需要改变控制逻辑时就不必改变外部线路，只要改写程序重新固化即可。另外，产品也易于第列化、通用化，稍作修改就可应用于不同的控制对象。

4．直接驱动负载能力强

由于 PLC 输出模块中大多采用了大功率晶体管和控制继电器的形式输出，因而具有较强的驱动能力，一般都能直接驱动执行电器的线圈、接通或断开强电线路。

5．网络通信

利用 PLC 的网络通信功能可实现计算机网络控制。

5.5.3 数控机床中 PLC 的分类

数控机床用 PLC 可分为内装型和独立型两种。

1．内装型 PLC

内装型 PLC 是指 PLC 内置于 CNC 装置中，从属于 CNC 装置，与 CNC 装置集于一体，PLC 与 NC 间的信号传送在 CNC 装置内部即可实现。PLC 与 MT（机床侧）则通过 CNC 装置 I/O 接口电路实现传送，如图 5.21 所示。

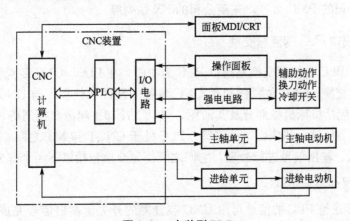

图 5.21 内装型 PLC

内装型 PLC 的性能指标是根据所从属的 CNC 装置的规格、性能、适用机床的类型等确定的，其硬件和软件都是被作为 CNC 装置的基本功能与 CNC 装置统一设计制造的，因此结构十分紧凑。在系统的结构上，内装型 PLC 可与 CNC 装置共用一个 CPU，也可单独使用一个 CPU；内装型 PLC 一般单独制成一块电路板，插装到 CNC 主板插座上，不单独配备 I/O 接口，而使用 CNC 装置本身的 I/O 接口；PLC 控制部分及部分 I/O 电路所用电源由 CNC 装置提供。

常见的内装型 PLC 有 FANUC 公司的 FS-0（PMC-L/M）、FS-0Mate（PMC-L/M）、FS-3（PC-D）、FS-6（PC-A、PC-B）；SIEMENS 公司的 SINUMERIK810/820；A-B 公司的 8200、8400、8500 等。

2．独立型 PLC

独立型 PLC 也称通用型 PLC。独立型 PLC 独立于 CNC 装置，具有完备的硬件和软件功能，是能够独立完成规定控制任务的装置。采用独立型 PLC 的数控机床系统框图，如图 5.22 所示。

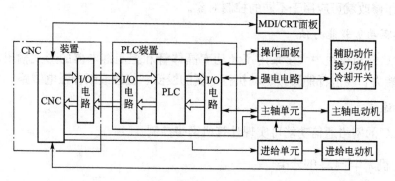

图 5.22　独立型 PLC

　　独立型 PLC 的 CNC 装置中不但要进行机床侧的 I/O 连接，而且还要进行 CNC 装置侧的 I/O 连接，CNC 装置和 PLC 均具有各自的 I/O 接口电路。独立型 PLC 一般采用模块化结构，装在插板式机箱内，I/O 点数和规模可通过 I/O 模块的增减灵活配置。

　　生产通用型 PLC 的厂家很多，应用较多的有 SIEMENS 公司 SIMATIC S5、S7 系列，日本 FANUC 公司的 PMC 系列，三菱公司的 FX 系列等。

5.5.4　数控系统中 PLC 的信息交换

　　数控系统中 PLC 的信息交换是指以 PLC 为中心，在 PLC、CNC 装置和 MT（机床侧）三者之间的信息交换。CNC 装置侧包括 CNC 装置的硬件和软件、与 CNC 装置连接的外部设备。MT 侧包括机床机械部分及其液压、气动、冷却、润滑、排屑等辅助装置，机床操作面板，继电器线路、机床强电线路等。PLC 处于 CNCT 和 MT 之间，对 CNC 装置侧和 MT 侧的输入、输出信号进行处理，它们之间信息交换包括以下 4 个部分。

　　1. CNC 装置传送给 PLC

　　CNC 装置传送给 PLC 的信息可由 CNC 装置侧的开关量输出信号完成，也可由 CNC 装置直接送入 PLC 的寄存器中，主要包括各种功能代码 M、S、T 的信息及手动/自动方式信息等。

　　2. PLC 传送给 CNC 装置

　　PLC 传送给 CNC 的信息由开关量输入信号完成，所有 PLC 送至 CNC 装置的信息地址与含义由 CNC 装置生产厂家确定，PLC 编程者只可使用不可改变和增删，主要包括 M、S、T 功能的应答信息和各坐标轴对应的机床参考点信息等。

　　3. PLC 传送给 MT

　　PLC 控制机床的信号通过 PLC 的开关量输出接口送至 MT 中。主要用来控制机床的执行元件，如电磁阀、继电器、接触器以及各种状态指示和故障报警等。

　　4. MT 传送给 PLC

　　机床侧的开关量信号可通过 PLC 的开关量输入接口送入 PLC 中，主要是机床操作面板输入信息和其上各种开关、按钮等信息，如机床的启停、主轴正反转和停止、各坐标轴点动、刀架卡盘的夹紧与松开、切削液的开与关、倍率选择及各运动部件的限位开关信号等信息。

对于不同的数控机床，上述信息交换的内容和数量都有所区别，功能强弱差别很大，不能一概而论，但其最基本的功能是 CNC 装置将所需执行的 M、S、T 功能代码送到 PLC，再由 PLC 控制完成相应的动作。

练习与思考题

(1) 机床数控系统通常由哪几部分组成？各有什么作用？

(2) CNC 系统的硬件主要由哪几部分构成？各部分的作用是什么？

(3) 简述单微处理器的硬件结构与特点。

(4) 简述多微处理器的硬件结构与特点。

(5) CNC 系统的软件有哪些结构与特点？

(6) 脉冲当量的含义是什么？它的大小与机床的控制精度有何关系？

(7) 何谓插补？常用的插补方法有哪些？

(8) 试用逐点比较法对直线 OA、起点 $O(0，0)$、终点 $A(3，7)$ 进行插补计算，并画出刀具插补轨迹。

(9) 数控系统中 PLC 的信息交换包括哪几部分？

第 6 章

伺服系统

教学提示

本章主要讲述数控机床的开环控制的步进电动机伺服系统、闭环和半闭环控制的交流电动机伺服系统的控制原理。

教学要求

通过本章的学习，掌握开环、半闭环和闭环控制系统的组成与特点；掌握步进电动机和交流伺服电动机的工作原理和调速方法；了解步进电动机的主要特性。

6.1 概　　述

伺服系统是以机床移动部件(如工作台)的位置和速度作为控制量的自动控制系统,通常由伺服驱动单元、伺服电动机、机械传动机构及执行部件组成。它接受数控装置发出的进给速度和位移指令信号,由伺服驱动单元做一定的转换和放大后,经伺服电动机(直流、交流伺服电动机、步进电动机等)和机械传动机构,驱动机床的工作台等执行部件实现工作进给或快速运动以及位置控制。进给伺服实际上是一种高精度的位置跟踪与定位系统。它的性能决定了数控机床的许多性能,如最高移动速度、轮廓跟随精度以及定位精度等。

6.1.1 对伺服系统的基本要求

根据机械切削加工的特点,数控机床对进给驱动一般有如下要求。

1. 位移精度高

伺服系统的精度是指输出量能复现输入量的精确程度。伺服系统的位移精度是指CNC装置发出的指令信号要求机床工作台进给的理论位移量和该指令信号经伺服系统转化为机床工作台实际位移量之间的符合程序。两者误差越小,位移精度越高。

2. 稳定性好

稳定性是指系统在给定输入或外界干扰作用下,能在短暂的调节过程后,达到新的或者恢复到原来的平衡状态。稳定性直接影响数控加工的精度和表面粗糙度,因此要求伺服系统有较强的抗干扰能力,保证进给速度均匀、平稳。

3. 调速范围宽

调速范围是指数控机床要求电动机所能提供的最高转速与最低转速之比(一般要求大于10000∶1),低速度时应运行平稳无爬行。为适应不同的加工条件,如加工零件的材料、尺寸、部位以及刀具的种类和冷却方式等不同,数控机床的进给速度需在很宽的范围内无级变化。这就要求伺服电动机有很宽的调速范围和优异的调速特性。

4. 响应快速并无超调

为了提高生产率和保证加工质量,在启动、制动时,要求加速度足够大,以缩短伺服系统的过渡过程时间,减少轮廓过渡误差。一般电动机的速度从零升到最高转速,或从最高转速降至零的时间应小于200ms。这就要求伺服系统要快速响应,即要求跟踪指令信号的响应要快,但又不能超调,否则将形成过切,影响加工质量。同时,当负载突变时,要求速度的恢复时间也要短,且不能有振荡,这样才能得到光滑的加工表面。

6.1.2 伺服系统的组成

伺服系统的结构原理可以用框图表示,如图6.1所示。由图可知,闭环伺服系统主要由以下几个部分组成。

(1)微型计算机:它能接收输入的加工程序和反馈信号,经系统软件运行处理后,由输出口送出进给脉冲指令信号。

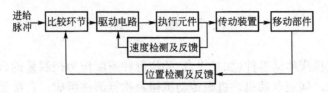

图 6.1　伺服系统的结构原理框图

（2）驱动电路：驱动电路接收微机发出的指令，并将输入信号转换成电压信号。经过功率放大后，驱动电动机旋转，转速的大小由指令控制。若要实现恒速控制功能，驱动电路应能接收速度反馈信号，并将反馈信号与微机的输入信号进行比较。将差值信号作为控制信号，使电动机保持恒速转动。

（3）执行元件：执行元件是伺服电动机（包括直流电动机、交流电动机、步进电动机）。开环控制采用步进电动机，闭环或半闭环控主要采用交流电动机。

（4）传动装置：传动装置包括减速箱和滚珠丝杠等。

（5）位置检测及反馈：位置检测元件有直线感应同步器、光栅和磁尺等。位置检测元件检测的位移信号由反馈电路变成计算机能识别的反馈信号并送入计算机。由计算机进行数据比较后送出差值信号。

（6）速度检测及反馈：速度检测元件有测速发电机、光电编码器等。测速发电机两端的电压值和发电机的转速成正比，故可将转速的变化量转变成电压的变化量。光电编码器输出脉冲的频率与其转速成正比，因此光电编码器属于数字测速装置。

6.1.3　伺服系统的分类

机床的伺服系统按其功能可分为主轴伺服系统和进给伺服系统。主轴伺服系统用于控制机床主轴的运动，提供机床的切削动力。进给伺服系统按控制方式可分为没有位置检测反馈装置的开环控制系统和有直线或角度位置检测反馈装置的闭环、半闭环控制系统，其驱动电动机通常有步进电动机、直流伺服电动机和交流伺服电动机。

1．开环伺服系统

开环伺服系统不需要位置检测与反馈，只能采用步进电动机作为驱动元件，系统位移正比于指令脉冲的个数，位移速度取决于指令的频率。因此，开环伺服系统结构简单，易于控制、设备投资少、调试维修方便，但精度较低、低速平稳性差、高速转矩小，主要用于中、低档数控机床及普通机床的数控化改造。它由驱动电路、步进电动机和进给机械传动机构组成，如图 6.2 所示。

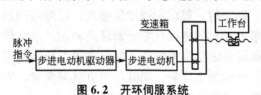

图 6.2　开环伺服系统

2．闭环伺服系统

闭环伺服系统是误差控制随动系统，通常由位置环和速度环组成。闭环伺服系统将直线位移检测装置安装在机床的工作台上，将检测装置测出的实际位移量或者实际所处的位置反馈给 CNC 装置，并与指令值进行比较，求得差值，实现位置控制，如图 6.3 所示。其控制精度高，多用于大型、高精度的数控机床。

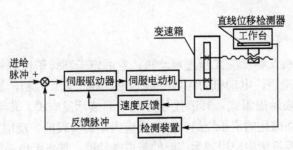

图 6.3 闭环伺服系统

3. 半闭环伺服系统

半闭环伺服系统(图 6.4)一般将角位移检测装置安装在电动机轴或滚珠丝杠末端,用以精确控制电动机或丝杠的角度,然后转换成工作台的位移。它可以将部分传动链的误差检测出来并得到补偿,因而它的精度比开环伺服系统的高,但没有把机械传动部件(如丝杠、齿轮、工作台导轨等)所产生的误差影响包括进去,所以控制精度比闭环的低,半闭环伺服系统主要使用在精度要求适中的中小型数控机床上。

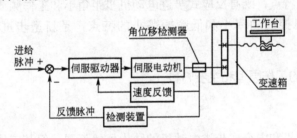

图 6.4 半闭环伺服系统

6.2 步进电动机伺服系统

步进电动机伺服系统以步进电动机作为驱动元件,没有位置和速度检测元件及反馈,位置控制精度完全由进给传动机构的精度及电气控制精度决定,控制精度低。步进电动机控制系统的结构较简单、控制较容易、维修较方便,但步进电动机的功耗大,速度也不高。目前的步进电动机在脉冲当量为 0.001mm 时,最高移动速度仅为 2m/min,因此步进电动机伺服系统主要用于速度和精度要求不高的经济型数控机床及旧设备的改造中。

步进电动机是一种把电脉冲转换成角位移的电动机。用专用的驱动电源向步进电动机供给一系列的且有一定规律的电脉冲信号,每输入一个电脉冲,步进电动机就旋转一个固定的角度,称为一步,每一步所转过的角度称为步距角。如果连续不断地输入脉冲信号,电动机则一步一步地连续旋转起来。当中止脉冲信号输入时,电动机立即无惯性地停止转动;如果在这时电动机的工作电源尚未断开,电动机轴则处于不能自由旋转的锁定(即定位)状态。所以,步进电动机在工作时,有运转和定位两种基本运行状态。

6.2.1 步进电动机的分类

根据步进电动机的结构和材料的不同,步进电动机分为磁阻式、永磁式和混合式 3 种基本类型。

1. 磁阻式步进电动机

磁阻式步进电动机又称反应式步进电动机,它的定子和转子由硅钢片或其他软磁材料制成,定子上有励磁绕组。电动机的相数一般为三、四、五、六相,其标准代号为 BC,B 表示步进电动机,C 表示磁阻式,其旧代号为 BF,F 表示反应式。其特点是转子上无绕组,步进运行是靠经通电而磁化的定子绕组(磁极)反应力矩而实现的,反应式因此得名。反应式步进电动机是目前数控机床中应用较为广泛的步进电动机,其步距角一般为 0.36°~3°。

2. 永磁式步进电动机

永磁式步进电动机的定子由软磁材料制成并有多对绕组,转子上装有永磁铁制成的磁极。由于永磁式转子受磁钢加工的限制,极对数不能做得很多,所以步距角较大。但由于永久磁场的作用,它的控制电流小,断电时电动机仍具有保持转矩,定位自锁性能好。

3. 混合式步进电动机

混合式步进电动机又称永磁反应式步进电动机。它在结构上和性能上,兼有磁阻式和永磁式步进电动机的特点,既有反应式步进电动机步距角小和工作频率较高的特点,又具有永磁式步进电动机控制功率小和低频振荡小的特点,是新型步进伺服系统的首选电动机。

6.2.2 步进电动机的工作原理和主要特性

1. 工作原理

反应式步进电动机和混合式步进电动机的结构虽然不同,但其工作原理相同,现以三相反应式步进电动机为例来说明步进电动机的工作原理。

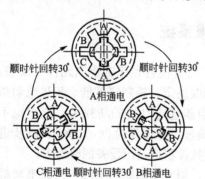

图 6.5 三相反应式步进电动机工作原理示意图

如图 6.5 所示为三相反应式步进电动机的工作原理示意图。它是由转子和定子组成。定子上均匀分布有 6 个磁极,直径方向相对的两个极上的线圈相连组成一相控制绕组,共有 A、B、C 三相绕组。转子上无绕组,转子上有 4 个齿,由带齿的铁芯做成。当定子绕组按顺序轮流通电时,A、B、C 3 对磁级就依次产生磁场,对转子上的齿产生电磁转矩,并吸引它,使它一步一步地转动。按通电顺序不同,其运行方式有三相单三拍、三相双三拍和三相六拍 3 种,具体过程如下。

当 B、C 相断电而 A 相通电时,A 相磁极便产生磁场,在电磁转矩的作用下,转子 1、3 两个齿与定子 A 相磁极对齐;当 A、C 相断电而 B 相通电时,B 相磁极便产生磁场,吸引离它较近的 2、4 齿,这时转子便沿顺时针方向转过 30°,使转子 2、4 两个齿与定子 B 相对齐;当 A、B 相断电而 C 相通电,C 相磁极便产生磁场,吸引离它较近的 1、3 齿,这时转子便又沿顺时针方向转过 30°,使转子 1、3 两个齿与定子 C 相对齐。如果按照 A→B→C→A…的顺序通电,步进电动机就按顺时针方向不停地转动,且每步转过 30°。

若图中的通电顺序变为 A→C→B→A→…，步进电动机就按逆时针方向不停地转动，且每步转过 30°。上述的这种通电方式称为三相单三拍。"拍"是指定子绕组从一种通电状态转变为另一种通电状态，每拍转子转过的角度称为步距角(步进电动机在输入一个脉冲时所转过的角度)；"单"是指每次只有一相绕组通电；"三拍"是指一个通电循环中，通电状态切换的次数是 3 次。所谓多少拍就是指需经多少控制脉冲后，转子才转过一个齿距(齿距是指相邻两齿间的夹角，为 360°/4＝90°)的意思。

三相单三拍控制方式的特点如下：每次通电都为电机中的一相绕组，在两相邻相位的转换过程中，电流一通一断，电机转子容易因瞬间失去自锁力矩而产生丢步现象，工作稳定性不好，一般较少采用。

如果定子绕组通电顺序为 AB→BC→CA→AB→…(顺转)或 AC→CB→BA→AC→…(逆转)，则步进电动机工作方式为三相双三拍控制方式。从上述工作过程中不难看出，双三拍控制与单三拍控制时的步距角是一样的，仍为 30°。但在通电转换过程中，却始终有一相绕组保持通电，振荡现象有所减轻，加之每次通电都为电机中的两相绕组，磁极吸引力增大，工作稳定性较单三拍好，但功耗大。

三拍控制时的步距角较大，工作的稳定性和精度均不够理想。为了弥补三拍控制方式的不足，可采用六拍控制方式。定子绕组通电顺序为 A→AB→B→BC→C→CA→A→…(顺转)或 A→AC→C→CB→B→BA→A→…(逆转)。由于三相六拍控制时，在其通电顺序转换过程中，始终保持有一相绕组继续通电(运行中无瞬间中断电源情况)，电动机运行的稳定性较好。同时，因六拍控制时，要经 6 个控制脉冲才形成一个循环，即 6 个脉冲转子才转过一个齿距，则步距角为 15°，比三拍控制方式时减小了一半，使脉冲当量减小，提高了控制精度。所以三相六拍控制方式应用较为普遍。

四相、五相步进电动机的工作原理与三相步进电动机的工作原理相似，只是电动机的结构不一样，显著的区别是它们的磁极对数(绕组)分别为 4 对和 5 对。

根据步进电动机的工作原理，可知步进电动机的步距角大小与定子绕组和转子齿数有关，步距角按以下公式计算：

$$\theta_s = 360°/kmz$$

式中：k 为逻辑供电状态系数，$k =$ 拍数/相数，对于三相步进电动机，三拍时 k 为 1，六拍时 k 为 2；m 为定子绕组相数；z 为转子铁芯齿数。

步进电动机的转速计算公式为

$$n = \frac{\theta_s \times 60f}{360} = \frac{1}{6}\theta_s f \ (r/min)$$

式中：f 为步进电动机的通电频率(脉冲个数/秒)。

例如：110BC 型步进电机的转子齿数为 80，三相六拍方式运行时，步距角为 $\theta_s = 360°/kmz = 360°/2 \times 3 \times 80 = 0.75°$；三相三拍方式运行时，步距角为 $\theta_s = 360°/kmz = 360°/1 \times 3 \times 80 = 1.5°$。

综上所述，步进电动机在工作中有运转和定位两种基本运行状态，并受数控装置的控制。电动机角位移与脉冲个数成正比，其转速与脉冲频率成正比，通过控制输入脉冲的个数和频率，就可控制它的角位移和转速；改变对定子绕组的通电顺序，即可改变电动机的旋转方向，而且相数、拍数较多时，电动机运行的稳定性较好。

2. 步进电动机的主要特性

1) 步距角和步距误差

步进电动机的步距角是指定子绕组的通电状态每改变一次，其转子转过一个确定的角度，步距角越小，脉冲当量越小，机床运动部件的位置精度越高。

步距误差是指步进电动机运行时理论步距角与转子每一步实际的步距角之间的差值，即步距误差＝理论步距角－实际步距角。它直接影响执行部件的定位精度。步距误差主要由步进电动机齿距制造误差，定子和转子气隙不均匀，各相电磁转矩不均匀等因素造成。步进电动机连续走若干步时，步距误差的累积称为步距的累积误差，由于步进电动机每转一转又恢复到原来的位置，所以误差不会无限累积。反应式步进电动机的步距误差一般在 $\pm 10' \sim \pm 25'$。

2) 静态转矩和矩角特性

当步进电机处在锁定状态，即不改变定子绕组的通电状态时称为静态运行状态，此时

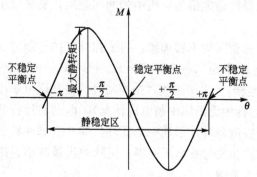

图 6.6 步进电动机矩角特性

如果在电动机轴上外加一个转矩，使转子按一定方向转过一个角度 θ，此时转子上的电磁转矩 M 和外加转矩相等，称 M 为静态转矩，角度 θ 称为失调角，当外加转矩撤销时，转子在电磁转矩的作用下回到稳定平衡点位置（$\theta = 0$）。描述静态时 M 和 θ 之间关系的曲线称为矩角特性，矩角特性接近正弦曲线，如图 6.6 所示。曲线上静态转矩最大值称为最大静态转矩，与空气隙、转子冲片齿的形状及磁路饱和程度有关。

3) 启动转矩 M_q

相邻两相的静态矩角特性曲线的交点所对应的转矩 M_q 是步进电动机的启动转矩，如果负载转矩大于 M_q，电动机就不能启动。因而启动转矩是电动机能带动负载转动的极限转矩。

4) 最高启动频率 f_q

空载时，步进电动机由静止突然启动，并不失步地进入稳速运行，所允许的启动频率的最高值称为启动频率 f_q。步进电动机在启动时，既要克服负载转矩，又要克服惯性转矩（电动机和负载的总惯量），所以启动频率不能太高。如果加给步进电动机的指令脉冲频率大于最高启动频率，就不能正常工作，会造成丢步。而且，随着负载的加大启动频率会进一步降低。

5) 连续运行的最高工作频率 f_{max}

步进电动机启动后能保持正常连续运行所能接受的最高频率称为最高工作频率 f_{max}，简称为连续运行频率，它比启动频率大得多，它表明步进电机所能达到的最高转速。

6) 矩频特性

步进电动机在连续运行时，用来描述输出转矩和运行频率之间的关系的特性称为矩频特性，如图 6.7 所示。当输入脉冲的频率大于临界值时，步进电动机的输出转矩加速下降，带负载能力迅速降低。这是由于步进电动机的每相控制绕组是一个电感线圈，具有一

定的时间常数，使绕组中电流呈指数曲线上升或下降，频率很高、周期很短，电流来不及增长，电流峰值随脉冲频率增大而减少，励磁磁通亦随之减少，平均转矩也减少了。

根据以上特性，选用步进电动机时应保证步进电动机的输出转矩大于负载所需的转矩；应使步进电动机的步距角 θ_s 与机械系统相匹配，以得到机床所需的脉冲当量。应使步进电动机能与机械系统的负载惯量及机床要求的启动频率相匹配，并有一定的余量，还应使其最高工作频率能满足机床运动部件快速移动的要求。

步进电动机的技术参数见表 6-1。

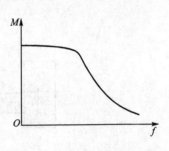

图 6.7　步进电动机矩频特性

表 6-1　步进电动机的技术参数

型号	相数	电压/V	电流/A	步距角/(°)	步距角误差/(′)	最大静转矩/(N·m)	空载起动频率/(脉冲/s)	最高工作频率/(脉冲/s)
70BF5-4.5	5	60/12	3.5	4.5/2.25	8	0.245	1500	16000
90BF3	3	60/12	5.0	3/1.5	14	1.47	1000	8000
110BF3	3	80/12	6	1.5/0.75	18	9.8	1500	6000
130BF5	5	110/12	10	1.5/0.75	18	12.74	2000	8000
160BF5B	5	80/12	13	1.5/0.75	18	19.6	1800	8000
160BF5C	5	80/12	13	1.5/0.75	18	15.68	1800	8000

3. 步进电动机的驱动控制

由步进电动机的工作原理可知，为了保证其正常运动，必须由步进电动机的驱动装置将 CNC 装置送来的弱电信号通过转换和放大变为强电信号，即将逻辑电平信号变换成电动机所需的具有一定功率的电脉冲信号，并使其定子励磁绕组顺序通电，才能使其正常工作。步进电动机驱动控制由环形脉冲分配器和功率放大器来实现。

1) 环形脉冲分配器

环形脉冲分配器是用于控制步进电动机的通电方式的，其作用是将 CNC 装置送来的一系列指令脉冲按照一定的循环规律依次分配给电动机的各相绕组，控制各相绕组的通电和断电。可采用硬件和软件两种方法实现。

如图 6.8 所示为硬件环形脉冲分配器与 CNC 装置的连接图。图中环形脉冲分配器的输入、输出信号一般为 TTL 电平，当输出信号为高电平时，则表示相应的绕组通电，反之则失电。CLK 为数控装置所发脉冲信号，每个脉冲信号的上升或下降沿到来时，输出则改变一次绕组的通电状态；DIR 为数控装置所发出的方向信号，其电平的高低即对应电动机绕组的通电顺序(即转向的改变)；FULL/HALF 用于控制电动机的整步(k 为 1)或半步(k 为 2)运行方式，对于三相步进电动机即三拍或六拍运行方式，在一般情况下，根据需要将其接在固定电平上即可。

硬件环形分配器是一种特殊的可逆循环计数器，可以由门电路及逻辑电路构成。可分

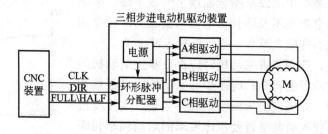

图 6.8　硬件环形脉冲分配器与 CNC 装置连接图

成 TTL 型和 CMOS 型脉冲分配器。TTL（双极型晶体管集成电路）有 YB013、YB014、YB015、YB016，它们均为 18 个引脚的直插式封装；CMOS（互补型 MOS 电路、场效应管组成的单极型集成电路）有 CH250（16 脚直插式）等。

如图 6.9（a）所示是 YB013 芯片的引脚接线图，各引脚功能如下。

E0：选通输出控制端，低电平有效。控制脉冲分配器是否输出顺序脉冲。

R：清零端，低电平有效。输出脉冲前，对脉冲分配器清零，使其正常工作。

A0、A1：通电方式控制。若是 A0＝0、A1＝0 状态，脉冲分配器以三相单三拍方式工作；若是 A0＝0、A1＝1 状态，脉冲分配器以双三拍方式工作；若是 A0＝1 状态，脉冲分配器以三相六拍方式工作。

E1、E2：选通输入控制，低电平有效。决定控制指令起作用的时刻。

CP：时钟输入。

△：正、反转控制端，决定步进电动机的旋转方向。

S：出错报警输出。某控制信号出错或脉冲分配器运行错误时，该端口发出报警信号。

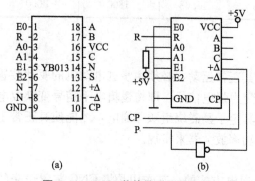

图 6.9　YB013 芯片的引脚接线图

如图 6.9（b）所示是 YB013 三相六拍接线图。图中 R 是清零信号，低电平清零，恢复高电平时，脉冲分配器工作。时钟 CP 的上升沿使脉冲分配器改变输出状态，因此 CP 的频率决定了步进电动机的转速。P 端控制步进电动机的转向：P＝1 时为正转，P＝0 时为反转。

如图 6.10 所示为国产 CMOS 脉冲分配器 CH250 集成芯片的引脚图和三相六拍接线图。图 6.10（a）中，引脚 A、B、C 为相输出端，引脚 R、R* 用于确定初始励磁相。若它们的状态为 10，则为 A 相；若为 01，则为 A、B 相；若为 00，则为环形分配器工作状态。引脚 CL、EN 为进给脉冲输入端，若 EN＝1，进给脉冲接 CL，脉冲上升沿使环形分配器工作；若 CL＝0，进给脉冲接 EN，脉冲下降沿使环形分配器工作，否则环形分配器状态锁定。引脚 J_{3r}、J_{3L}、J_{6r}、J_{6L} 为三拍或六拍工作方式的控制端，引脚 U_D、U_S 为电源端。

如图 6.10（b）所示为三相六拍工作方式，进给脉冲 CP 的上升沿有效。方向信号为 1 时则正转，为 0 时则反转。

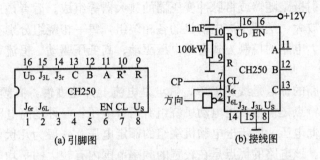

图 6.10 CH250 集成芯片的引脚图和三相六拍接线图

目前，脉冲分配大多采用软件的方法来实现，如图 6.11 所示为软件环形脉冲分配器与 CNC 装置的连接。由图可知，软件环形分配器的脉冲分配是由 CNC 装置中的计算机软件来完成的，即 CNC 装置直接控制步进电动机各相绕组的通电、断电。不同种类、不同相数、不同通电方式的步进电动机，只需用软件驱动编制不同的程序，将其存入 CNC 装置的 EPROM 中即可。如用 8031 单片机的 P1 口的 P1.0、P1.1、P1.2 这 3 个引脚经过光电隔离、放大后，分别与步进电动机的三相绕组 A、B、C 相连接。当采用三相六拍方式时，电动机的通电顺序为 A→AB→B→BC→C→CA→A→⋯（正转）或 A→AC→C→CB→B→BA→A→⋯（反转）。它们的环形脉冲分配表见表 6-2，设某相为高电平时通电。

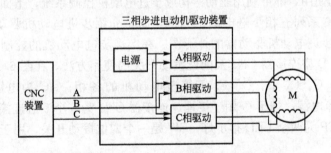

图 6.11 软件环形脉冲分配器与 CNC 装置的连接

表 6-2 步进电动机三相六拍环形脉冲分配表

控制节拍	导电组	C B A	控制输出内容	方向
1	A	0 0 1	01H	
2	A，B	0 1 1	03H	反转
3	B	0 1 0	02H	↑
4	B，C	1 1 0	06H	↓
5	C	1 0 0	04H	正转
6	C，A	1 0 1	05H	

2) 步进电动机驱动电源(功率放大器)

环形脉冲分配器输出的电流一般只有几毫安，而步进电动机的励磁绕组则需几安培甚至几十安培的电流，所以必须经过功率放大。功率放大器的作用是将脉冲分配器发出的电平信号进行功率放大。功率放大器一般由两部分组成，即前置放大器和大功率放大器。前者是为了放大环形脉冲分配器送来的进给控制信号并推动大功率驱动部分而设置的。它一般由几级反相器、射极跟随器或带脉冲变压器的放大器等组成。后者是进一步将前置放大器送来的电平信号放大，送到步进电动机的各相绕组，每一相绕组分别有一组功率放大电路。常用的功率放大电路的控制方式有单电压驱动、高低压驱动、恒流斩波驱动和调频调压驱动等。

单电压驱动电路的优点是线路简单，缺点是电流上升速度慢，高频时带负载能力差。高低压驱动电路的特点是供给步进电动机绕组有两种电压：一种是高电压，一般为80V甚至更高；另一种是低电压，即步进电动机绕组的额定电压，一般为几伏，不超过20V。高压建流，低压稳流。该电路的优点是在较宽的频率范围内有较大的平均电流，能产生较大且较稳定的电磁转矩，缺点是电流有波谷。为了使励磁绕组中的电流维持在额定值附近，需采用斩波驱动电路。恒流斩波驱动电路比较复杂，实际应用时，常将它集成化，如SLA7026M是一种恒流斩波功率放大芯片。恒流斩波驱动具有绕组的脉冲电流边沿陡、快速响应好、功耗小、效率高、输出恒定转矩的特点。

4. 步进电动机驱动器及应用实例

随着步进电动机在各方面的广泛应用，步进电动机的驱动装置也从分立元器件电路发展到集成元器件电路，目前已发展到系列化、模块化的步进电动机驱动器。虽然各生产厂家的驱动器标准不统一，但其接口定义基本相同，只要了解接口中接线端子、标准接口及拨动开关的定义和使用，即可利用驱动器构成步进电动机控制系统，下面以上海开通数控有限公司的KT350系列五相步进电动机为例，简单介绍步进电动机驱动器的使用方式。如图6.12所示为步进电动机驱动器的外形图。在实现步进电动机的控制中，用户需要掌握接通线端子排、D型连接器CN1及四位拨动开关的使用方法。在图6.12中，接线端子排A、$\overline{A}$、B、$\overline{B}$、C、$\overline{C}$、D、$\overline{D}$、E、$\overline{E}$接至电动机的各相；AC为电源进线，用于接50Hz、80V的交流电源，端子G用于接地，连接器CN1为一个9芯连接器，可与控制装置连接。RPW、CP为两个LED指示灯；SW是一个四位拨动开关，用于设置步进电动机的控制方式。

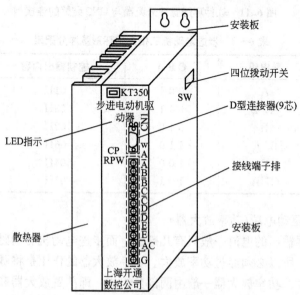

图6.12 KT350步进电动机驱动器外形图

如图 6.13 所示为步进电动机驱动器的典型接线图。

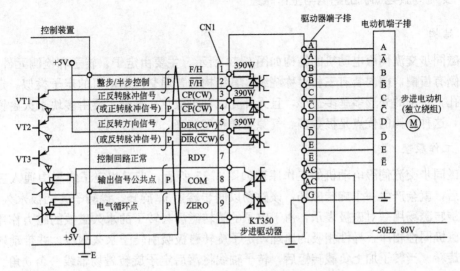

图 6.13　步进电动机驱动器的典型接线图

6.2.3　开环控制步进电动机伺服系统的控制原理

1. 工作台位移量的控制

CNC 装置发出 N 个脉冲，经驱动电路放大后，使步进电动机定子绕组通电状态变化 N 次，则步进电动机转过的角度为 $N\theta_s$（θ_s 为步距角），再经减速齿轮、滚珠丝杠之后转变为工作台的位移量，即进给脉冲数量决定了工作台的位移量。

2. 工作台运动方向的控制

改变步进电动机输入脉冲信号的循环顺序，就可改变定子绕组中电流的通断循环顺序，从而使步进电动机实现正转或反转，从而控制工作台的进给方向。

6.3　交流电动机伺服系统

直流电动机具有优良的调速性能，在要求调速性能高的场合，直流伺服电动机调速系统的应用占据着主导地位。但直流伺服电动机的电刷和换向器容易磨损，需经常维护；换向器换向时会产生火花，使电动机的最高转速受到限制，也使应用环境受到限制；直流伺服电动机的结构复杂、制造困难、制造成本高。近年来，随着大功率半导体、变频技术、现代控制理论以及微处理器等大规模集成电路技术的进步，交流调速有了飞速的发展，交流电动机的调速驱动系统已发展为数字化，使得交流伺服电动机在数控机床上得到了广泛的应用，并有取代直流伺服电动机的趋势。在进给伺服系统中，大多数采用同步型交流伺服电动机，它的转速是由供电频率所决定的，即在电源电压和频率不变时，它的转速恒定不变。由变频电源供电时，能方便地获得与电源频率成正比的可变转速，可得到非常硬的机械特性及宽的调速范围。近年来，永磁材料的性能不断提高，促进了永磁伺服电动机在数控机床中的应用。

6.3.1 交流伺服电动机的结构与工作原理

1. 结构

永磁同步交流伺服电动机的结构如图 6.14 所示，主要由定子、转子和检测元件组成。定子内侧有齿槽，槽内装有三相对称绕组，其结构与普通交流电动机的定子类似。定子上有通风孔，定子的外形多呈多边形，且无外壳以利于散热。转子主要由多块永久磁铁和铁心组成，这种结构的优点是极数多、气隙磁通密度较高。

2. 工作原理

永磁同步交流伺服电动机的工作原理如图 6.15 所示。当三相定子绕组中通入三相交流电源后，就会产生一个旋转磁场，该磁场以同步转速 n_s 旋转。设转子为两极永久磁铁，定子的旋转磁场用一对磁极表示，由于定子的旋转磁场与转子的永久磁铁的磁力作用，即根据两磁极同性相斥，异性相吸的原理，定子旋转磁极吸引转子永久磁极，并带动转子一起同步旋转。当转子加上负载转矩后，转子轴线将落后定子旋转磁场轴线一个 θ 角。当负载减小时，θ 也减小；当负载增大时，θ 也增大。只要负载不超过一定限度，转子始终跟着定子的旋转磁场以恒定的同步转速旋转。同步转速为

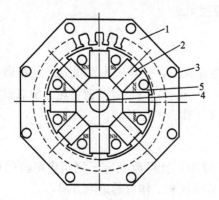

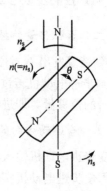

图 6.14　永磁同步交流伺服电动机的结构
1—定子；2—永久磁铁；3—轴向通风孔；4—转轴；5—铁心

**图 6.15　永磁同步交流伺服
电动机的工作原理**

$$n = \frac{60f}{p}$$

式中：f 为电源频率；p 为磁极对数。

当负载超过一定限度后，转子不再按同步转速旋转，甚至可能不转。这就是同步交流伺服电动机的失步现象，这个最大限度的负载转矩称为最大同步转矩。因此，使用永磁同步电动机时，负载转矩不能大于最大同步转矩。

6.3.2 交流伺服电动机的速度控制方法

由同步转速公式可知，永磁式交流同步转速与电源的频率存在严格的对应关系，即在电源电压和频率不变时，它的转速恒定不变，当由变频电源供电时，能方便地获得与电源频率成正比的可变转速。改变电源频率 f，可均匀地调节转速，但在实际应用中，只改变电源频率 f 是不够的。因为当旋转磁场以同步转速切割定子绕组时，在每相绕组中产生的

感应电动势为

$$E = 4.44K_L f N \phi_m \approx U$$

定子电压 U 不变时，随着电源频率 f 的增大，气隙磁通 ϕ_m 将减小。在一般电动机中，ϕ_m 值通常是在工频额定电压的运行条件下确定的，为了充分地利用电动机铁芯，都把磁通量选取在接近饱和的数值上。如果在调速过程中，频率从工频往下调节，则 ϕ_m 上升，将导致铁芯过饱和而使励磁电流迅速上升，从而使铁芯过热，功率因素下降。电动机带负载能力降低。因此，必须在降低频率的同时，降低电压，以保持 ϕ_m 不变，这就是恒磁通变频调速。

因此，交流电动机的变频调速控制兼有调频和调压的功能，并且根据电动机所带负载的特性，有恒转矩调速、恒功率调速、恒最大转矩调速等控制方式。

为实现同步型交流伺服电动机的调速控制，其主要环节是能为交流伺服电动机提供变频电源的变频器，它的作用是将 50Hz 的交流电变换成频率连续可调(如 $0 \sim 400\text{Hz}$)的交流电源。

1. 变频器的类型

变频器可分为"交—交"型和"交—直—交"型两类。前者又称为直接式变频器，这种变频器不经中间环节，直接将工频交流变换成频率可调的交流电压，效率高、工作可靠，但频率的变换范围有限，多用在低频大容量的调速；后者又称为间接变频器，这种变频器先将工频交流电整流成直流电压，再经变频器变换成频率可调的交流电压。间接变频器需两次电能的变换，所以效率低，但频率变化范围不大受限制，目前已成为交流电动机变频调速的典型方法。

"交—直—交"型变频器由顺变器、中间环节和逆变器 3 部分组成。顺变器的作用是将交流电转换成可调直流电，作为逆变器的直流供电电源。而逆变器是将可调直流电变为调频调压的交流电，采用脉冲宽度调制(PWM)逆变器来完成，逆变器有晶体管和晶闸管之分。目前，在数控机床中多采用晶体管逆变器。脉冲宽度调制方法很多，其中正弦波脉冲宽度调制(SPWM)方法应用较广泛。

2. 正弦波脉宽调制变频控制器

SPWM 变频器的工作原理示意如图 6.16 所示。把一个正弦波分成 n 等分，例如 $n=12$，每等分可用一个矩形脉冲等效。所谓等效是指在相应的时间间隔内，每等分正弦波曲线与横轴所包围的面积与矩形脉冲的面积相等，这样可得到 n 个等高不等宽的脉冲序列，这种用相等时间间隔正弦波的面积调制的脉冲宽度称为正弦波脉冲宽度调制(SPWM)。对于负半周也可相应处理。如果正弦波的幅值改变，则与其等效的各等高矩形脉冲的宽度也相应改变。显然，单位时间内脉冲数越多，等效的精度越高，输出越接近正弦波。

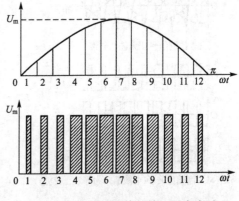

图 6.16　与正弦波等效的矩形脉冲列

SPWM 波形可用计算机技术产生，即对给定的正弦波用计算机算出相应脉冲宽度，通过控制电路输出相应波形，或用专门集成电路芯片（如 HEF4752、SLE4520 等）产生；也可采用模拟电路以"调制"理论为依据产生，其方法是以正弦波为调制波对等腰三角波为载波的信号进行"调制"。SPWM 调制有单极性和双极性两种形式。调制电路可采用电压比较放大器，这里需要 3 路以上产生三相 SPWM 波形，其原理框图如图 6.17 所示。

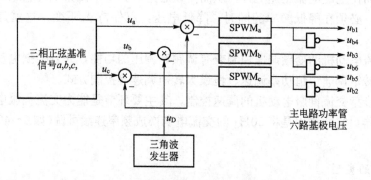

图 6.17　三相 SPWM 控制电路原理框图

双极性脉宽调制方法的特征是控制信号与载波信号均为双极性信号。在双极性 SPWM 方法中，所使用的正弦波控制信号为变频变幅的三相对称普通正弦波 u_a、u_b、u_c，其载波信号 u_t 为双极性三角波，如图 6.18(a) 所示。结合图 6.19 双极型 SPWM 通用型主回路，以 U 相为例，其调制规律为：不分正负半周，只要 $u_a < u_t$，就导通 VT_1、封锁 VT_4；只要 $u_a > u_t$，就封锁 VT_1、导通 VT_4。双极性 SPWM 调制波形如图 6.18(b) 所示。

在图 6.19 中，$VT_1 \sim VT_6$ 为 6 个大功率晶体管，并各有一个二极管与之反向并联，作为续流用。来自控制电路的 SPWM 波形作为驱动信号加在各功率管的基极上，控制 6 个大功率管的通断。当逆变器输出需要升高电压时，只要增大正弦波相对三角波的幅值，这时逆变器输出的矩形脉冲幅值不变而宽度相应增大，从而达到调压的目的。当逆变器的输出需要变频时，只要改变正弦波的频率就可以了。

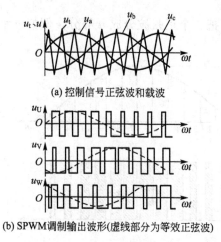

(a) 控制信号正弦波和载波

(b) SPWM 调制输出波形(虚线部分为等效正弦波)

图 6.18　双极性脉宽调制

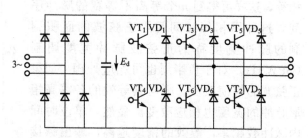

图 6.19　双极型 SPWM 通用型主回路

SPWM 变频器结构简单，电网功率因数接近 1，且不受逆变器负载大小影响，系统动态响应快、输出波形好，使电动机可在近似正弦波的交变电压下运行，脉动转矩小，扩展了调速范围，提高了调速性能，因此在数控机床的交流驱动中被广泛应用。

3. 矢量变换控制的 SPWM 调速系统

矢量变换控制是一种新型控制技术。直流电动机能获得优异的调速性能，其根本原因是被控量只有电动机磁场 Φ 和电枢电流 I_a，且这两个量是相互独立的。此外，电磁转矩 T 与磁通 Φ 和电枢电流分别成正比关系。然而，交流电动机却不一样，其定子与转子间存在着强烈的电磁耦合关系。如果能够模拟直流电动机，求出交流电动机与之对应的磁场与电枢电流，分别独立地加以控制，就会使交流电动机具有与直流电动机近似的优良特性。为此，必须将三相交变量（矢量）转换为与之等效的直流量（标量），建立起交流电动机的等效数学模型，然后按直流电动机的控制方法对其进行控制。矢量变换控制调速系统应用了适于处理多变量系统的现代控制理论及坐标变换和反变换等数学工具，利用"等效"的概念，将三相交流电动机的输入电流变换为等效的直流电动机中彼此独立的电枢电流和励磁电流，然后像直流电动机一样，通过对这两个量的控制，实现对电动机的转矩控制；再通过相反的变换，将被控制的等效直流电动机还原为三相交流电动机，那么三相交流电动机的调速性能就完全体现了直流电动机的调速性能。这就是矢量变换控制的基本构思。

矢量变换控制的 SPWM 调速系统，是将通过矢量变换得到相应的交流电动机的三相电压控制信号，作为 SPWM 系统的给定基准正弦波来实现对交流电动机的调速。

由电动机上的转子位置检测装置（如光电编码器）测得转子角位置 θ，经正弦信号发生器可得 3 个正弦波位置信号分别为

$$a = \sin\theta$$
$$b = \sin(\theta - 120°)$$
$$c = \sin(\theta + 120°)$$

用这 3 个正弦波位置信号去控制定子绕组的电流，使得

$$i_U = I\sin\theta$$
$$i_V = I\sin(\theta - 120°)$$
$$i_W = I\sin(\theta + 120°)$$

式中：I 为定子交流电流幅值。

交流永磁同步电动机转矩表达式为

$$T = KI\Phi$$

式中：K 为比例系数；Φ 为有效磁通。

转矩表达式与直流电动机的转矩表达式一样，不同的是直流电动机转矩正比于电枢电流，而交流永磁同步电动机的转矩正比于定子电流的幅值。如图 6.20 所示为交流永磁同步电动机矢量变频控制原理图。

在图 6.20 中，速度指令 U_n^* 与速度反馈信号 U_n 经比较后通过速度调节器 ASR 输出转矩指令 T^*，T^* 与电流幅值指令 I^* 成正比，指令 I^* 在交流电流指令发生器中与正弦位置信号相乘，输出交流电流指令 i_U^*、i_V^* 和 i_W^*，再通过电流调节器 ACR 得到 u_U^*、u_V^* 和 u_W^* 电压指令，然后经 SPWM 控制及驱动电路中的 6 个大功率晶体管。

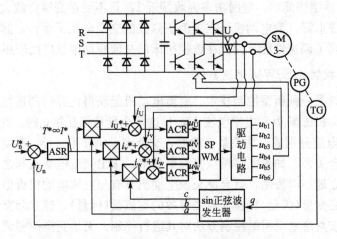

图 6.20　交流永磁同步电动机矢量变频控制原理图

交流电流指令获得的方法是将转子位置 θ 数据作为地址输入到存有正弦位置信号的 ROM 地址中,经 sin 正弦波发生器,得到 3 个正弦波位置信号 a、b、c,和电流幅值指令 I^* 相乘,即得到交流电流指令。

6.3.3　交流伺服驱动器及应用实例

1. DA98 交流伺服驱动器介绍

DA98 交流伺服驱动器是国产第一代全数字交流伺服系统,采用国际最新数字信号处理器(DSP)、大规模可编程门阵列(CPLD)和 MITSUBISHI 智能化功率模块(IPM)、集成度高、体积小、保护完善、可靠性好。采用最优 PID 算法完成 PWM 控制,性能已达到国外同类产品的水平,驱动器和伺服电动机的外观图如图 6.21 和图 6.22 所示。

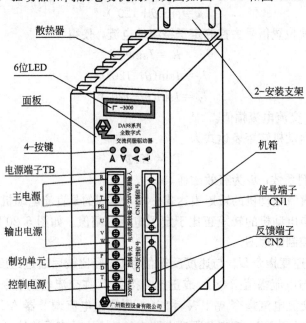

图 6.21　交流电动机驱动器外观图

与步进系统相比，DA98 交流伺服驱动系统具有以下优点。

（1）避免失步现象：伺服电动机自带编码器，位置信号反馈至伺服驱动器，与开环位置控制器一起构成半闭环控制系统。

（2）宽速比、恒转矩：调速比为 1：5000，从低速到高速都具有稳定的转矩特性。

（3）高速度、高精度：伺服电动机最高转速可达 3000r/min，回转定位精度 1/10000r。

（4）控制简单、灵活：通过修改参数可对伺服系统的工作方式、运行特性做出适当的设置，以适应不同的要求。

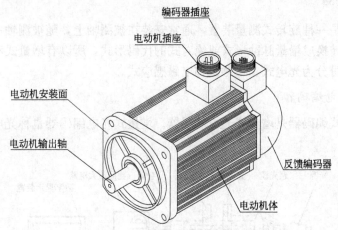

图 6.22 交流伺服电动机外观图

2. DA98 交流伺服驱动器的外部连接线

图 6.23 为 DA98 交流伺服驱动器与 GSK980TD 数控装置、伺服电动机的连接线。

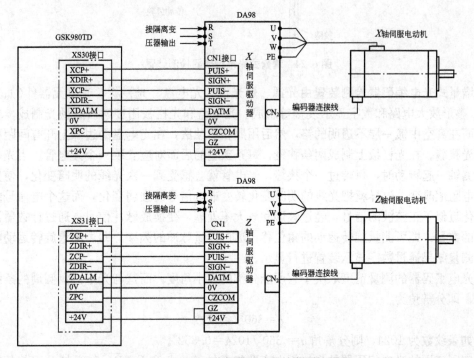

图 6.23 DA98 交流伺服驱动器的典型接线图

6.4 数控机床的检测装置

检测装置是数控机床的重要组成部分。检测装置的作用是检测位移和速度，发送反馈信号，构成闭环或半闭环控制。数控机床常用的检测装置有脉冲编码器、旋转变压器、感应同步器、光栅和磁尺等。下面仅介绍旋转编码器与光栅。

6.4.1 旋转编码器

旋转编码器是一种旋转式测量装置，通常安装在被测轴上，随被测轴一起转动，可将被测轴的角位移转换成增量脉冲形式或绝对式的代码形式，所以有增量式和绝对式两种类型。按其结构又可分为光电式、接触式和电磁感应式。

1. 增量式光电编码器

常用的增量式编码器是增量式光电编码器。增量式光电编码器也称光电盘，其原理如图 6.24 所示。

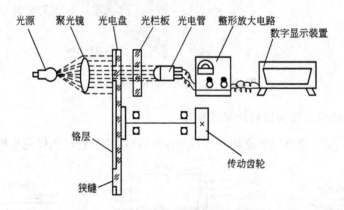

图 6.24 增量式光电编码器检测装置

增量式光电编码器检测装置由光源、聚光镜、光电盘、光栏板、光电元器件(如光电管)、整形放大电路和数字显示装置等组成。光电盘和光栏板用玻璃研磨抛光制成，玻璃的表面在真空中镀一层不透明的铬，然后用照相腐蚀法，在光电盘的边缘上开有间距相等的透光狭缝。在光栏板上制成两条狭缝，每条狭缝的后面对应安装一个光电管。当光电盘随被测轴一起转动时，每转过一个狭缝，光电管就会感受到一次光线的明暗变化，使光电管的电阻值改变，这样就把光线的明暗变化转变成电信号的强弱变化，而这个电信号的强弱变化近似于正弦波的信号，经过整形和放大等处理，变换成脉冲信号。通过计数器计量脉冲的数目，即可测量旋转运动的角位移；通过计量脉冲的频率，即可测量旋转运动的转速。测量结果通过数字显示装置进行显示。

光电编码器的测量精度取决于它所能分辨的最小角度，而这与光电码盘圆周的条纹数有关，即分辨角为

$$\alpha = 360°/条纹数$$

如条纹数为 1024，则分辨角 $\alpha = 360°/1024 = 0.352°$。

实际应用的光电编码器的光栏板上有两组条纹 A、$\overline{A}$ 和 B、$\overline{B}$，A 组与 B 组的条纹彼

此错开 1/4 节距，两组条纹相对应的光电元件所产生的信号彼此相差 90°相位，用于辨向。其结构如图 6.25 所示，输出波形如图 6.26 所示。当光电码盘正转时，A 信号超前 B 信号90°，当光电码盘反转时，B 信号超前 A 信号 90°，数控系统正是利用这一相位关系来判断方向的。

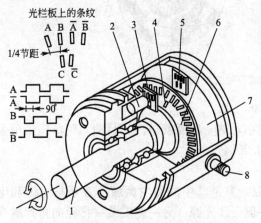

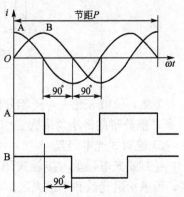

图 6.25　增量式光电编码器结构示意图　　图 6.26　增量式光电编码器输出波形

1—转轴；2—光源；3—光栏板；4—零标志槽；5—光电元件；

6—光电码盘；7—印制电路板；8—电源及信号线连接座

　　光电编码器的输出信号 A、$\overline{A}$ 和 B、$\overline{B}$ 为差动信号，差动信号大大提高了传输的抗干扰能力。在数控系统中，常对上述信号进行倍频处理，以进一步提高分辨率。此外，在光电码盘的里圈还有一条透光条纹 C，用于每转产生一个脉冲，该脉冲信号又称一转信号或零标志脉冲，作为测量基准。其作用是输出被测轴的周向定位基准信号和被测轴的旋转圈数记数信号。同样，该脉冲也以差动形式 C、$\overline{C}$ 输出。

　　2. 绝对式旋转编码器

　　绝对式旋转编码器，就是在码盘的每一转角位置刻有表示该位置的唯一代码，通过读取编码盘上的代码来测定角位移。

　　绝对式光电编码器的码盘采用绝对值编码。码盘按照其所有码制可以分为二进制码、循环码、十进制码、十六进制码等。

　　1) 接触式码盘

　　如图 6.27 所示为接触式Ⅳ位二进制码盘示意图。在一个不导电基体上做成许多金属区使其导电，其中涂黑部分为导电区，用"1"表示，其他部分为绝缘区，用"0"表示。这样，在每一个径向上，都有"1"、"0"组成的二进制代码。最里一圈是公用的，它和各码道所有导电部分连在一起，经电刷和电阻接电源正极。除公用圈以外，Ⅳ位二进制码盘的 4 圈码道上也都装有电刷，电刷经电阻接地，电刷的布置如图 6.27 所示。由于码盘与被测轴连在一起，而电刷位置是固定的，当码盘随被测轴一起转动时，电刷和码盘的位置发生相对变化，若电刷接触的是导电区，则经电刷、码盘、电阻和电源形成回路，该回路中的电阻上有电流流过，为"1"；反之，若电刷接触的是绝缘区，则不能形成回路，电阻上无电流流过，为"0"。由此可根据电刷的位置得到由"1"、"0"组成的Ⅳ位二进制码。若是 n 位二进制码盘，就有 n 圈码道，码盘的分辨率 α 为

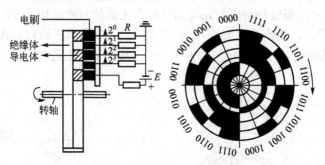

图 6.27　接触式 IV 位二进制码盘

$$\alpha = 360°/2^n$$

显然，位数 n 越大，所能分辨的角度越小，测量精度就越高。目前，码盘码道可做到 18 条，能分辨的最小角度为 $\alpha = 360°/2^{18} = 0.0014°$。

2）绝对式光电码盘

绝对式光电码盘与接触式码盘结构相似，只是其中的黑白区域不表示导电区和绝缘区，而表示透光区和不透光区。编码盘的一侧安装光源，另一侧安装一排径向排列的光电元件，每个光电元件对准一条码道。当光源产生的光线经透镜变成一束平行光线，照射在码盘上时，如果是透光区，通过透光区的光线被光电元件接收，并转换成电信号，输出为"1"；如果是不透光区，光线不能被光电元件接收，输出电信号为"0"。如此，在任意角度都有"1"、"0"组成的二进制代码与之对应。输出的二进制代码即代表了转轴的对应位置，即实现了角位移的绝对值测量。

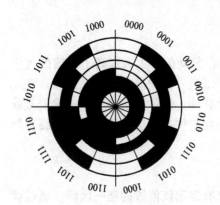

图 6.28　IV 位格雷码盘图

绝对式光电编码器的码盘大都采用循环码盘（也称格雷码盘），格雷码盘如图 6.28 所示，格雷码的特点是任意相邻的两个代码之间只改变一位二进制数，这样即使码盘制作和光电元器件安装不很准确，也只能读成相邻两个数中的一个，产生的误差最多不超过"1"，可消除非单值性误差。

3. 编码器在数控机床中的应用

1）位移测量

编码器在数控机床中用于工作台或刀架的直线位移测量时有以下两种安装方式：一是和伺服电动机同轴连接在一起，伺服电动机再和滚珠丝杠连接，编码器在进给传动链的前端，如图 6.29(a) 所示；二是编码器连接在滚珠丝杠末端，如图 6.29(b) 所示。由于后者包含的进给传动链误差比前者多，因此在半闭环伺服系统中，后者的位置控制精度比前者高。

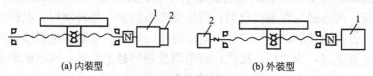

(a) 内装型　　　　　　　　　　　(b) 外装型

图 6.29　编码器的安装方式

1—伺服电动机；2—编码器

由于增量式光电编码器每转过一个分辨角对应一个脉冲信号，因此根据脉冲的数量、传动比及滚珠丝杠螺距即可得出移动部件的直线位移量。如某带光电编码器的伺服电动机与滚珠丝杠直联（传动比为1∶1），光电编码器的每转脉冲数为1200脉冲/r，丝杠螺距为6mm，在数控系统位置控制中断时间内计数1200个脉冲时，则在该段时间里，工作台移动了6mm。

在数控回转工作台中，通过在回转轴末端安装编码器，可直接测量回转工作台的角位移。

2）螺纹加工控制

在螺纹加工中，为了保证切削螺纹的螺距，必须有固定的起刀点和退刀点。安装在主轴上的光电编码器就可解决主轴旋转与坐标轴进给的同步控制，保证主轴每转一周，刀具准确移动一个螺距（或导程）。另外，一般螺纹加工要经过几次切削才能完成，为保证重复切削不乱牙，每次重复切削时，开始进刀的位置必须相同，数控系统在接收到光电编码器中的一转脉冲后才开始螺纹切削的计算。

3）测速

光电编码器输出脉冲的频率与其转速成正比，因此光电编码器可代替测速发电机的模拟测速而成为数字测速装置。

6.4.2 光栅

光栅分为物理光栅和计量光栅两大类。物理光栅刻线细密（栅距0.002～0.005mm），精度非常高，用于光谱分析和光波波长测定等。计量光栅相对而言刻线粗一些，栅距大一些（0.004～0.25mm），通常用于检测直线位移和角位移等。检测直线位移的称为直线光栅，检测角度位移的称为圆光栅；根据光电元件感光方式不同，可将光栅分为玻璃透射式光栅和金属反射式光栅。

直线玻璃透射式光栅和金属反射式光栅检测装置分别如图6.30和图6.31所示。玻璃透射式光栅是在透明的光学玻璃表面制成感光涂层或金属镀膜，经过涂敷，蚀刻等工艺制成间隔相等的透明与不透明线纹的，线纹的间距和宽度相等并与运动方向垂直，线纹之间的间距称为栅距。常用的线纹密度为25条/mm、50条/mm、100条/mm、250条/mm。条数越多，光栅的分辨率越高。金属反射式光栅是在钢尺或不锈钢带的镜面上经过腐蚀或直接刻划等工艺制成光栅线纹的，常用的线纹密度为4条/mm、10条/mm、25条/mm、40条/mm、50条/mm。

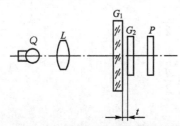

图6.30 透射式光栅检测装置

Q—光源；L—透镜；G_1—标尺光栅；
G_2—指示光栅；P—光电元件；t—两光栅距离

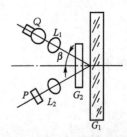

图6.31 反射式光栅检测装置

Q—光源；L_1、L_2—透镜；
G_1—标尺光栅；G_2—指示光栅；
P—光电元件；β—入射角

圆光栅是在玻璃圆盘的圆环端面上，制成透光与不透光相间的条纹，条纹呈辐射状，相互间的夹角相等。

1. 直线透射式光栅

下面以直线透射式光栅为例来介绍光栅的组成和工作原理。

1）组成

由标尺光栅和光栅读数头两部分组成，光栅读数头包括光源、透镜、光电元件、指示光栅等，如图 6.32 所示。

标尺光栅和指示光栅也称为长光栅和短光栅，它们的线纹密度相等。长光栅可安装在机床的固定部件上（如机床床身），其长度应等于工作台的全行程；短光栅长度较短，随光栅读数头安装在机床的移动部件上（如工作台）。

2）工作原理

在测量时，长短两光栅尺面相互平行地重叠在一起，并保持 0.01～0.1mm 的间隙，指示光栅相对标尺光栅在自身平面内旋转一个微小的角度 θ。当光线平行照射光栅时，由于光的透射和衍射效应，在与两光栅线纹夹角 θ 的平分线相垂直的方向上，会出现明暗交替、间隔相等的粗条纹——莫尔条纹，如图 6.33 所示。

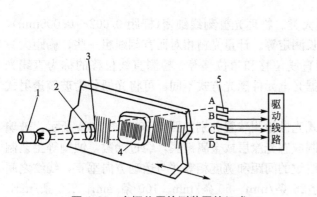

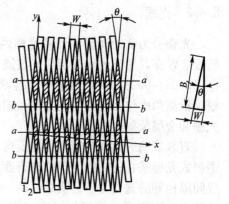

图 6.32 光栅位置检测装置的组成
1—光源；2—透镜；3—标尺光栅；4—指示光栅；5—光电元件

图 6.33 莫尔条纹形成原理

两条暗带或明带之间的距离称为莫尔条纹的间距 B，若光栅的栅距为 W，则

$$B = \frac{W}{2\sin\dfrac{\theta}{2}}$$

因为 θ 很小，所以

$$\sin\frac{\theta}{2} \approx \frac{\theta}{2}$$

则

$$B \approx \frac{W}{\theta}$$

由此可见，莫尔条纹的间距与光栅的栅距成正比。莫尔条纹具有如下特点。

（1）起放大作用。由上式可知，莫尔条纹的间距 B 是光栅栅距 W 的 $1/\theta$，由于 θ 很小

（小于$10'$），故$B \gg W$，即莫尔条纹具有放大作用。例如，当栅距为$W=0.01\text{mm}$，$\theta=0.001\text{rad}$时，莫尔条纹的间距$B=10\text{mm}$。因此，不需要经过复杂的光学系统，就能把光栅的栅距转换成放大了1000倍的莫尔条纹的宽度，从而大大简化了电子放大线路，这是光栅技术独有的特点。

（2）起均化误差作用。莫尔条纹由若干线纹组成，若光电元件接受长度为10mm，当$W=0.01\text{mm}$时，10mm宽的莫尔条纹就由1000条线纹组成，因此制造上的间距误差（或缺陷），只会影响千分之几的光电效果。所以，莫尔条纹测量长度时，决定其精度的不是一条线纹，而是一组线纹的平均效应。

（3）莫尔条纹的变化规律。长短两光栅相对移动一个栅距W，莫尔条纹就移动一个条纹间距B，即光栅某一固定点的光强按明→暗→明规律交替变化一次。光电元件只要读出移动的莫尔条纹条纹数，就知道光栅移动了多少栅距，从而也就知道了运动部件的准确位移量。

3）光栅的辨向与信号处理

在移动过程中，经过光栅的光线，其光强呈正（余）弦函数变化，反映莫尔条纹的移动的光信号由光电元件接收转换成近似正（余）弦函数的电压信号，然后经信号处理装置整形、放大及微分处理后，即可输出与检测位移成比例的脉冲信号。为了既能计数，又能判别工作台移动的方向，如图6.32所示的光栅用了4个光电元件。每个光电元件相距1/4栅距（$W/4$）。当指示光栅相对标尺光栅移动时，莫尔条纹通过各个光电元件的时间不一样，光电元件的电信号虽然波形一样，但相位相差1/4周期。根据各光电元件输出信号的相位关系，就可确定指示光栅移动的方向。

为了提高光栅的分辨率和测量精度，不能光靠增大栅线的密度来实现，可采用莫尔条纹的电子细分技术来实现。光栅检测系统的分辨率与栅距W和细分倍数n有关，分辨率$=W/n$。

2. 光栅的特点

光栅的主要特点如下。

（1）有很高的检测精度。随着激光技术的发展，光栅制作技术得到很大提高。现在光栅的精度可达微米级，再经细分电路可以达到$0.1\mu\text{m}$，甚至更高的分辨率。

（2）响应速度较快，可实现动态测量，易于实现检测及数据处理的自动化控制。

（3）对使用环境要求高，怕油污、灰尘及振动。

（4）由于标尺光栅一般较长，故安装、维护困难，成本高。

练习与思考题

（1）简述反应式步进电动机的工作原理。

（2）如何控制步进电动机的转速和输出转角？

（3）步进电动机的主要特性有哪些？

（4）参考表$6-1$，计算110BF3型步进电动机允许的最高运行转速和最高启动转速。

（5）三相交流永磁同步伺服电动机如何进行调速？

（6）设一绝对编码盘有8个码道，求其能分辨的最小角度是多少？普通二进制码

00101011 对应角度是多少？若要检测出 0.5°的角位移，应选用多少条码道的编码盘？

（7）试述光栅检测装置的工作原理。

（8）设有一光栅，其刻线数为 250 条/mm，要利用它测出 $0.5\mu m$ 的位移，问应采取什么措施？

（9）试说明莫尔条纹的放大作用。设光栅栅距为 0.02mm，两光栅尺夹角为 0.05°时，莫尔条纹的宽度为多少？

第 7 章

数控车床的安装与验收

教学提示

本章重点讨论了数控车床的安装、调试与验收，介绍了数控车床常见故障的诊断方法与处理方法。

教学要求

通过本章的学习，了解数控车床的安装、调试与验收基本知识；掌握数控车床基本故障的处理与维修知识，具备一定的机床基本的维修能力。

7.1 数控车床的安装

数控车床的安装、调试是指机床由制造厂经运输商运送到用户，安装到车间工作场地后，经过检查、调试，直到机床能正常运转、投入使用等一系列的工作过程。数控机床属于高精度、自动化的机床，安装、调试时必须严格按照机床制造商提供的使用说明书及有关的标准进行。机床安装、调试效果的好坏，直接影响到机床的正常使用和寿命。

7.1.1 数控车床安装前的准备工作

1. 开箱检验

数控机床到厂后，设备管理部门要及时组织有关人员开箱检验。参加检验的人员应包括设备管理人员或设备采购员、设备计划调配员等，如果是进口设备还须有进口商务代理、海关商检人员等。检验的主要内容如下。

（1）装箱单。

（2）核对应有的随机操作、维修说明书，图样资料、合格证等技术文件。

（3）按合同规定，对照装箱单清点附件、备件、工具的数量、规格及完好状况。

（4）检查主机、数控柜、操作台等有无明显撞碰损伤、变形、受潮、锈蚀等，并逐项如实填写"设备开箱验收登记卡"入档。

开箱验收时，如果发现有短件或型号规格不符或设备已遭受损伤、变形、受潮、锈蚀等严重影响设备质量的情况，应及时向有关部门反映、查询、取证及索赔。开箱检验虽然只是一项清点工作，但也很重要，不能忽视。

2. 外观检查

这里说的外观检查是指不用仪器只用肉眼就可进行的各种检查。如机床外表检查主要是 MDI/CRT 单元、位置显示单元、输入/输出设置及印制电路板是否有破损、污染；所有的连接电缆、屏蔽线有无破损；各固紧导线的螺钉，如输入变压器、伺服用电源变压器、输入单元、直流电源单元等的接线端子的螺钉是否拧紧，各电缆两端的连接器上的固紧螺钉是否拧紧，各印制电路板是否插到位，插接件上的紧固螺钉是否有松动等。如果这些紧固螺钉没有拧紧，接线端子或插接件松动，可能造成接触不良，产生难以查找的信号时有时无的故障。

3. 数控车床的环境要求

机床不应安装在以下位置：温度在明显变化的环境，如机床的安装位置有直接或靠近热源的地方；湿度大的地方；灰尘太大、太脏的地方；机床周围有震源的地方；地面软而不结实的地方。

注意：如果机床在不得已的情况下一定要安装在接近震源的地方，必须在机床周围挖槽沟或者类似的措施以防震。如果机床在软而不结实的地面上安装，必须采取打桩的形式或类似的措施以增强土层支承能力，这样才能防止机床的下沉或倾斜。

4. NC 的环境要求

环境温度（操作状态下）：5°～40°；湿度：正常相对湿度低于 75%。

5．总电源

根据参数表规定的总电源，准备好电源线和接地线，具体见《电气设备与机床操作说明书》。

7.1.2　数控车床的安装

1．吊运

吊运机床时，应特别小心避免机床 NC 系统、高压开关板等受到冲击。在吊运机床之前，应检查各部位是否牢固不动，机床上有无不该放置的物品。

应按以下要求吊运机床。

（1）机床在运输过程中，应首先将防护门固定。使用起重机吊运装有机床的包装箱时，必须按机床包装箱外部起吊标志用钢丝绳进行起吊，要尽量减轻包装箱受到各种冲击和振动；移动和放下时，不应使箱底和侧面受到冲击或剧烈的振动，不允许包装箱过度倾斜，以避免影响机床的精度乃至造成损伤；使用滚杠在斜坡上移动包装箱时，其倾斜度不得大于 15°，滚杠直径不得超过 70mm，不许把装有机床的包装箱放在带棱角的物体上或倒放，以免影响机床的精度。

（2）拆开包装箱时，首先检查机床的外部情况，按产品的装箱单清点附件及工具是否齐全。

（3）用起重机吊运已开箱的机床时，必须用钢丝绳穿入床身前部的筋板上，并利用床鞍和床尾等保持平衡。起吊时，钢丝与机床的接触处，以及与防护板的接触处必须用木块垫上，或在钢丝绳表面套上橡皮管，以免吊伤机床及防护板等。

（4）要保持被吊运机床在纵横向上保持平衡，因此，在机床刚刚吊高地面时就应使机床确保平衡。

（5）吊运钢丝绳角度不得大于 60°。

（6）无论何时吊运机床，只要不是一个人来执行，应采取相互间给出信号的方式来协同工作。

2．对于中小型数控车床的安装

对于机床来说，安装的方法对机床的功能有极大的影响。一台机床的导轨是精密加工出来的，而该机床安装得不好，则不会使其达到最初的加工精度。这样就很难获得所需要的加工精度，大多数故障都是因安装不当而引起的。必须仔细地阅读安装步骤，并按照规定的安装要求来安装机床才会使机床进行高精度的加工。

对于中小数控车床的安装来说，一般制造厂总装、调试、检验完后是整体包装，用户购买后可以参考以下步骤进行安装。

1）地基

安装机床的地基有两种：一种是运用地脚螺钉，另一种是运用防震垫

（1）地脚螺钉安装。安装机床应首先选择一块平整的地方，然后根据规定安排环境和地基图决定安装空间并做好地基。占地面积包括机床本身的占地和维修占地。此要求已在地基图中做了规定。如图 7.1 所示是 CAK4010 型数控车床的地基图。

（2）防震垫安装。防震垫如图 7.2 所示，它的特点为：减振橡胶有效地衰减机器自身

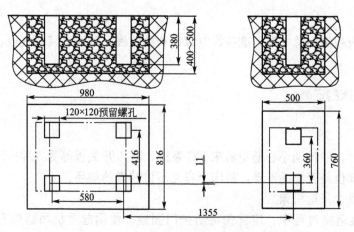

图 7.1　CAK4010 型数控车床的地基图

图 7.2　防震垫

的振动，减少振动力外传，阻止振动力的传入，保证加工尺寸精度及质量。控制建筑结构谐振传播振动力和噪声。使粗、精加工各类机床组成生产单元，适应物流技术的发展。

机床安装不需设置地脚螺栓与地面固定，良好的减振和相当的垂直挠度，使机床稳定于地面。节省安装费用，缩短安装周期。可根据生产随时调换机床位置，消除二次安装费用，使机床楼上安装成为可能。防震垫铁可以调节机床水平，调节范围大、方便、快捷。防震胶垫采用丁腈合成橡胶、耐油脂和冷却剂。

防震垫铁适用范围如下：金属加工机床、锻压机床、纺织机械、印刷机械、食品加工机械、橡胶机械、电线制造机械、电缆机械、包装机械、发电机及重型设备等。

防震垫铁使用方法为：将所需垫铁放入机床地脚孔下，穿入螺栓，旋至和承重盘接触实，然后进行机床水平调节（螺栓顺时针旋转，机床升起）；调好机床水平后，旋紧螺母，固定水平状态。因为橡胶的蠕变现象，在垫铁第一次使用时，两星期以后再调节一次机床水平。

注意：用防震垫铁设备一定要安装在比较平整的水泥地面上。

2）临时水平调整

吊起机床，将地脚螺栓和垫铁放入调水平螺栓孔中；然后将机床慢慢地放下，使地脚螺栓按地基图的规定进入地脚螺栓孔中；将楔铁打入床身的下面进行临时性水平调整，做到粗调平；完成调整后，用水泥将地脚螺栓固定。

3）内部装置的检查

完成调水平工作后，在接通机床之前，应做以下工作。

（1）确保地线连接无误（安装电阻低于 10Ω）。

（2）拧紧端子上的螺钉。

（3）重新检查各连接是否接紧。

（4）确保 NC 装置中的印刷线路板不动。

（5）检查并确保输入电源相位正确。如果电源为反相位，那么就要注意到 NC 装置和 AC 转换控制板将会产生故障。

4）操作前的检查

完成内部设备的连接以后，应按以下规定对机床的机械系统和电气系统加以检查。

（1）清理。为了防锈，机床的滑动表面已涂了一层防锈剂，在运输过程中土、灰尘砂粒和脏物等很可能会进入防锈层中，所以一定要将各部上的防锈油清理干净，否则不能开动机床。在清理时应使用汽油进行擦洗。清理后，再涂上规定的一薄层润滑油。

（2）检查机床。检查机床各部有无损坏、有无遗失零件或附件、机床润滑各部是否得到润滑、液压管路是否全部接好、接通电气前的电气系统检查（按"电气设备与机床操作"说明书）。

（3）机床处于长期关闭状态下的注意事项。机床安装后和机床长期停机后第一次开动机床时，应先启动润滑按钮使滑动表面有充分润滑油。

5）床身水平的最终调整

地脚孔中的水泥固化后，再调水平螺栓重新调好水平，按照"临时水平调整"的规定放置水平仪，对于调水平的步骤和允差，请查看每台机床所附的"精度检验单"。

注意：水平调整完成后，应当把地脚螺栓和水平螺母牢牢地拧紧确保水平精度不变，所用的水平仪最小刻度为 0.02mm。

6）安装后的维护

机床安装以后在最初阶段，由于地基地面的变化和地基不稳定的固化等因素引起床身平面会有明显的变化。因此，它会极大地影响机床的精度。而另一方面，由于最初的磨损等原因，机床极易受到污染，这样极易诱发机床事故。

机床安装的最初阶段对于维护应采取的措施如下。

（1）试车。机床安装完成后进入最初试车之前，一定要非常谨慎地试车，试车时间约为 1 小时，在整个试运转期间不应使用大载荷试车。

（2）检查最初阶段床身水平情况。从完成机床安装算起达到 6 个月时应检查一次床身的水平情况，而对地基的变化情况的检查，至少一个月进行一次。如果发现任何不正常的现象，应加以纠正使其达到要求以保证床身的水平精度。6 个月以后，可视变化情况适当地延长检查周期，等到变化稳定到一定程度，一年可进行一次或两次的定期检查。

7）检查内部装置的连接情况

（1）要对 NC 装置、主机液压装置、控制板及其他装置进行检查，确认它们的电气连接是否正确。

（2）检查各装置间的相互电气连接器是否出现松动现象，若有则要拧紧；确保连接器无松动现象。

（3）检查机床接口和控制板上的电气设备的接线端子的螺丝。如有松动，就根据要求拧紧它们。

（4）检查微型开关上的接线端子的螺钉和安装螺钉有无松动，如有松动，将其拧紧。

8）检查电气控制板

检查电气控制板前，一定要先关闭机床的电源，然后对各部加以检查。

（1）接线端子螺钉和焊接件。检查每一个电气设备上的端子螺钉，如有松动应拧紧；对继电器板上的焊接件应用手轻轻拉动以确认其是否焊牢。

（2）插入试保险丝。检查每个消弧器，如有变色的，应换下。

（3）清理。如果电气控制板内有灰尘，切屑和脏物或相类似的杂物会引发事故，应细心地将它们清除。如果空气滤清器变黑，说明已受污染，应该拆下用水轻轻地加以清洗。

3. 对于大型数控车床的安装

对于大数控车床型的安装来说，一般制造厂总装、调试、检验完后是分部件包装，用户购买后除了参考中小数控车床型的安装步骤进行安装外，还要注意其安装特点。

1）数控车床的初始就位

数控车床在运输到达企业用户之前，用户应根据机床厂的基础图做好机床地基基础，在安装地脚螺栓的部位做好预留孔。机床拆箱后应首先找到随机的文件资料，找出机床装箱单，按照装箱单清点包装箱内的零部件、电缆、资料等是否齐全，然后再按机床说明书中的介绍，把组成机床的各大部件分别在地基上就位。就位时，垫铁、调整垫板地脚螺栓等应相应地对号入座。

2）机床部件的组装

车床部件的组装是指将分解运输的机床重新组合成整机的过程。组装前注意做好部件表面的清洁工作，将所有连接面、导轨、定位和运动面上的防锈涂料清洗干净，然后准确可靠地将各部件连接组装成整机。

在组装各部件、数控柜、电气柜的过程中，机床各部件之间的连接定位要求使用原装的定位销、定位块和其他定位元件，这样各部件在重新连接组装后，能够更好地还原机床拆卸前的组装状态，保持机床原有的制造和安装精度。

在完成机床部件的组装之后，按照说明书标注和电缆、管道接头的标记，将连接电缆、油管、气管可靠地插接和密封连接到位，要防止出现漏油、漏气和漏水问题，特别要避免污染物进入液、气压管路，否则会带来意想不到的麻烦。总之要力求使机床部件的组装达到定位精度高、连接牢靠、构件布置整齐等良好的安装效果。

3）机床连接电源的检查

（1）电源电压和频率的确认。检查电源输入电压是否与机床设定相匹配，频率转换开关是否置于相应位置。我国市电规格为交流三相380V、单相220V、频率50Hz。通常各国的供电制式各不相同，例如日本的交流三相200V、单相100V、频率60Hz。

（2）电源电压波动范围的确认。检查电源电压波动是否在数控系统允许范围内，否则需配置相应功率的交流稳压电源。数控系统允许电源电压在额定值的±10%～±15%之间波动，如果电压波动太大则电气干扰严重，会使数控机床的故障率上升而稳定性下降。

（3）输入电源相序的确认。检查伺服变压器原边中间抽头和电源变压器副边抽头的相序是否正确，否则接通电源时会烧断速度控制单元的熔断器，可以用相序表检查或用示波器判断相序，若发现不对将T、S、R中任意两条线对调一下即可。

（4）检查直流电源输出端对地是否短路。数控系统内部的直流稳压单元提供±5V、±15V、±24V等输出端电压，如有短路现象则会烧坏直流稳压电源，通电前要用万用表测量输出端对地的阻值，如发现短路必须查清原因并予以排除。

（5）检查直流电源输出电压。用数控柜中的风扇是否旋转来判断其电源是否接通。通过印制电路板上的检测端子，确认电压值±5V、±15V是否在±5%，而±24V是否在±10%允许波动的范围之内。超出范围要进行调整，否则会影响系统工作的稳定性。

（6）检查各熔断器。电源主线路、各电路板和电路单元都有熔断器装置。当超过额定负荷、电压过高或发生意外短路时，熔断器能够马上自行熔断切断电源，起到保护设备系统安全的作用。检查熔断器的质量和规格是否符合要求，要求使用快速熔断器的电路单元不要用普通熔断器，特别要注意所有熔断器都不允许用铜丝等代替。

7.2 数控车床的调试

数控车床在调试前，应按机床说明书要求给机床润滑油箱、滑点灌注规定的油液和油脂，给液压油箱内灌入规定标号的液压油，接通外接气源。调整机床床身水平位置、粗调机床主要几何精度，再调整重新组装的主要运动部件与主机的相对位置，使机床安装固定牢固。

1. 通电试车

通电试车按照先局部分别供电试验，然后再做全面供电试验的秩序进行。接通电源后首先查看有无故障报警，检查散热风扇是否旋转，各润滑油窗是否给油，液压泵电动机转动方向是否正确，液压系统是否达到规定压力指标，冷却装置是否正常等。在通电试车过程中要随时准备按压急停按钮，以避免发生意外情况时造成设备损坏。

先用手动方式分别操纵各轴及部件连续运行。通过 CRT 或 DPL 显示，判断机床部件移动方向和移动距离是否正确。使机床部件达到行程限位极限，验证超程限位装置是否灵敏有效，数控系统在超程时是否发出报警。机床基准点是运行数控加工程序的基本参照，要求注意检查重复回基准点的位置是否完全一致。

在上述检查过程中如果遇到问题，要查明异常情况的原因并加以排除。当设备运行达到正常要求时，用水泥灌注主机和各部件的地脚螺栓孔，待水泥养护期满后再进行机床几何精度的精调和试运行。

2. 数控车床几何精度的调整

机床精度调整主要包括精调机床床身的水平和机床几何精度。机床地基固化后，首先利用地脚螺栓和调整垫铁精调机床床身的水平，对于普通精度机床，水平仪读数不超过 0.04/1000；对于高精度机床，水平仪读数不超过 0.02/1000。然后移动床身上床鞍，在各坐标全行程内观察记录机床水平的变化情况，并调整相应的机床几何精度，使之达到允差范围。小型机床床身为一体，刚性好，调整比较容易。大、中型机床床身大多是多点垫铁支承，为了不使床身产生额外的扭曲变形，要求在床身自由状态下调整水平，各支承垫铁全部起作用后，再压紧地脚螺栓。这样可保持床身精调后长期工作的稳定性，提高几何精度的保持性。一般机床出厂前都经过精度检验，只要质量稳定，用户按上述要求调整后，机床就能达到出厂前的精度。

机床功能调试是指机床试车调整后，检查和调试机床各项功能的过程。调试前，首先应检查机床的数控系统及可编程控制器的设定参数是否与随机表中的数据一致。然后试验各主要操作功能、安全措施、运行行程及常用指令执行情况等，如手动操作方式、点动方式、程辑方式、数据输入方式、自动运行方式、行程的极限保护以及主轴挂挡指令和各级转速指令等是否正确无误。最后检查机床辅助功能及附件的工作是否正常，如机床照明灯、冷却防护罩和各种板是否齐全；切削液箱加满切削液后，试验喷管能否喷切削液，在使用冷却防护罩时是否外漏；排屑器能否正常工作。

3. 机床试运行

为了全面地检查机床的功能及工作可靠性，数控机床在安装调试完成后，要求在一定负载或空载条件下，按规定时间进行自动运行检验，较全面地检查机床功能及工作可靠性。国家标准 GB/T 9061—2006《金属切削机床通用技术条件》规定的自动运行检验时间，数控车床为 16h，要求连续运转不发生任何故障，这个过程称为安装后的试运行。如有故障或排障时间超过了规定的时间，则应对机床进行调整后重新做自动运行检验。

自动运行检验的程序称考机程序。可以用机床生产厂家提供的考机程序，也可以根据需要自选或编制考机程序。通常考机程序要包括控制系统的主要功能，如主要的 G 指令、M 指令、宏程序、主轴最高最低和常用转速、快速和常用进给速度。在机床试运行过程中，刀架应装满刀柄，主轴夹具上要装有一定质量的负载。

7.3 数控车床的验收

完成一台数控机床的全部检测验收工作是一项复杂的工作，对试验检测手段及技术要求也很高。它需要使用各种高精度仪器，对机床的机、电液、气的各部分及整机进行综合性能及单项性能的检测，包括进行刚度和热变形等一系列机床试验，最后得出对该机床的综合评价。对于一般的数控机床用户，其验收工作主要是根据机床出厂检验合格证上规定的验收条件及实际能提供的检测手段来部分地或全部地检验合格证上各项技术指标。用户在机床验收过程中主要进行以下工作。

7.3.1 数控车床几何精度的检查

数控车床的几何精度综合反映机床的关键机械零部件及其组装后的几何形状误差。数控机床的几何精度检查和普通机床的几何精度检查基本相似，使用的检测工具和方法基本相同。目前常用的检测工具有精密水平仪、直角尺、平尺、千分表、高精度主轴心棒及刚性好的千分表杆等。使用的检测工具精度等级必须比所测项目的几何精度要高一个等级。

在几何精度检测中必须对机床地基有严格要求，应当在地基及地脚螺栓的固定混凝土完全固化后再进行。精调时应把机床的床身调到较精确的水平面以后，再精调其他几何精度。对各项几何精度检测工作应在精调后一气呵成，不允许检测一项调整一项，分别进行，否则会造成由于调整后一项几何精度而把已检测合格的前一项精度调成不合格。

机床几何精度检测应在机床稍有预热的条件下进行，所以机床通电后各移动坐标应往复运动几次，主轴也应按中速回转几分钟后才能进行检测。

以 CAK40100 型数控车床为例，该机床的几何精度检测内容如下。

（1）导轨在垂直平面内的直线度、导轨的平行度。

（2）溜板移动在水平面内的直线度。

（3）尾座移动与溜板的平行度。

（4）主轴轴向窜动、轴肩支承面的跳动。

（5）主轴定心轴径的径向跳动。

（6）主轴锥孔轴线的径向跳动。

（7）主轴轴线对溜板纵向移动的平行度。

（8）主轴顶尖的径向跳动。

（9）尾座套筒轴线对溜板移动的平行度。

（10）尾座套筒锥孔轴线对溜板移动的平行度。

（11）主轴和尾座两顶尖的等高度。

（12）横刀架横向移动对主轴轴线的垂直度。

7.3.2　机床定位精度的检查

机床的定位精度是表示所测量的机床各运动部件在数控装置控制下，运动所能达到的精度。因此，根据实测的定位精度值，可以判断出机床自动加工过程中能达到的最好的工件加工精度。定位精度主要检测以下几个项目。

（1）直线运动轴的定位精度和重复定位精度。

（2）直线运动各轴机械原点的返回精度。

（3）直线运动各轴的反向误差。

（4）回转运动轴的定位精度和重复定位精度。

（5）回转运动各轴机械原点的返回精度。

（6）回转运动各轴的反向误差。

7.3.3　机床工作精度的检查

机床工作精度实质上是对机床的几何精度和定位精度在切削加工条件下的一项综合检查。它不仅反映了机床的几何精度和定位精度，同时还包括了试件的材料、环境温度、刀具性能以及切削条件等各种因素造成的误差，所以在切削试件和试件的计量时都尽量减少这些因素的影响。机床工作精度检查可以是单项加工，也可以加工一个标准的综合性试件。被切削加工试件的材料除特殊要求外，一般都采用 45 号钢，使用硬质合金刀具按标准的切削用量切削。

对于 CAK40100 型数控车床来说，其主要单项加工有以下几项：①精车外圆的精度；②精车端面的平面度；③螺纹精度；④车削综合样件精度。

7.3.4　机床性能及数控系统性能检查

机床性能试验一般有 10 多项内容，现以一台 CAK40100 型数控车床为例说明一些主要验收项目。

1. 主轴系统性能

（1）用手动方式选择高、中、低 3 个主轴转速，连续进行 5 次正转和反转的启动和停止动作，试验主轴动作的灵活性和可靠性。

（2）用数据输入方式（MDI 方式），主轴从最低一级转速 3 个主轴转速开始运转，逐级提高到允许的最高转速，实测各级转速，允差为设定值的±10%，同时观察机床的振动。主轴在长时间高速运转后（一般为 2h）允许温升 15℃。

2. 进给系统性能

（1）分别对各坐标进行手动操作，试验正、反向的低、中、高速进给和快速移动的启动、停止、点动等动作平衡性和可靠性。

(2) 用数据输入方式（MDI 方式）测定 G00 和 G01 状态下各种进给速度，允差为 ±5%。

3. 刀架

(1) 检查自动换刀的可靠性和灵活性，包括手动操作及自动运行时刀架装满各种车刀条件下的运动平稳性，刀号选择的准确性等。

(2) 测定自动交换刀具的时间

4. 机床噪声

机床空运转时总噪声不得超过标准规定的 80dB。由于数控车床采用电调装置，所以主油箱的齿轮并不是最大的噪声源，而主轴电动机的冷却风扇和液压系统液压泵等处噪声可能成为最大的噪声源。

5. 电气装置

在机床运转试验前后要分别做一次绝缘检查，检查接地线质量，确认绝缘的可靠性。

6. 数控装置

检查数控柜的各种指示灯，检查操作面板、电柜冷却风扇和密封性等运作及功能是否正常可靠。

7. 安全装置

检查对操作者的安全性和机床保护功能的可靠性，如各种安全防护罩、机床各运动坐标行程极限的保护、自动停止功能，各种电流和电压的过载保护和主轴电动机的过热过负荷紧急停止功能等。

8. 润滑装置

检查定时定量润滑等装置的可靠性，检查油路有无渗漏，油路到各润滑点油量分配等功能的可靠性。

9. 液压装置

检查液压油路的密封、调压功能，液压油箱的正常工作情况。

10. 附属装置

检查机床各附属装置功能的可靠性，如冷却液装置能否正常工作，冷却防护罩有无泄漏，排屑器的工作质量，配置接触式测头的测量装置能否正常工作及有无相应的测量程序等。

11. 数控系统功能

按照机床配备的数控系统的说明书，用手动或数控程序自动的检查方法，检查数控系统的主要使用功能，如定位、插补、暂停、自动加减速、坐标选择、刀具位置补偿、刀尖半径补偿、拐角功能选择、加工循环、行程停止、选择停机、程序结束、冷却的启动和停止、单段运行、原点偏移、跳读程序、程序暂停、进给速度修调、进行保持、紧急停止、程序号显示及检索、位置显示、螺距误差补偿、间隙补偿及用户宏程序等功能的准确性及可靠性。

12. 连续空载运转

作为综合检查整台机床自动实现各种功能可靠性的最好办法，让机床长时间地连续空载运行，如 8h、16h 和 24h 等，考核机床的稳定性。

在连续运转之前，必须编制一个功能比较齐全的程序，包括以下内容。

（1）主轴的转动要包括标称的最低、中间及最高转速在内 5 种以上速度的正、反停等动作。

（2）各坐标的运动要包括标称的最低、中间和最高进给速度及快速移动，进给移动范围应接近全行程，快速移动距离应在各坐标全行程的一半以上。

（3）尽量用到自动加工所用的一些功能和代码。

（4）自动换刀应包含所有刀号，而且都要装上质量在中等以上的车刀进行实际交换。

（5）如有特殊功能，必须使用特殊功能，如测量功能等。

采用以上程序连续运行，检查机床各项运动、动作的平稳性和可靠性。在规定的时间，若无外部原因，不允许出现故障中断。若出现故障中断，则需重新按照初始规定的时间考机，不允许分段进行累计至所规定的运行时间。

7.3.5　数控机床外观检查

机床外观要求，一般按照通用机床有关标准，但数控机床是价格昂贵的高技术设备，对外观要求更高。对各级防护罩、油漆质量、机床照明、切屑处理、电线和气、油管走线固定防护等都有进一步的要求。

练习与思考题

（1）试述数控车床安装与调试的工作内容。

（2）数控车床在通电试车前应做哪些准备工作？

（3）用户验收数控车床的依据是什么？具体验收的内容应包括哪些？

（4）数控车床几何精度和定位精度检测包括哪些方面？

第 8 章

数控车床的维护

教学提示

本章重点讨论了数控车床的文明生产、数控车床的操作规程、日常维护及机床维修的一般方法，并介绍了数控车床定期维护的要求，为正确用好数控机床创造了有利条件。

教学要求

通过本章的学习，掌握数控机床基本维护与维修知识，具备一定的机床维护能力及基本的机床维修能力。

随着制造业信息化的不断深入，我国各机械制造企业纷纷采用数控机床作为现代化生产设备，实现高效自动化生产。生产过程中，如果维护工作不到位，数控机床出现故障，轻则影响设备的利用率，重则生产瘫痪，贻误产品生产周期，企业信誉受损。因此，正确地使用、良好的保养及故障的快速排除是数控机床发挥其优质、高效生产特点的重要条件。

8.1　文明生产

文明生产也就是常提及的"6S"管理。文明生产、现场管理是企业管理工作的重要组成部分，是企业提高产品质量、降低生产成本、保证生产安全、提高工作效率和质量的基础。文明生产的 6 个管理手段简称为"6S"管理，就是"整理"、"整顿"、"清扫"、"清洁"、"素养"、"安全"。

1. 整理

整理就是把要与不要的东西彻底分开，要的东西摆在指定位置挂牌明示，实行目标管理；不要的东西则坚决处理掉。这些被处理掉的东西包括原辅材料、半成品和成品、设备仪器、工模夹具、管理文件、表册单据等。

2. 整顿

把必要的的东西定位放置，以便使用时随时能找到，减少寻找时间。保证现场整齐，一目了然，没有不安全因素。其要点是需要的东西定置摆放，能做到过目知数，用完的物品归还原位，工装器具要按照类别、规格摆放整齐。

3. 清扫

将工作场所、环境、仪器设备、材料、工夹量具等上的灰尘、污垢、碎屑、泥沙等脏东西清扫抹拭干净。

4. 清洁

清洁就是在"整理"、"整顿"、"清扫"之后的最一般的日常维持活动，如地面无落物（零部件）、无油渍、无垃圾纸屑、东西无乱摆放、操作者不留长指甲（特殊工序）、女工的长发卷入工作帽内等。这一管理手段的实施使每位员工等随时检查和确认自己的工作区域内有无上述不良现象，如有，则立即改正。在每天下班前 3min 实行全员参加的清洁作业，使整个环境随时都维持良好状态。

5. 素养

素养就是要求全体员工具有良好的礼貌礼节、工作习惯、组织纪律和敬业精神。每天一次 3～5min 的"6S"，每周末一次 15min 的"6S"，每月一次半小时的"6S"，每年底一次 2h 的"6S"，这样不间断地坚持下去，文明生产即可上一个崭新的台阶，有利于产品质量的提高。

6. 安全

重视成员安全教育，每时每刻都有安全第一的观念，防患于未然。目的是建立起安全生产的环境，所有的工作应建立在安全的前提下。

8.2 使用数控机床的注意事项

8.2.1 使用数控机床应注意的问题

数控机床的整个加工过程都是数控系统按照编制好的程序完成，如果出现稳定性、可靠性和准确性方面的问题，一般排除故障的过程不太容易。因此要求除了掌握数控机床的性能及细心操作外，还要注意消除各种不利因素的影响，以保证数控机床正常工作。

1. 数控机床的使用环境

数控机床要避免阳光的直接照射，不能安装在潮湿、粉尘过多或污染太大的场所，否则会造成电子元件性能指标下降，电器接触不良或电路短路故障，影响机床的正常运行。数控机床要远离振动大的设备，如冲床、锻压等设备，对于高精密的机床要采取专门的防振措施。

在有条件的情况下，将数控机床置于空调环境下使用，其故障率会明显降低。对于精度高、价格贵的数控机床使其置于有空调的环境中使用是比较理想的。

2. 数控车床加工的安全知识

数控车床是高效自动化设备，其安全性要比一般性设备有着更多值得注意的地方。

（1）工作前必须戴好防护眼镜、穿紧身的工作服，长头发的操作者必须戴好工作帽，任何人操作机床时不得戴手套，不得靠近正在旋转的主轴。

（2）开动机床前要检查机床各部位的润滑防护装置是否符合要求，工作台上是否堆有工具、毛坯等杂物，以防开机时发生碰撞事故。

（3）主轴旋转时要随时注意工件是否有松动现象，切削时时刻注意刀具是否因受力而有较大的偏移。出现问题应立刻停车纠正，以防人员和设备发生事故。

3. 数控机床的电源要求

由于我国的供电条件普遍比较差，电源波动幅度时常超过10％，在交流电源上往往叠加有高频杂波信号，用示波器可以清楚地观察到，有时还会出现幅度很大的瞬间干扰信号，很容易破坏机内的程序或参数，影响机床的正常运行。在条件许可的情况下，对数控机床采取专线供电或增设电源稳压设备，以减少供电质量的影响和减少电气干扰。

4. 数控机床发生故障

当数控机床发生故障时要保留现场，维修人员要认真了解故障前后经过，做好故障发生原因和处理的记录，查找出故障并及时排除，减少停机时间。

5. 数控机床不宜长期封存

购买的数控机床要尽快投入使用，尤其在保修期内要尽可能提高机床利用率，使故障隐患和薄弱环节充分暴露出来，及时保修，节省维修费用。数控机床闲置会使电子元器件受潮，加快其技术指标下降或损坏。长期不使用的数控机床要每周通电1～2次，每次空运行1h左右，以防止机床电器元件受潮，并能及时发现有无电池报警信号，避免系统软件的参数丢失。在空气湿度较大的梅雨季节应该天天通电，利用电器元件本身发热驱走数控柜内的潮气，以保证电子元器件的性能稳定可靠。

8.2.2　数控机床的操作规程

操作规程是保证数控机床安全运行的重要措施，操作者必须按操作规程的要求进行操作，以避免发生人身、设备、刀具等的安全事故。要明确规定开机、关机的顺序和注意事项，例如开机后首先要回机床零点，按键顺序为 Z、X、Y，然后是其他轴。在机床正常运行时不允许开关电气柜门，禁止按"急停"和"复位"按钮，不得随意修改参数。为此，数控车床的安全操作规程如下。

1．操作前的安全操作

（1）开机前，检查机床的润滑状况。

（2）检查 X、Z 轴行程开关，回零挡铁是否牢固，并注意机床刀架停放位置，如果上一次关机时未能合理停放刀架，应注意如果它们停留在正方向的极限位置，一定要用手动方式将刀架停留在机床导轨的中间位置。因为一般的数控车床都是设定为正向回零，如果机床停留位置不当，开机后回零时很容易超程，甚至引发严重的拉伤滚珠丝杠的事故。

（3）严格按照机床说明书中主轴功率、转速等指标，选择合理的切削参数进行加工。

（4）装夹工件时应尽可能地使工件与主轴同心，装夹偏心件时注意中心高的位置。每新装一把刀都要对准中心，并保持装夹时刀杆的清洁，装夹工件、刀具时力量适中。

（5）零件加工前，一定要先检查机床的正常运行。可以通过试车的办法来进行检查。

（6）在操作机床前，请仔细检查输入的数据，以免引起误操作。

（7）确保指定的进给速度与操作所要的进给速度相适应。

（8）当使用刀具补偿时，请仔细检查补偿方向与补偿量。

（9）CNC 的参数是机床厂设置的，通常不需要修改，如果必须修改参数，在修改前请确保对参数有深入全面的了解。

（10）机床通电后，CNC 装置沿未出现位置显示或报警画面时，请不要碰 MDI 面板上的任何键，MDI 上的有些键专门用于维护和特殊操作。在开机的同时按下这些键，可能使机床产生数据丢失等误操作。

（11）首件编程加工时，最好按空运行、低进给试切削的步骤来进行，对于容易出问题的地方，最好能用单步的工作方式来进行，以减小错误。

（12）机床导轨面和拖板上禁止放置扳手、夹具、量具和工件等。

2．机床操作过程中的安全操作

（1）手动操作。当手动操作机床时，要确定刀具和工件的当前位置并保证正确指定了运动轴、方向和进给速度。

（2）手动返回参考点。机床通电后，请务必执行手动返回参考点。如果机床没有执行手动返回参考点操作，机床的运动不可预料。

（3）手摇脉冲发生器进给。在手摇脉冲发生器进给时，一定要选择正确的进给倍率，过大的进给倍率容易产生刀具或机床的损坏。

（4）工作坐标系。手动干预、机床锁住或镜像操作都可能移动工件坐标系，用程序控制机床前，请先确认工作坐标系。

（5）空运行。通常使用机床空运行来确认机床运行的正确性。在空运行期间，机床以空运行的进给速度运行，这与程序输入的进给速度不一样，且空运行的进给速度要比编程用的进给速度快得多。

（6）自动运行。机床在自动执行程序时，操作人员不得撤离岗位，要密切注意机床、刀具的工作状况，根据实际加工情况调整加工参数。一旦发现意外情况，应立即停止机床动作。

3．与编程相关的安全操作

（1）坐标系的设定。如果没有设置正确的坐标系，尽管指令是正确的，但机床可能并不按想像的动作运动。

（2）米/英制的转换。在编程过程中，一定要注意米/英制的转换，使用的单位制式一定要与机床当前使用的单位相同。

（3）回转轴的功能。当编制极坐标插补或法线方向（垂直）控制时，请特别注意回转轴的转速。回转轴转速不能过高，如果工件安装不牢，会由于离心力过大而甩出工件引起事故。

（4）刀具补偿功能。在补偿功能模式下，发生基于机床坐标系的运动命令或参考点返回命令，补偿就会暂时取消，这可能会导致机床不可预想的运动。

4．关机时的注意事项

（1）确认工件已加工完毕。

（2）确认机床的全部运动均已完成。

（3）检查工作台面是否远离行程开关。

（4）检查刀具是否已取下，主轴锥孔内是否已清洁并涂上油脂。

（5）检查工作台面是否已清洁。

（6）关机时要求先关系统电源再关机床总电源。

8.3　数控车床的日常维护保养

数控机床集机、电、液、气、光于一体，元器件多、技术复杂，坚持做好数控机床的日常保养，可以有效地提高元器件的使用寿命，延长机械零件的磨损周期，避免产生或及时消除事故隐患，使机床保持良好的运行状况。不同型号数控机床日常保养的内容和要求各不相同，对于具体机床可以按照说明书的具体要求进行保养。

8.3.1　数控车床的维护工作内容

数控车床基本上需要以下几方面的维护工作。

（1）严格遵守操作规程和日常维护制度，数控系统的编程、操作和维修人员必须经过专门的技术培训，严格按机床和系统使用说明书的要求正确、合理地操作机床，尽量避免因操作不当而引起的故障。

（2）操作人员在操作机床前必须确认主轴润滑油与导轨润滑油是否符合要求。润滑油不足时，应按说明书的要求加入牌号、型号等合适的润滑油，并确认气压是否正常。

（3）防止灰尘进入数控装置内，如数控柜空气过滤器灰尘积累过多，会使柜内冷却空气流通不畅，引起柜内温度过高而使数控系统工作不稳定。因此，应根据周围环境温度状况，定期检查清扫。电气柜内电路板和元器件上积有灰尘时，也应及时清扫。

（4）应每天检查数控装置上各个冷却风扇工作是否正常。视工作环境的状况，每半年或每季度检查一次过滤通风道是否有堵塞现象，如过滤网上灰尘积聚过多，应及时清理，否则将导致数控装置内温度过高（一般温度为55～60℃），致使CNC系统不能可靠地工作，甚至发生过热报警。

（5）及时做好清洁工作，如空气过滤器的清洗、电气柜的清扫、印制线路板的清扫等。

（6）定期检查电气部件，检查各插头、插座、电缆、各继电器的触点是否出现接触不良、断线和短路等故障。检查各印制电路板是否干净。检查主电源变压器、各电动机的绝缘电阻是否在1MΩ以上。平时尽量少开电气柜门，以保持电气柜内清洁。

（7）经常监视数控系统的电网电压。数控系统允许的电网电压范围在额定值的85%～110%，如果超出此范围，轻则使数控系统不能稳定工作，重则会造成重要的电子元件损坏。因此，要经常注意电网电压的波动。对于电网质量比较恶劣的地区，应配置数控系统用的交流稳压装置，将使故障率有比较明显的降低。

（8）定期更换存储器用电池，数控系统中部分CMOS存储器中的存储内容在关机时靠电池供电保持，当电池电压降到一定值时就会造成参数丢失。因此，要定期检查电池电压，更换电池时一定要在数控系统通电状态下进行，这样才不会造成存储参数丢失，同时应做好数据备份。

（9）备用印制电路板长期不用容易出现故障。因此，对所购数控机床中的备用电路板，应定期装到数控系统中通电运行一段时间，以防止损坏。

（10）定期进行机床水平和机械精度检查并校正，机械精度的校正方法有软硬两种。

① 硬方法一般要在机床进行大修时进行，如进行导轨修刮、滚珠丝杆螺母预紧调整反向间隙等，并适时对各坐标轴进行超程限位检验。

② 软方法主要是通过系统参数补偿，如丝杆反向间隙补偿、各坐标定位精度定点补偿、机床回参考点位置校正等。

现介绍丝杆反向间隙的测量方法及GSK980TD系统的反向间隙补偿设定方法。

1）丝杆反向间隙的测量方法

可以使用百分表、千分表或激光检测仪测量，按如下方法来测量反向间隙。

（1）编辑程序：O0001
　　　　　　　　N10G01W10F500;
　　　　　　　　N20W15;
　　　　　　　　N30W1;
　　　　　　　　N40W-1;
　　　　　　　　N50M30;

（2）测量前将反向间隙误差补偿值设为零。

（3）单段运行程序，定位两次后找测量基准 A，记录当前数据，再进行同向运行1mm，然后反向运行1mm到 B 点，如图8.1所示，读取当前数据。

（4）反向间隙误差补偿值＝$|A-B|$。

① 对于 X 轴，把计算出的数据乘以2所得的数

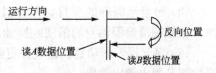

图 8.1　测量指示示意图

输入到 CNC 数据参数 No034。

② 对于 Z 轴，把计算出的数据输入到 CNC 数据参数 No035。

2）GSK980TD 系统的反向间隙补偿设定方法

单击菜单参数键进入状态界面，如图 8.2 所示，再单击一次进入数据界面，如图 8.3 所示。打开参数开关，选择录入方式，把光标移到要设置的参数号 No034(X 轴，如图 8.4 所示)、No034(Z 轴，如图 8.5 所示)上，输入测量所得的参数值；按输入键，参数值被输入并显示出来；所有的参数设定后，关闭参数开关。

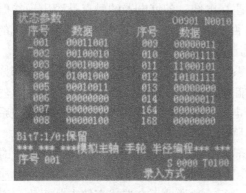

图 8.2　状态界面

图 8.3　数据界面

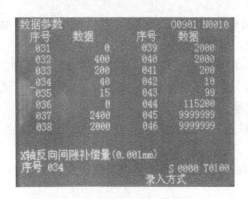

图 8.4　参数号 No034 位置

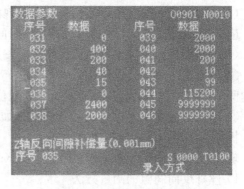

图 8.5　参数号 No035 位置

8.3.2　数控车床定期保养维护的工作

一台数控机床定期保养维护工作主要包括以下几个方面。

（1）每天检查的项目。导轨润滑箱、各轴导轨面、压缩空气气源压力，气源自动分水滤气器装置和自动空气干燥器、气液转换器和增压器油面、主轴润滑恒温油箱、机床液压系统、液压平衡系统、数控装置的输入/输出单元、各种电气柜散热通风装置、各种防护装置及机床各运动部件的工作状态。

（2）每半年保养的项目。各种过滤网的清洗，润滑滚珠丝杆、液压油路的清洗或换油，主轴润滑恒温油箱的清洗或换油。

（3）每年保养的项目。检查并更新直流伺服电动机电刷，清洗润滑油泵及滤油器，更换数控装置电源电池等。

不定期保养维护工作主要有切削液箱中的切削液、切削液更换、排屑器、清理废油池，检查各轴导轨上的镶条、压紧滚轮松紧状、调整主轴驱动带松紧。对于机床频繁运动的部件，无论是机械还是控制驱动部分，都应作为重点定期检查对象。例如加工中心的自动换刀装置，由于动作频繁最易发生故障，所以包括选刀及其定位状况、机械手相对刀库和主轴的定位等也应列入加工中心的日常维护内容。

数控机床维护与保养情况见表 8-1。

表 8-1　数控机床保养一览表

序号	检查周期	检查部位	检查要求
1	每天	导轨润滑油箱	检查油量，及时添加润滑油，润滑液压泵是否定时启动打油及停止
2	每天	主轴润滑油箱	工作是否正常，油量是否充足，温度范围是否合适
3	每天	机床液压系统	油箱泵有无异常噪声，工作油面高度是否合适，压力表指示是否正常，管路接头有无泄漏
4	每天	气源压力	气动控制系统压力是否在正常范围之内
5	每天	气源处理器	及时清理过滤器中滤出的水分，保证空气干燥器正常工作
6	每天	XZ 轴导轨面	清除切屑和脏物，检查导轨面有无划伤损坏，润滑油是否充足
7	每天	各种防护装置	机床防护罩是否齐全有效
8	每天	电气柜各散热通风装置	各电气柜中冷却风扇是否工作正常，风道过滤网有无堵塞，及时清洗过滤器
9	每天	各电气柜过滤网	清洗粘附的尘土
10	半年	主轴驱动传动带	按说明书要求调整传动带松紧
11	半年	各轴导轨镶条	按说明书要求调整松紧状态
12	一年	液压油路	清洗溢流阀、减压阀、滤油器、油箱，更换过滤液压油
13	一年	主轴润滑油	清洗过滤器、油箱，更换滤油器
14	一年	冷却系统	清洗冷却池，更换过滤器
15	一年	滚珠丝杆	清洗丝杆上旧的润滑脂，涂上新油脂
16	不定期	冷却液箱	随时检查液面高度，及时添加冷却液，太脏应及时更换
17	不定期	排屑器	清理切屑，检查是否卡住
18	不定期	电源	供电网络大修，停电后检查电源的相序、电压
19	不定期	主轴电动机冷却风扇	除尘，清理异物

8.3.3　数控车床的故障诊断与维修基本方法

1. 数控车床故障类型

数控车床故障的类型主要有以下 4 种。

1）按数控车床发生故障的部件分类

（1）主机故障。数控车床的主机部分，主要包括机械润滑冷却、排屑、液压、气动与防护装置。

（2）电气故障。电气故障分弱电故障与强电故障。弱电部分主要指 CNC 装置、PLC 控制器、CRT 显示器以及伺服单元、输入/输出装置等电子电路，这部分又有硬件故障和软件故障之分。强电部分是指断路器、接触器、继电器、开关、熔断器、电源变压器、电机、电磁铁、行程开关等电气元件及其所组成的电路，这部分的故障特别常见，必须引起足够的重视。

2）按数控机床发生的故障性质分类

（1）系统性故障。通常是指只要满足一定的条件或超过某一设定的限度，工作中的数控机床必然会发生的故障。这一类故障现象极为常见。

（2）随机性故障。通常是指数控机床在同样的条件下工作时只偶然发生一次或两次的故障，有时称此为"软故障"，其原因分析与故障诊断比其他故障困难得多。

3）按故障发生后有、无报警显示分类

（1）有报警显示的故障。这类故障又分为硬件报警显示与软件报警显示两种。

（2）无报警显示的故障。这类故障发生时无任何硬件或软件的报警显示，因此分析诊断难度较大。

4）按故障发生的原因分类

（1）数控机床自身故障。这类故障的发生是由于数控机床自身的原因引起的，与外部使用环境无关。数控机床所发生的绝大多数故障均属此类故障。

（2）数控机床外部故障。这类故障是由于外部原因造成的。

2. 数控车床故障诊断的一般方法

1）直观法

直观法即充分利用人的感觉器官，注意发生故障时的各种现象，如故障发生时是否有火花或亮光产生，是否有异响，何处发热异常以及是否有糊焦味等，还应仔细观察可能发生故障的每一块印制电路板的表面情况，是否有烧毁、损伤痕迹，进一步缩小检查范围。这虽是一种最基本、最原始的方法，但却是最常用的方法。

2）充分利用数控系统的自诊断功能

所谓自诊断是指依靠数控系统内部计算机的快速处理数据的能力，对出错系统进行多路、快速的信号采集和处理，然后由诊断程序进行逻辑分析判断，以确定系统是否存在故障，以及对故障进行定位。一般数控系统有几十种报警信号，有的甚至多达五六百项的报警信号，用户可以根据报警内容的提示来寻找故障的根源。

3）状态参数检查

数控系统的自诊断能力现在已发展到不但能在显示器上显示故障报警信息，而且能以多页的"诊断地址"和"诊断数据"的形式提供各种状态的信息。这些信息少则数百个，多则上千个。常见的有下述几个方面。

（1）状态检查数控系统与机床之间的接口输入/输出信息状态和数控系统与可编程控制器之间及可编程控制器与机床之间接口的输入/输出信号状态，即利用状态显示可以检查数控系统是否已将信号输出到机床，以及机床开关等信号是否已将信号输入到数控系统，从而可将故障区分出是在机床，还是在数控系统的哪一部分。

（2）各坐标轴位置的偏差值。

（3）刀具距机床参考点的距离。

（4）与存储器有关的状态显示。

（5）与电动机反馈信号有关的状态。

（6）程序编辑面板、机床操作面板的工作方式和其他按键状态显示。

4）报警指示灯显示故障

在现代数控系统内部，不但有上述的自诊断功能、状态显示等软件报警，而且还有许多硬件报警指示灯，它们分布在电源单元、伺服单元、控制单元、输入/输出单元等部件上，根据这些报警灯的指示可大致判断出故障所在部位。

5）互换元件方法

在数控机床上，如果某些部分元器件基本相同或具有备件时可采用交换元器件的方法迅速找到故障所在位置。如伺服系统出现问题，可用无问题轴的伺服系统进行替代互换，当问题转移时，可确定故障部位在本轴伺服系统上；如果替代后问题仍然存在，则故障不在本轴伺服系统，而是在伺服系统的前部和后部。

6）核对数控系统参数

数控系统参数能直接影响数控机床的性能。因此，数控系统的一些故障是由于外界的干扰等因素造成个别参数变化引起的。此时通过核对、修正参数，就能将故障排除。

7）测量比较

数控系统生产厂商在设计印制电路板时，为了调速、维修方便，在印制电路板上设计了多外检测用端子，用户也可利用这些端子将正常的印制板和出故障印制板进行测量比较（包括测量端子的电压和波形），分析故障的原因及故障的所在位置。

8）原理分析法

根据系统部件的组成原理，可从逻辑上分析各点的应用特征，并用逻辑分析法进行测量比较，从而对故障定位，但这要求维修人员对系统的原理有深刻的了解。

9）离线诊断

通过专门设备，采用特殊的诊断方法与步骤，力求把故障的可能范围缩小到最低限度，或是某块印制板，或是某部分电路，甚至是某个器件。维修用的专门设备都是供测试用的计算机、经改装过的 CNC 系统、工程师面板以及其他测试装置。这种方法一般只适用于数控系统制造厂和数控系统维修中心使用。

除上述最后 1 种方法之外，其他各种方法只有同时运用，进行故障综合分析，才能较快地排除故障。随着计算机技术的发展以及一些新概念的提出和生产厂家的售后服务的发展，故障的处理也可以采用网络诊断和故障诊断专家系统来完成。

3. 故障诊断与维修的步骤与原则

数控车床系统型号很多，所产生的故障原因往往较复杂，各不相同，这里介绍调查故障的一般方法和步骤。一旦故障发生，通常按以下步骤进行。

（1）调查故障现场，充分掌握故障信息。

（2）分析故障原因，确定检查的方法和步骤。

在故障诊断过程中，应充分利用数控系统的自诊断功能，如系统的开机诊断、运行诊断、PLC 的监控功能。根据需要随时检测有关部位的工作状态和接口信息。同时还应灵活应用数控系统故障检查这一行之有效的方法，如交换法、隔离法等。

在诊断排除故障中还应掌握以下若干原则。

1）先外部后内部

现代数控系统的可靠性越来越高，数控系统本身的故障率越来越低，而大部分故障的发生则是非系统本身原因引起的。由于数控机床是集机械、液压、电气为一体的机床，其故障的发生也会由这三者综合反映出来。维修人员应先由外向内逐一进行排查。尽量避免随意地启封、拆卸，否则会扩大故障，使机床丧失精度、降低性能。系统外部的故障主要是由于检测开关、液压元件、气动元件、电气执行元件、机械装置等出现问题而引起的。

2）先机械后电气

一般来说，机械故障较易发觉，而数控系统及电气故障的诊断难度较大。在故障检修之前，首先注意排除机械性的故障。

3）先静态后动态

先在机床断电的静止状态下，通过了解、观察、测试、分析，确认通电后不会造成故障扩大，不会发生事故后，方可给机床通电。在运行状态下，进行动态的观察、检验和测试，查找故障。而对通电后会发生破坏性故障的，必须先排除危险后，方可通电。

4）先简单后复杂

当出现多种故障互相交织，一时无从下手时，应先解决容易的问题，后解决难度较大的问题。往往简单问题解决后，难度大的问题也可能变得容易。

8.3.4　数控机床故障诊断与维修实例

1. 实例 1：主轴旋转出现噪声的故障维修

故障现象：主轴旋转时噪声较大，在无载荷情况下，负载表指示超过 40%。

分析及处理过程：首先检查主轴参数设定，包括放大器型号、电动机型号以及伺服增益等，在确认无误后，则将检查重点放在机械侧。发现主轴轴承损坏，经更换轴承后，在脱开机械侧的情况下检查主轴电动机旋转情况。发现负载表指示正常但仍有噪声，随后将主轴参数 00 号设定为 1，即让主轴驱动系统开环运动，结果噪声消失，说明速度检测器件 PLG 有问题。经检查，发现 PLG 的安装不正，调整位置后再运动主轴电动机，噪声消失。

2. 实例 2：运动指令不能执行的故障维修

故障现象：某配套 GSK980TA 系统的数控车床，在自动加工时，按下"循环启动"键，程序中的 M、S、T 指令正常执行，但运动指令不执行。

分析与处理过程：由于程序中的 M、S、T 指令正常执行，机床手动、回参考点工作正常，证明系统、驱动器工作均正常。引起运动指令不执行的原因一般有以下几种。

（1）系统的"进给保持"信号生效。

（2）轴的"进给倍率"为零。

（3）坐标轴的"互锁"信号生效。

经检查，本机床的"进给保持"、"进给倍率"均正确，因此产生问题的原因与坐标轴的"互锁"信号有关。通过诊断功能，检查系统坐标轴的"互锁"信号，发现此信号为"0"。进一步检查机床的 PLC 程序设计，发现引起坐标轴"互锁"的原因是刀架不到位，重新调整刀架位置后，机床恢复正常。

练习与思考题

（1）数控车床日常保养主要包括哪些内容？

（2）简述数控车床丝杆反向间隙的测量方法。

（3）数控车床的故障及其特点是什么？

第二篇

数控铣床

第 9 章

数控铣床精度检测

教学提示

本章着重介绍数控铣床几何精度、数控铣床定位精度、数控铣床工作精度的检测内容，讨论了相关量仪的使用方法

教学要求

通过本章的学习，掌握数控铣床几何精度、数控铣床定位精度、数控铣床工作精度的检测方法；掌握相关量仪的使用方法。

9.1　数控铣床几何精度检测

机床几何精度检验，又称静态精度检验，是综合反映机床关键零部件经组装后的综合几何形状误差。数控机床的几何精度的检验工具和检验方法类似于普通机床，但检测要求更高。

几何精度检测必须在地基完全稳定、数控机床地脚螺栓处于压紧状态下进行。机床考虑到地基可能随时间而变化，一般要求机床使用半年后，再复校一次几何精度。在几何精度检测时应注意测量方法及测量工具应用不当所引起的误差。在检测时，应按国家标准规定，即机床接通电源后，在预热状态下，机床各坐标轴往复运动几次，机床主轴按中等的转速运转 10 多分钟后进行。各种数控机床的检测项目也略有区别，如卧式机床比立式机床多几项与平面转台有关的几何精度。

常用的检测工具有精密水平仪、精密方箱、直角尺、机床垫铁、斜铁、平尺、平行光管、千分表、测微仪及高精度主轴心棒等。检测工具的精度必须比所测的几何精度高一个等级。

本章重点介绍工作台面宽度为 250～1250mm 一般用途的普通级立式数控床身铣床。本部分所规定的检验工具仅为例子，可以使用相同指示量或具有至少相同精度的其他检验工具。千分表应具有 0.001mm 或更高的分辨率。

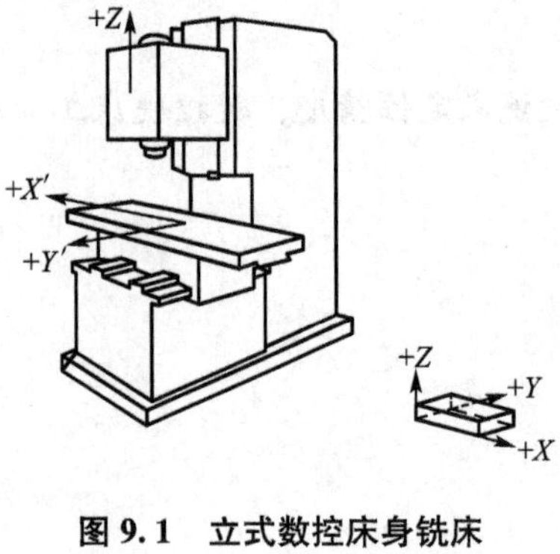

本节以 XK714B 数控铣床普通级精度为例，介绍数铣的几何精度检测方法，相应轴线命名如图 9.1 所示。

检测时将运动部件分别置于行程的中间位置，在工作台中央放置水平仪；对于立柱移动型和滑枕移动型铣床，在沿床身导轨上放一桥板，桥板上垂直于床身导轨放一平尺，将水平仪分别放在桥板和平尺上。水平仪在纵向和横向的读数均不应超 0.030/1000。

图 9.1　立式数控床身铣床

9.1.1　运动轴线相关检验项目

1. 主轴箱垂直移动(Z 轴线)的直线度

（1）检验项目：主轴箱垂直移动（Z 轴线）的直线度：①在 YZ 平面内；②在 ZX 平面内。

（2）检验要求：300 测量长度上为 0.016。

（3）检验工具：千分表和角尺。

（4）测量方法：检验简图如图 9.2 所示。

工作台置于中间位置，调整角尺，使千分表在测量长度两端的读数相等。上下移动主轴检验，千分表的最大差值就是主轴箱垂直移动（Z 轴线）的直线度的数值。图 9.2(a)、图 9.2(b)的误差分别计算，误差以千分表读数的最大差值计。

如果主轴可以锁紧，可将千分表固定在主轴上。如果主轴不能锁紧，应将千分表装在主轴箱的固定部位上。

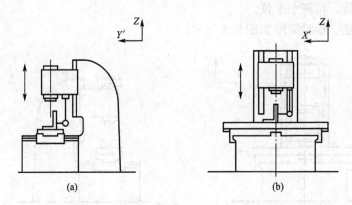

图9.2　主轴箱垂直移动(Z轴线)的直线度

(5)其对加工质量的影响：影响工件加工表面对基准面的平行度和垂直度。

2. 横向滑座移动(Y轴线)与工作台纵向移动(X轴线)的垂直度

(1)检验项目：横向滑座移动(Y轴线)与工作台纵向移动(X轴线)的垂直度。

(2)检验要求：300测量长度上为0.016。

(3)检验工具：千分表、平尺和角尺。

(4)测量方法：检验简图如图9.3所示。

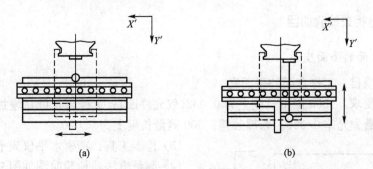

图9.3　横向滑座移动(Y轴线)与工作台纵向移动(X轴线)的垂直度

平尺平行于工作台纵向移动方向(X轴线)放置，调整平尺，使千分表读数在纵向移动长度的两端相等，将角尺紧贴平尺，工作台位于行程的中间位置。前后移动横向滑座(工作台)，千分表的最大差值就是横向滑座移动(Y轴线)与工作台纵向移动(X轴线)的垂直度的数值。这项检验也可以不用平尺检验，使角尺的长端与X轴线平行。

如果主轴可以锁紧，可将千分表固定在主轴上。如果主轴不能锁紧，应将千分表装在主轴箱的固定部位上。

(5)其对加工质量的影响：影响工件加工表面对基准面的垂直度。

3. 工作台(或立柱)纵向移动(X轴线)的角度偏差

(1)检验项目：工作台(或立柱)纵向移动(X轴线)的角度偏差。(a)在ZX垂直平面内；(b)在YZ垂直平面内。

（2）检验要求：（a）$X \geqslant 1000$ 时为 $0.060/1000$，$X < 1000$ 时为 $0.100/1000$；（b）$0.030/1000$。

（3）检验工具：精密水平仪。

（4）测量方法：检验简图如图 9.4 所示。

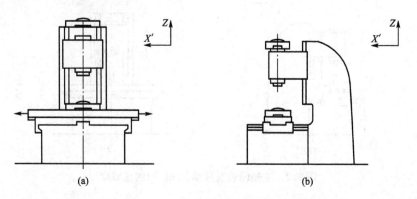

图 9.4　工作台（或立柱）纵向移动（X 轴线）的角度偏差

水平仪放置在运动部件上，左右移动工作台检验，分别在 ZX 垂直平面内和在 YZ 垂直平面内测量，误差以两个运动方向的最大与最小读数的差值计。

当 X 轴线运动引起主轴箱和工作台同时产生角度偏差时，这两种角度偏差位分别测量并给予标明。基准水平仪（使用时）应放置在非运动部件上，且主轴箱应位于 Z 向行程的中间位置。应沿行程方向在数个等距离（200 或 250mm）的位置上进行测量。

9.1.2　工作台相关检验项目

1. 工作台面的平面度

（1）检验项目：工作台面的平面度。

（2）检验要求：1000 测量长度上为 0.032（仅允许凹）；工作台长度每增加 1000，允差增加 0.005，最大允差 0.050。局部公差：300 测量长度上为 0.020。

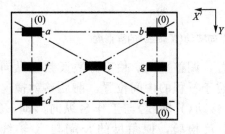

图 9.5　工作台面的平面度

（3）检验工具：精密水平仪或平尺和量块。

（4）测量方法：检验简图如图 9.5 所示。

将工作台（X 轴线）和横向滑座（Y 轴线）置于中间位置。按图规定的方法用水平仪测量，把各点水平仪测量值按一定的坐标变换可得出工作台面的平面度，或在工作台面上放两个等高量块，平尺放在等高量块上。用一等高量块、塞尺检验工作台面和平尺间距。误差以读数的最大差值计。

（5）其对加工质量的影响：影响工件或夹具底面的安装精度，造成工件加工表面对底面的平行度或垂直度误差。

（6）水平仪测量平面度误差值评定方法：把各点水平仪测量值按一定的坐标变换可得出工作台面的平面度，设任一测点 $P_{ij}(i, j)$，在坐标变换前后的两坐标值之差称为旋转量 Δij，该值与其测点位置 (i, j) 有关，且呈线性关系，不失其一般性可写成如表 9-1。

表9-1 坐标变换前后的两坐标值之差

0	P	$2P\cdots\cdots$	$iP\cdots\cdots$	nP
Q	$P+Q$	$2P+Q$	$iP+Q$	$nP+Q$
$2Q$	$P+2Q$	$2P+2Q$	$\cdots\cdots$	$\cdots\cdots$
$\vdots$	$\vdots$	$\vdots$	$\vdots$	$\vdots$
jQ	$P+jQ$	$\vdots$	$\vdots$	$\vdots$
$\vdots$	$\vdots$	$\vdots$	$\vdots$	$\vdots$
mQ	$P+mQ$	$\vdots$	$\vdots$	$nP+mQ$

以下介绍常用的对角线法，算出相应 P、Q 值，可得出各测量点的旋转量，从而实现坐标变换，获得相应的平面度误差。

例：设用水平仪按图9.6所示布置方测得9点共8个读数，试按对角线法确定平面度误差值。

解：按测量方向将测得读当选顺序累积，并取起始点 $a0$ 的坐标值为0，得出图9.7所示各点坐标值。

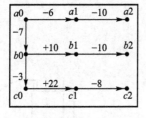

图 9.6   **图 9.7**

按对角线方法要求列出下列方程组：

$$+4+2P+2Q=0+0$$
$$-10+2Q=-16+2P$$

解得 $P=+0.5$；$Q=-2.5$。

则各点的旋转量如图9.8所示。

将图9.7与图9.8对应点的值相加，即得经坐标变换后的各点坐标值，如图9.9所示。可见 $a0$ 和 $c2$ 等高(0)、且 $c0$ 和 $a2$ 等高(-15)，则平面度误差值为

$$f=(+7.5)-(-15)=22.5$$

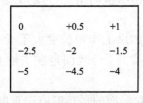   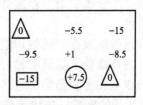

图 9.8   **图 9.9**

2. 工作台纵向移动（X 轴线）在 ZX 垂直平面内的平行度

（1）检验项目：工作台面与工作台纵向移动（X 轴线）在 ZX 垂直平面内的平行度。

（2）检验要求：300 测量长度上为 0.016。

（3）检验工具：平尺和千分表。

（4）测量方法：检验简图如图 9.10 所示。

将工作台横向行程（Y 轴线）置于中间位置。在工作台面跨中央 T 形槽放两个等高量块，平尺放在等高量块上。千分表触头位于主轴中央处，并使其顶在平尺的检验面上，纵向移动工作台检验，千分表的最大差值就是工作台面与工作台纵向移动（X 轴线）在 ZX 垂直平面内的平行度数值。

千分表测头应近似地放在刀具的切削位置上。如果工作台长度大于 1600mm，采用逐次移动平尺的方法进行检验。如果主轴可以锁紧，可将千分表固定在主轴上；如果主轴不能锁紧，应将千分表装在主轴箱的固定部位上。

（5）其对加工质量的影响：造成工件加工表面对底面的平行度或垂直度误差。

3. 工作台横向滑座移动（Y 轴线）在 YZ 垂直平面内的平行度

（1）检验项目：工作台面与横向滑座移动（Y 轴线）在 YZ 垂直平面内的平行度

（2）检验要求：300 测量长度上为 0.016。

（3）检验工具：平尺和千分表。

（4）测量方法：检验简图如图 9.11 所示。

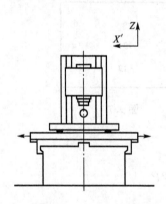　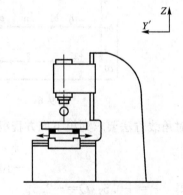

图 9.10　工作台面与工作台纵向移动（X 轴线）
在 ZX 垂直平面内的平行度

图 9.11　工作台面与横向滑座移动（Y 轴线）
在 YZ 垂直平面内的平行度

将工作台纵向行程（X 轴线）置于中间位置。在工作台面跨中央 T 形槽放两个等高量块，平尺放在等高量块上。千分表触头位于主轴中央处，并使其顶在平尺的检验面上，横向移动工作台检验，千分表的最大差值就是工作台面与横向滑座移动（Y 轴线）在 YZ 垂直平面内的平行度数值。

千分表测头应近似地放在刀具的切削位置上。如果工作台长度大于 1600mm，采用逐次移动平尺的方法进行检验。如果主轴可以锁紧，可将千分表固定在主轴上；如果主轴不能锁紧，应将千分表装在主轴箱的固定部位上。

（5）其对加工质量的影响：造成工件加工表面对底面的平行度或垂直度误差。

4. 工作台面与主轴箱垂直移动（Z 轴线）的垂直度

（1）检验项目：工作台面与主轴箱垂直移动（Z 轴线）的垂直度：①在 YZ 平面内；②在 ZX 平面内。

(2) 检验要求：300 测量长度上为 0.016。

(3) 检验工具：千分表和角尺。

(4) 测量方法：检验简图如图 9.12 所示。

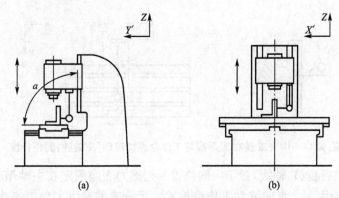

图 9.12　工作台面与横向滑座移动(Y 轴线)在 YZ 垂直平面内的平行度

工作台置于中间位置，角尺一边平行于工作台 X 轴线放置，把磁力表座固定在主轴箱上，使千分表测头顶在角尺另一边，上下移动主轴箱检验，千分表的最大差值就是工作台面与主轴箱垂直移动(Z 轴线)的垂直度数值。图 9.12(a)、图 9.12(b)误差分别计算。

如果主轴可以锁紧，可将千分表固定在主轴上；如果主轴不能锁紧，应将千分表装在主轴箱的固定部位上。

应记录角度(小于、等于或大于 90°)的值，用于参考和可能进行的修正。

(5) 其对加工质量的影响：造成工件加工表面对基准面的平行度或垂直度误差。

5. 工作台中央或基准 T 形槽的直线度

(1) 检验项目：工作台中央或基准 T 形槽的直线度。

(2) 检验要求：500 测量长度上为 0.010。

(3) 检验工具：平尺和千分表或量块，或钢丝和显微镜，或自准直仪。

(4) 测量方法：检验简图如图 9.13 所示。

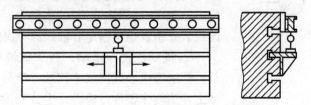

图 9.13　工作台中央或基准 T 形槽的直线度

可将平尺直接放在工作台上。把磁力表座固定在垫铁上，使千分表测头顶在平尺上，左右移动垫铁(千分表)检验，千分表的最大差值就是工作台中央或基准 T 形槽的直线度。T 形槽两侧均须检验。

(5) 其对加工质量的影响：影响以 T 形槽定位夹具的定位精度，造成工件加工表面对基准面的平行度或倾斜度的误差。

6. 中央或基准 T 形槽与工作台纵向移动(X 轴线)的平行度

(1) 检验项目：中央或基准 T 形槽与工作台纵向移动(X 轴线)的平行度。

（2）检验要求：300 测量长度上为 0.015。

（3）检验工具：千分表。

（4）测量方法：检验简图如图 9.14 所示。

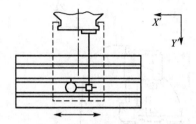

图 9.14　中央或基准 T 形槽与工作台纵向移动（*X* 轴线）的平行度

将工作台横向行程（*Y* 轴线）置于中间位置，把磁力表座固定在主轴箱上，千分表触头顶在 T 形槽的检验面上，纵向移动工作台检验，千分表的最大差值就是中央或基准 T 形槽与工作台纵向移动（*X* 轴线）的平行度数值。

（5）其对加工质量的影响：影响以 T 形槽定位夹具的定位精度，造成工件加工表面对基准面的平行度或倾斜度的误差。

9.1.3　主轴相关检验项目

1．主轴跳动

（1）检验项目：a）主轴定心轴颈的径向跳动（用于有定心轴颈的机床）；b）周期性轴向窜动；c）主轴轴肩支承面的跳动（包括周期性轴向窜动）。

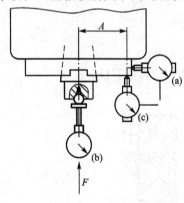

图 9.15　主轴跳动

（2）检验要求：（a）0.008；（b）0.008；（c）0.016。

（3）检验工具：千分表

（4）测量方法：检验简图如图 9.15 所示。

① 主轴定心轴颈的径向跳动（用于有定心轴颈的机床）。将千分表固定在机床上，使其测头垂直顶在主轴定心轴颈（包括圆锥轴颈）的表面上，旋转主轴，千分表的最大差值就是主轴定心轴颈的径向跳动的数值。

② 周期性轴向窜动。在主轴锥孔中插入一专用检具，棒端部中心孔内放一钢球，千分表的平测头顶在钢球上，旋转主轴进行检验，千分表读数的最大差值就是窜动量。

③ 主轴轴肩支承面的跳动（包括周期性轴向窜动）。将千分表测头顶在轴肩支承面靠近边缘处，旋转主轴检验，千分表读数的最大差值就是轴肩支承面的跳动的数值。

在②项和③项检验时，应向壳体方向施加一个由供方/制造厂规定的力 *F*（对已消除轴向游隙的主轴可不加力）。

在③项检验时，千分表与主轴轴线之间的距离 *A* 应尽量大。（a）、（b）、（c）误差分别计算。误差以千分表读数的最大差值计。

（5）其对加工质量的影响：主轴定心轴颈的径向跳动（用于有定心轴颈的机床）造成以

此面定位安装的铣刀端面跳动，影响工件加工表面的精度和表面粗糙度；周期性轴向窜动造成铣刀端面跳动和振动，影响工件加工表面的精度和表面粗糙度；主轴轴肩支承面的跳动(包括周期性轴向窜动)会引起以此面定位安装的铣刀的端面跳动，影响工件加工表面的精度和表面粗糙度。

2. 主轴锥孔轴线的径向跳动

(1) 检验项目：主轴锥孔轴线的径向跳动。(a)靠近主轴端部；(b)距主轴端部300mm 处。

(2) 检验要求：(a)0.007；(b)0.015。

(3) 检验工具：千分表和检验棒。

(4) 测量方法：检验简图如图 9.16 所示。

在主轴锥孔中插入检验棒，固定千分表，使其测头触及检验棒表面，旋转主轴，分别在靠近主轴轴端的(a)处和距离 300mm 的(b)处检验。拔出检验棒，相对主轴旋转 90°；重新插入主轴锥孔中，依次重复检验 3 次，(a)、(b)误差分别计算，误差以 4 次测量结果的算术平均值计。

(5) 其对加工质量的影响：造成铣刀径向跳动和振动，影响工件加工表面的精度、表面粗糙度和铣刀寿命。

3. 主轴轴线与工作台面的垂直度

(1) 检验项目：主轴轴线与工作台面的垂直度。

(2) 检验要求：300 测量长度上为 0.016。

(3) 检验工具：千分表和检验棒。

(4) 测量方法：检验简图如图 9.17 所示。

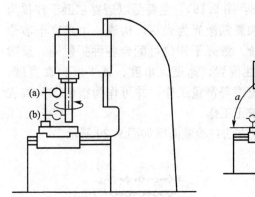
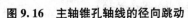

图 9.16　主轴锥孔轴线的径向跳动

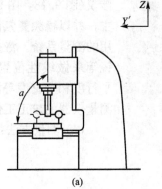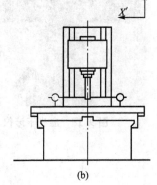

图 9.17　主轴轴线与工作台面的垂直度

在主轴锥孔中插入检验棒，固定千分表，使其测头触及检验棒表面，旋转主轴检验。拔出检验棒，相对主轴旋转 180°；重新插入主轴锥孔中，依次重复检验 1 次，图 9.17(a)、图 9.17(b)误差分别计算。误差以两次测量结果的代数和之半计，应记录角度(小于、等于或大于 90°)的值，用于参考和可能进行的修正。

(5) 其对加工质量的影响：造成铣刀径向跳动和振动，影响工件加工表面的精度、表面粗糙度和铣刀寿命。

9.2 数控铣床定位精度检测

数控铣床定位精度是指机床各坐标轴在数控装置控制下运动所能达到的位置精度。数控铣床定位精度又可理解为机床的运动精度。普通机床由手动进给，定位精度主要决定于读数误差，而数控机床的移动是靠数字程序指令实现的，故定位精度决定于数控系统和机械传动误差。机床各运动部件的运动是在数控装置的控制下完成的，各运动部件所能达到的精度直接反映加工零件所能达到的精度，所以定位精度是一项很重要的检测内容。

9.2.1 线性轴线的定位精度

（1）检验项目：线性轴线的定位精度。

（2）检验要求：具体要求见表 9-2。

表 9-2　线性轴线定位精度的检验要求

轴线行程 项目	≤500	>500~800	>800~1250
双向定位精度 A	0.022	0.025	0.032
双向重复定位精度 R	0.012	0.015	0.018
轴线反向差值 B	0.010	0.010	0.012
平均双向位置偏差范围 M	0.010	0.012	0.015

（3）检验工具：激光干涉仪或具有类似精度的其他测量系统。

图 9.18　激光干涉仪

激光具有高强度、高度方向性、空间同调性、窄带宽和高度单色性等优点。目前常用来测量长度的干涉仪（图 9.18，图 9.19），主要是以迈克尔逊干涉仪为主，并以稳频氦氖激光为光源，构成一个具有干涉作用的测量系统。激光干涉仪可配合各种折射镜、反射镜等来做线性位置、速度、角度、真平度、真直度、平行度和垂直度等测量工作，并可作为精密工具机或测量仪器的校正工作。

（4）测量方法：检验简图如图 9.20 所示。

图 9.19　激光干涉仪检测机床位移量图示

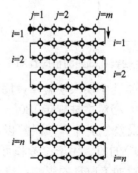

图 9.20　线性轴线的定位精度

非检测轴线上的运动部件均置于其行程的中间位置，滑动主轴、滑枕等，当它们是辅助轴线时，应保持缩回位置。每个线性轴线均需检验。

9.2.2 回转轴线的定位精度

（1）检验项目：回转轴线的定位精度。

（2）检验要求：具体要求见表9-3。

表9-3 回转轴线定位精度的检验要求

双向定位精度 A	28″	轴线反向差值 B	12″
双向重复定位精度 R	16″	平均双向位置偏差范围 M	12″

（3）检验工具：带分度工作台的激光角度干涉仪，带多面体的自准直仪（图9.21），或具有类似精度的其他测量系统。

如图9.22所示，光电自准直仪是依据光学自准直成像原理，通过LED发光元件和线阵CCD成像技术设计而成。由内置的高速数据处理系统对CCD信号进行实时采集处理，同时完成两个维度的角度测量。

图9.21 高精度光学自准直仪

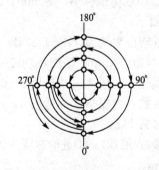

聚光镜
读数鼓轮
分划板1
测微装置
半透反射镜
物镜
目镜
反射镜
可动分划板
分划板2

图9.22 自准直仪光学系统

自准直仪原理：如图9.23所示，光线通过位于物镜焦平面的分划板后，经物镜形成平行光。平行光被垂直于光轴的反射镜反射回来，再通过物镜后在焦平面上形成分划板标线像与标线重合。当反射镜倾斜一个微小角度 α 角时，反射回来的光束就倾斜 2α 角。

（4）测量方法：检验简图如图9.24所示。

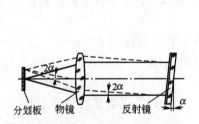

2α
2α
α
分划板 物镜 反射镜

图9.23 自准直仪原理

180°
270° 90°
0°

图9.24 回转轴线的定位精度

非检测轴线上的运动部件均置于其行程的中间位置，滑动主轴、滑枕等，当它们是辅助轴线时，应保持缩回位置。每个回转轴线均需检验。

9.3 数控铣床工作精度的精度检测

数控铣床完成以上的检验和调试后，实际上已经基本完成独立各项指标的相关检验，但是也并没有完全充分地体现出机床整体的、在实际加工条件下的综合性能，而且用户往往也非常关心整体的综合的性能指标。所以还要完成工作精度的检验，以下分别介绍数控铣床的相关工作精度检验。

数控铣床工作精度检验项目一般有精铣外圆的精度、精铣端面的平面度、螺纹的精度、铣削综合样件的精度。

9.3.1 端面切削试件的平面度

（1）检验项目：端面切削试件的平面度。

（2）检验要求：大规格试件：0.030；小规格试件：0.020。

（3）检验工具：平尺和量块或放大器。

（4）检测方法：如图 9.25 所示为沿 X 坐标方向对平面进行铣削，接刀处重叠约为铣刀直径的 20％左右。

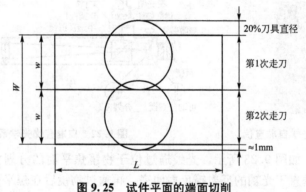

图 9.25 试件平面的端面切削

试件尺寸：大规格试件 W＝160mm；L＝200～250mm；w＝80mm。

小规格试件 W＝80mm；L＝130～150mm；w＝40mm。

切削条件如下。

（1）采用可转位面铣刀（GB/T 5342—1985）。刀具安装应符合下列公差：

径向跳动：≤0.02mm；端面跳动≤0.03mm。

（2）刀具直径：大规格试件选用 ϕ100mm，小规格试件选用 ϕ50mm。

（3）刀具齿数：大规格试件选用 8，小规格试件选用 4。

（4）试件材料 HT200。

（5）切削参数（推荐）：①进给速度约为 300 mm/min；②进给量约为 0.12mm/齿；③切削深度≤0.5mm。

（6）检验开始前，应确保试件面的平直。

9.3.2 轮廓加工几何精度检验

（1）检验项目：轮廓加工几何精度检验。

（2）检验要求：分大规格轮廓试件(图9.26)、小规格轮廓试件(图9.27)，具体要求见表9-4。

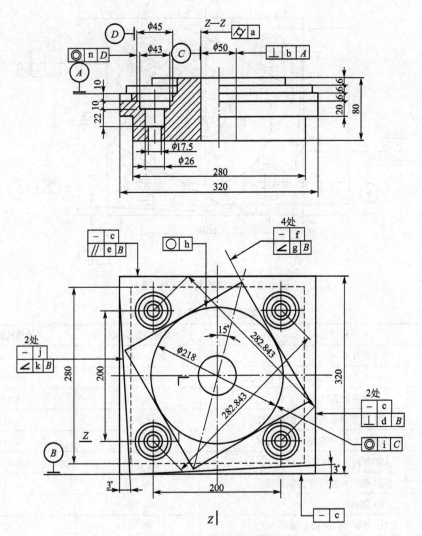

图 9.26　大规格轮廓试件

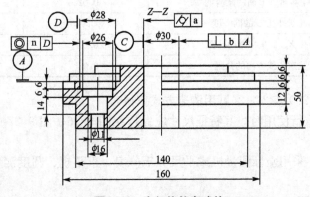

图 9.27　小规格轮廓试件

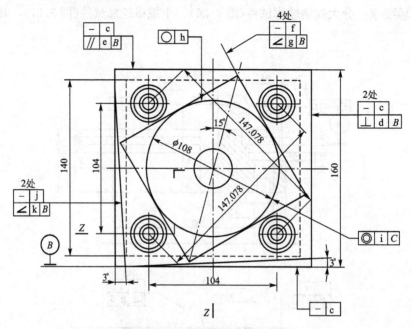

图 9.27　小规格轮廓试件(续)

表 9 - 4　轮廓加工几何精度检验要求

	检验项目	大规格轮廓试件	小规格轮廓试件
中心孔	(a) 圆柱度	0.015	0.010
	(b) 孔中心轴线与基面 A 的垂直度	φ0.015	φ0.010
正四方形	(c) 侧面的直线度	0.015	0.010
	(d) 相邻面与基面 B 的垂直度	0.020	0.010
	(e) 相对面对基面 B 的平行度	0.020	0.010
菱形	(f) 侧面的直线度	0.015	0.010
	(g) 侧面对基面 B 的倾斜度	0.020	0.010
圆	(h) 圆度	0.020	0.015
	(i) 外圆和内圆孔 C 的同轴度	ϕ0.025	ϕ0.025
斜面	(j) 面的直线度	0.015	0.010
	(k) 3 角斜面对 B 面的倾斜度	0.020	0.010
镗孔	(n) 内孔对外孔 D 的同心度	ϕ0.020	ϕ0.020
	(s) 四孔 X、Y 坐标方向孔距	0.018	0.015
	(u) 四孔对角线方向的孔距	0.025	0.020

试件材料，HT200 或 2A12(可用铸造方式获得)。

注意：试件被重新使用时，其特征尺寸应保持在图 9.26、图 9.27 中所给出的特征尺寸的±10％以内。

(3) 检验工具：采用坐标测量机或平尺和千分表、正弦规、圆度测量仪、千分尺、角尺和量块等。

三坐标测量机(图 9.28)就是在 3 个相互垂直的方向上有导向机构、测长元件、数显装置，有一个能够放置工件的工作台（大型和巨型不一定有），测头可以以手动或机动方式轻快地移动到被测点上，由读数设备和数显装置把被测点的坐标值显示出来的一种测量设备。

测量机的采点发讯装置是测头，在沿 X、Y、Z 这 3 个轴的方向装有光栅尺和读数头。其测量过程就是当测头接触工件并发出采点信号时，由控制系统去采集当前机床三轴坐标相对于机床原点的坐标值，再由计算机系统对数据进行处理和输出。

（4）检测方法：铣削如图 9.26 或图 9.27 试件。

铣削内容如下：①通镗位于试件中心直径为"ϕ50mm 或 ϕ30mm"的孔；②加工边长为"320mm 或 160mm"的外正方形；③加工位于正四方形之上边长为"220mm 或 110mm"的（倾斜 $60°$ 的正方形）菱形；④加工位于菱形之上直径为"ϕ220mm 或 ϕ110mm"的圆；⑤加工位于正四方形之上"α"角度为 $3°$ 或 $\tan\alpha = 0.05$ 的倾斜面；⑥镗削直径为 ϕ43mm（小试件为 ϕ26mm）的 4 个孔和直径为 ϕ45mm（小试件为 ϕ28mm）的 4 个孔；加工时，直径为 ϕ43mm 的孔沿轴线正向趋进，直径为 ϕ45mm 的孔沿轴线负向趋进。这些孔的定位为试件中心孔的中心。

图 9.28　三坐标测量机

（5）铣削条件如下：①刀具直径：用直径为 32 mm 的同一把立铣刀加工轮廓试件检验面的所有外表面；②刀具材料：硬质合金；③切削参数（推荐）如下：（a）切削速度：铸铁约为 90m/min，铝件约为 300m/min；（b）进给量：约为 0.05～0.1mm/齿；（c）切削深度：铣削径向切削深度为 0.2mm。

（6）检测注意事项：①如果条件允许，可将试件放在坐标测量机上进行测量。②对直边（正四方形、菱形和斜面）而言，为获得直线度、垂直度和平行度的偏差，测头至少在 10 点处触及被测表面。③对于圆度（或圆柱度）检验，如果测量为非连续性的，则至少检验 15 个点（圆柱度在每个测量平面内）。

练习与思考题

（1）检测 XK714B 数控铣床的几何精度、定位精度、工作精度。

第 10 章

数控铣床概论

教学提示

本章讨论数控铣床的工艺范围，着重介绍数控铣床的分类、结构特点及使用要求与布局。

教学要求

通过本章的学习，了解数控铣床的工艺范围；掌握数控铣床的分类、结构特点及布局。

10.1　概　述

数控铣床(Numerical Control Milling Machine)适合于各种箱体类和板类零件的加工。它的机械结构除基础部件外,还包括主传动系统和进给传动系统,实现工件回转、定位的装置和附件,实现某些部件动作和辅助功能的系统和装置,如液压、气动、冷却等系统和排屑、防护等装置;特殊功能装置,如刀具破损监视、精度检测和监控装置,为完成自动化控制功能的各种反馈信号装置及元件。

铣床基础件又称为铣床大件,它是床身、底座、立柱、横梁、滑座和工作台等的总称。铣床的其他零部件,或固定在基础件上,或工作时在它的导轨上运动。

铣床通常的分类方法是按主轴的轴线方向来分,垂直于水平面则称之为数控立式铣床,平行于水平面则称为数控卧式铣床,而数控立式铣床是数控铣床中数量最多的一种,应用范围最为广泛。小型数控铣床一般都采用工作台移动、升降及主轴转动方式,与普通立式升降台铣床机构相似。中型数控立式铣床一般采用纵向和横向工作台移动方式,主轴沿垂直滑板上下运动;大型数控立式铣床,因要考虑到扩大行程、缩小占地面积及刚性等技术问题,常采用龙门架移动式,其主轴可以在龙门架的横向和垂直溜板上运动,而龙门架则沿床身做纵向运动。

10.1.1　数控铣床的加工工艺范围

铣削加工是机械加工中最常用的加工方法之一,它主要包括平面铣削和轮廓铣削,也可以对零件进行钻、扩、铰、锪及螺纹加工等,如图 10.1 所示。

数控铣床主要加工对象有以下几种。

1. 平面类零件

平面类零件是指加工面平行或垂直于水平面,以及加工面与水平面的夹角为一定值的零件,这类加工面可展开为平面。数控铣床加工的绝对多数零件属于平面类零件,如图 10.2 所示。

图 10.1　数控铣削的各类形式

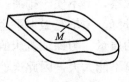 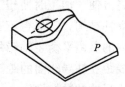 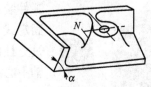

(a) 带平面轮廓零件　　　(b) 带斜平面零件　　　(c) 带正圆台和斜筋零件

图 10.2　典型平面类零件

2. 变斜角类零件

加工面与水平面的夹角呈连续变化的零件称为变斜角零件。变斜角零件的变斜角加工面不能展开为平面。在加工中,加工面与铣刀圆周接触的瞬间为一条直线,如图 10.3

所示。

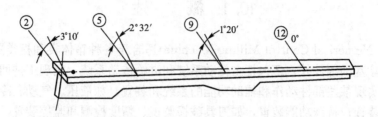

图 10.3　飞机上变斜角橼条

3. 曲面类零件

加工面为空间曲面的零件称为立体曲面类零件。如图 10.4 所示，这类零件的加工面不能展成平面，一般使用球头铣刀切削，加工面与铣刀始终为点接触，如模具、叶片、螺旋桨等。

图 10.4　曲面类零件

10.1.2　数控铣床的分类

1. 按主轴布置形式分类

按机床主轴的布置形式及机床的布局特点分类，可分为数控立式铣床、数控卧式铣床和数控龙门铣床等。

1）数控立式铣床

一般可进行三坐标联动加工，目前三坐标数控立式铣床占大多数。如图 10.5 所示，工件装夹方便，加工时便于观察，但不便于排屑。一般采用固定式立柱结构，工作台不升降。主轴箱做上下运动，并通过立柱内的重锤平衡主轴箱的质量。为保证机床的刚性，主轴中心线距立柱导轨面的距离不能太大，因此这种结构主要用于中小尺寸的数控铣床。

此外，还有的机床主轴可以绕 X、Y、Z 坐标轴中其中一个或两个做数控回转运动的四坐标和五坐标数控立式铣床。通常，机床控制的坐标轴越多，机床的功能、加工范围及可选择的加工对象也越多。但随之而来的就是机床结构更加复杂，对数控系统的要求更高，编程难度更大，设备的价

图 10.5　数控立式铣床

格也更高。

2）数控卧式铣床

如图 10.6 所示，数控卧式铣床的主轴与机床工作台面平行，加工时不便于观察，但排屑顺畅。为了扩大加工范围和扩充功能，一般配有数控回转工作台或万能数控转盘来实现四坐标、五坐标加工，这样不但工件侧面上的连续轮廓可以加工出来，而且可以实现在一次安装过程中，通过转盘改变工位，进行"四面加工"。尤其是万能数控转盘可以把工件上各种不同的角度或空间角度的加工面摆成水平来加工，这样可以省去很多专用夹具或专用角度的成形铣刀。现在单纯的数控卧式铣床已比较少，而是在配备自动换刀装置（ATC）后成为卧式加工中心。

3）数控龙门铣床

对于大尺寸的数控铣床，一般采用对称的双立柱结构，以保证机床的整体刚性和强度，这就是数控龙门铣床。如图 10.7 所示，数控龙门铣床有工作台移动和龙门架移动两种形式，主要用于加工大、中等尺寸的零件，如板件、盘类件、壳体件和模具等，工件一次装夹后可自动高效、高精度地连续完成铣、钻、镗和铰等多种工序的加工，适用于航空、重机、机车、造船、机床、印刷、轻纺和模具等制造行业。

图 10.6 数控卧式铣床

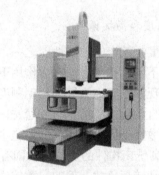

图 10.7 数控龙门铣床

2. 按数控系统的功能分类

按数控系统的功能分类，数控铣床可分为经济型数控铣床、全功能数控铣床和高速数控铣床等。

1）经济型数控铣床

经济型数控铣床一般采用经济型数控系统，如采用开环控制，可以实现三坐标联动。这种数控铣床成本较低、功能简单、加工精度不高，适用于一般复杂零件的加工，如图 10.8(a)所示。

2）全功能数控铣床

全功能数控铣床采用半闭环控制或闭环控制，其数控系统功能丰富，一般可以实现四坐标以上的联动，加工适应性强，应用最广泛，如图 10.8(b)所示。

3）高速数控铣床

高速铣削是数控加工的一个发展方向，技术已经比较成熟，已逐渐得到广泛的应用。这种数控铣床采用全新的机床结构、功能部件和功能强大的数控系统，并配以加工性能优越的刀具系统，加工时主轴转速一般在 8000～40000r/min，切削进给速度可达 10～30m/min，可以对大面积的曲面进行高效率、高质量的加工。但目前这种机床价格昂贵，使用成本比较高，如图 10.9 所示。

(a) 经济型数控铣床　　　　(b) 全功能数控铣床

图 10.8　数控铣床　　　　　　　　**图 10.9　高速数控铣床**

10.1.3　数控铣床的结构特点

1. 高刚度和高抗振性

铣床刚度是铣床的技术性能之一，它反映了铣床结构抵抗变形的能力。根据铣床所受载荷性质的不同，铣床在静态力作用下所表现出的刚度称为铣床的静刚度；铣床在动态力作用下所表现的刚度称为铣床的动刚度。为满足数控铣床高速度、高精度、高生产率、高可靠性和高自动化的要求，与普通铣床相比，数控铣床应有更高的静、动刚度，更好的抗振性。提高数控铣床结构刚度的措施主要有以下几种。

（1）提高铣床构件的静刚度和固有频率。改善薄弱环节的结构或布局，以减少所承受的弯曲负载和转矩负载。例如，数控铣床的主轴箱或滑枕等部件，可采用卸载装置来平衡载荷，以补偿部件引起的静力变形，常用的卸载装置有重锤和平衡液压缸，改善构件间的接触刚度和铣床与地基连接处的刚度等。

（2）改善数控铣床结构的阻尼特性。在大件内腔充填泥芯和混凝土等阻尼材料，在振动时因相对摩擦力较大而耗散振动能量。也可采用阻尼涂层法，即在大件表面喷涂一层具有高内阻尼和较高弹性的黏滞弹性材料来增大阻尼比。

（3）采用新材料和钢板焊接结构。

2. 减少铣床热变形的影响

铣床的热变形是影响铣床加工精度的重要因素之一。由于数控铣床主轴转速、进给速度高，而大切削产生的炽热切屑对工件和铣床部件的热传导影响远比普通铣床严重，而热变形对加工精度的影响往往难以修正。因此，操作者应特别重视减少数控铣床热变形的影响。常用措施有以下几种。

1）改进铣床布局和结构

（1）采用热对称结构，这种结构相对热源是对称的。在产生热变形时，其工件或者刀具回转中心对称线的位置基本保持不变，因而可以减少对加工工件的精度影响。

（2）采用倾斜床身和斜滑板结构。

（3）采用热平衡措施。

2）控制温度

对铣床发热部位（如主轴箱等），采用散热、风冷和液冷等控制温升的办法来吸收热源发出的热量。

3）对切削部位采取强冷措施

在大切削量切削加工时，落在工作台、床身等部件上的炽热切屑是重要的热源。现在数控铣床普遍采用多喷嘴、大流量冷却液来冷却并排出这些炽热切屑，并对冷却液用大容量循环散热或用冷却装置制冷以控制温升。

4）热位移补偿

预测热变形规律，建立数学模型存入计算机中进行实时补偿。

3. 传动系统机械机构简化

数控铣床的主轴驱动系统和进给驱动系统，分别采用交流主轴电动机和伺服电动机驱动，可无级调速，因此使主轴箱及传动系统大为简化。箱体结构简单，齿轮、轴承和轴类零件数量大为减少甚至不用齿轮，由电动机直接带动主轴或进给滚珠丝杠，使得运动惯量小、响应速度快、传动效率高。

4. 高传动效率和无间隙传动装置

数控铣床在高进给速度下，要求工作平稳，并有高定位精度。因此，对进给系统中的机械传动装置和部件要求具有高使用寿命、高刚度、无间隙、高灵敏度和低摩擦阻力的特点。目前，数控铣床进给驱动系统中常用的机械装置主要有滚珠丝杆副、静压蜗杆—蜗轮机构和预加载双齿轮—齿条。

5. 低摩擦系数导轨

铣床导轨是铣床的基本结构之一。铣床加工精度和使用寿命在很大程度上取决于铣床的质量，表现在高速进给时不振动，低速进给时不爬行，灵敏度高，能在重载下长期连续工作，耐磨性要高，精度保持性要好等。现代数控铣床使用的导轨和普通铣床的导轨类似，主要采用滑动导轨、滚动导轨和静压导轨3种。

6. 好的宜人性

数控铣床是一种自动化很高的加工设备。在切削加工过程不需要人工操作，采用封闭与半封闭加工。明快、干净、协调的人机界面，改善了操作者的观察，机床各部分有很好的互锁能力，同时设有紧急停机按钮。将所有操作都集中在一个操作面板上，操作者一目了然，压缩了辅助时间，提高了生产率。

10.2 数控铣床的使用要求与布局

10.2.1 数控铣床的使用要求

数控铣床是一种自动化的铣床，但是如装卸工件和刀具、清理切屑、观察加工情况和调整等辅助工作，还得由操作者来完成。因此，在考虑数控铣床总体布局时，除了遵循铣床布局的一般原则外，还应该考虑在使用方面的特定要求。

（1）便于同时操作和观察数控铣床的操作按钮和开关都放在数控装置上。对于小型的数控铣床，将数控装置放在铣床的近旁，一边在数控装置上进行操作，一边观察铣床的工作情况。但是对于尺寸较大的铣床，这样的布置方案，因工作区与数控装置之间距离较远，操作与观察会有顾此失彼的问题。因此，要设置吊挂按钮站，可由操作者移至需要和方便的位置，对铣床进行操作和观察。在重型数控铣床上，总是设有接近铣床工作区域（刀具切削加工区），并且可以随工作区变动而移动的操作台，吊挂按钮站或数控装置应放置在操作台上，以便同时进行操作和观察。

（2）数控铣床的刀具和工件的装卸及夹紧松开，均由操作者来完成，要求易于接近装卸区域，而且装夹机构要省力简便。

（3）数控铣床的效率高、切屑多，排屑是个很重要的问题，铣床的结构布局要便于排屑。近年来，由于大规模集成电路、微处理机和微型计算机技术的发展，使数控装置和强电控制电路日趋小型化，不少数控装置将控制计算机、按键、开关、显示器等集中装在吊挂按钮站上，其他的电器部分则集中或分散与主机的机械部分装成一体，而且还采用气—液传动装置，省去液压油泵站，这样就实现了机、电、液一体化结构，从而既减少了铣床的占地面积，又便于操作管理。

10.2.2 运动分配与部件的布局

数控铣床的运动数目，尤其是进给运动数目的多少，直接与表面成形运动和铣床的加工功能有关。运动的分配与部件的布局是铣床总布局的中心问题。以数控镗铣床为例，一般都有 4 个进给运动的部件，要根据加工的需要来配置这 4 个进给运动部件。如果需要对工件的顶面进行加工，则铣床主轴应布局成立式的，如图 10.10(a)所示。在 3 个直线进给坐标之外，再在工作台上加一个既可立式也可卧式安装的数控转台或分度工作台为附件。如果需要多个侧面进行加工，则主轴应布局成卧式的，同样是在 3 个直线进给坐标之外再加一个数控转台，以便在一次装夹时集中完成多面的铣、镗、钻、铰、攻螺纹等多工序加工，如图 10.10(b)、图 10.10(c)所示。

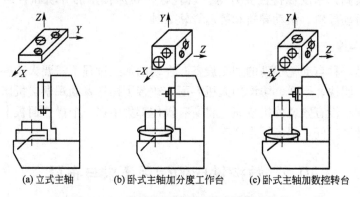

(a) 立式主轴　　　(b) 卧式主轴加分度工作台　　　(c) 卧式主轴加数控转台

图 10.10　根据加工需要配置进给运动部件

在数控铣床上用面铣刀加工空间曲面型工件，是一种最复杂的加工情况，除主运动之外，一般需要有 3 个直线进给坐标 X、Y、Z 以及两个回转进给坐标，以保证刀具轴线向量处与被加工表面的法线重合，这就是所谓的五轴联动的数控铣床。由于进给运动的数目较多，而且加工工件的形状、大小、质量和工艺要求差异也很大，因此这类数控铣床的布局形式更是多种多样，很难有某种固定的布局模式。在布局时可以遵循的原则是：获得较好的加工精度、表面粗糙度和较高的生产率；转动坐标的摆动中心到刀具端面的距离不要过大，这样可使坐标轴摆动引起的刀具切削点直角坐标的改变量小，最好能布局成摆动时只改变刀具轴线向量的方位，而不改变切削点的坐标位置；工件的尺寸与质量较大时，摆角进给运动由装有刀具的部件来完成，其目的是要摆动坐标部件的结构尺寸较小，质量较轻；两个摆角坐标的合成矢量应能在半个空间范围的任意方位变动；同样，布局方案应保证铣床各部件或总体上有较好的结构刚度、抗振性；由于摆动坐标带着工件或刀具摆动的结果，将使加工工件的尺寸范围有所减少，这一点也是在总布局时需要考虑的问题。

练习与思考题

(1) 数控铣床的定义是什么？它应具有哪些功能？
(2) 数控铣床的分类方法有哪几种？

第 11 章

数控铣床机械结构

教学提示

本章在介绍数控铣床的机械结构、辅助装置的基础上，以 XK714B 型数控立式铣床为分析对象，着重讨论了其主传动系统、主轴结构、气路传动原理、工作台与导轨镶条的调节。这些内容稍加扩展后也同样适合于其他数控铣床。

教学要求

通过本章的学习，理解数控铣床的传动系统、换刀机构以及数控铣床进给系统的典型结构；掌握 XK714B 型数控立式铣床主传动系统、主轴结构、X 轴的传动结构和工作台与导轨镶条的调节。

11.1　数控铣床的机械结构概述

数控铣床是按照预先编好的程序进行加工的，在加工过程中不需要人工干预，故要求数控铣床的结构精密、完善且能长时间稳定可靠地工作，以满足重复加工过程。随着数控机床的发展，对数控铣床的生产率、加工精度和使用寿命提出了更高的要求。普通铣床的某些基本结构限制着数控铣床技术性能的发挥，因此现代数控铣床在机械结构上许多地方与普通铣床存在着显著不同。

数控铣床的机械结构仍然继承了普通铣床的构成模式，其零部件的设计方法也同样类似于普通铣床。但近年来，随着进给驱动、主轴驱动和CNC的发展，为适应高生产效率的需要，现今的数控铣床有着独特的机械结构，除机床基础件外，主要由以下各部分组成。

（1）主传动系统。

（2）进给传动系统。

（3）实现某些部件动作和辅助功能的系统和装置，如液压、气动、润滑、冷却等系统，排屑、防护等装置。

（4）特殊功能装置，如刀具破损监控，对刀仪、精度检测和监控装置等。

机床基础件通常是指床身、底座、立柱、横梁、拖板等，它们是整台机床的基础和框架。机床的其他零部件固定在基础件上或工作时在其导轨上运动。

11.2　主传动系统

数控铣床的主运动传动链的两端部件是主电动机与主轴，它的功用是把动力源的运动及动力传递给主轴，使主轴带动工件旋转实现主运动，并满足主轴变速和换向的要求。主运动传动系统是数控铣床最重要的组成部分之一，它的最高与最低转速范围、传递功率和动力特性决定了数控铣床的最高切削加工工艺能力。

11.2.1　数控铣床对主轴系统的性能要求

数控铣床主轴系统是数控机床的主运动传动系统，它是数控机床的重要组成部分之一。数控铣床主轴的运动精度、转速范围、传递功率和动力特性，决定了数控铣床的加工精度、加工效率和加工工艺能力。数控铣床的主轴系统除应满足普通铣床主传动要求外，还必须满足如下性能要求。

1. 具有更大的调速范围，并实现无级调速

为了保证在加工时能选用合理的切削用量，充分发挥刀具的性能，要求数控铣床主轴系统有更高的转速和更大的调速范围。

2. 具有较高的精度与刚度，传动平稳、噪声低

数控铣床加工精度的提高，与主轴系统的精度密切相关。为此，应提高传动件的制造精度与刚度。例如，最后一级采用斜齿轮传动，使传动平稳；采用高精度轴承及合理的支承跨距等以提高主轴组件的刚性。

3. 具有良好的抗振性和热稳定性

数控铣床一般既要进行粗加工，又要进行精加工。加工时由于断续切削，加工余量不均匀，运动部件不平衡以及切削过程中的自激振动等原因引起的冲击力或交变力的干扰，使主轴产生振动，影响加工精度和表面粗糙度，严重时甚至会破坏刀具或工件，使加工无法进行。主轴系统的发热使其中所有零部件产生热变形，降低传动效率，破坏零部件之间的相对位置精度和运动精度而造成加工误差。因此，要求主轴组件要有较高的固有频率、较好的动平衡、保持合适的配合间隙并进行循环润滑等。

11.2.2 主轴的传动方式

数控铣床的主轴传动要求有较大的调速范围，以保证加工时能选用合理的切削用量，从而获得最佳的生产率、加工精度和表面质量。数控铣床的变速是按照控制指令自动进行的，因此变速机构必须适应自动操作的要求。故大多数数控铣床采用无级变速系统，其主轴传动系统主要有以下几种传动方式。

1. 具有变速齿轮的传动方式

这是大、中型数控铣床采用较多的一种变速方式，其结构简图如图 11.1 所示，在无级变速的基础上配以齿轮变速，使之成为分段无级调速。通过几对齿轮降速，可扩大调速范围，增大输出扭矩，以满足主轴输出转矩特性的要求。部分小型数控机床也采用这种传动方式，以获得强力切削时所需的转矩。

2. 通过带传动的传动方式

如图 11.2 所示，带传动方式主要用于转速较高、变速范围不大的数控机床，其结构简单、安装调试方便，且在一定条件下能满足转速与转矩的输出要求，它可避免齿轮传动时引起的振动与噪声。在数控机床上一般采用多楔带和同步齿形带。

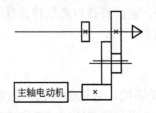
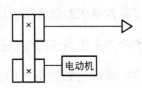

图 11.1　变速齿轮传动方式　　　　　**图 11.2　带传动方式**

3. 两个电机分别驱动的传动方式

上述两种方式的混合传动，高速时电机通过带轮直接驱动主轴；低速时另一电机通过两级齿轮驱动主轴，这样使恒功率区增大，扩大了调速范围，解决了低转速时转矩不足的缺点，如图 11.3 所示。

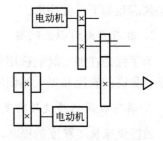

4. 电主轴的传动方式

近年来发展的电动机与主轴一体化的电主轴可直接带动刀具旋转，主轴部件刚度较好，但电动机发热量较

**图 11.3　两个电动机分别
驱动传动方式**

大会影响主轴，如图 11.4 和图 11.5 所示。

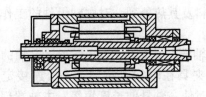

图 11.4　电主轴结构图

图 11.5　电主轴

11.2.3　主轴组件

机床的主轴组件是机床的重要部件之一。机床加工时，主轴带动工件或刀具直接参与表面的成型运动中，所以主轴组件的精度、刚度和热变形对加工质量和生产效率等有着重要的影响。主轴组件由主轴、主轴支承、装在主轴上的传动件和密封件等组成。

1. 对主轴组件的性能要求

1）回转精度高

主轴的回转精度是指装配后，在无载荷、低速转动的条件下，主轴安装刀具部位的定心表面（铣床轴端的 7：24 锥孔等）的径向和轴向跳动。回转精度取决于各主要部件如主轴、轴承、壳体孔等的制造、装配和调整精度。工件转速下的回转精度还取决于主轴的转速、轴承的性能、润滑剂和主轴组件的平衡。

2）刚度大

主轴组件的刚度是指受外力作用时，主轴组件抵抗变形的能力。主轴组件的刚度越大，主轴受力的变形越小。主轴组件的刚度不足，在切削力及其他力的作用下，主轴将产生较大的弹性变形，不仅影响工件的加工质量，还会破坏齿轮、轴承的正常工作条件，使其加快磨损、降低精度。主轴部件的刚度与主轴结构尺寸、支承跨距、所选用的轴承类型及配置形式、轴承间隙的调整、主轴上传动部件的位置等有关。

3）抗振性强

轴组件的抗振性是指切削加工时，主轴保持平稳地运转而不发生振动的能力。主轴组件抗振性差，工作时容易产生振动，不仅降低加工质量，而且限制了机床生产率的提高，使刀具耐用度下降。提高主轴抗振性必须提高主轴组件的静刚度，常采用较大阻尼比的前轴承，以及在必要时安装阻尼（消振）器，使主轴频率远远大于激振力的频率。

4）温升低

主轴组件在运转中，温升过高会引起以下两方面的不良结果：①主轴组件和箱体因热膨胀而变形，使得主轴的回转中心线和机床其他工件的相对位置发生变化，直接影响加工精度；②轴承等元件会因温度过高而改变已调好的间隙和破坏正常润滑条件，影响轴承的正常工作，严重时甚至会发生"抱轴"现象。

5）耐磨性好

主轴组件必须有足够的耐磨性，以便能长期地保持精度。主轴上易磨损的地方是刀具的安装部位以及移动式主轴的工作表面。为了提高耐磨性，主轴的上述部位应该淬硬或者经过氮化处理，以提高其硬度、增加耐磨性。主轴轴承也需有良好的润滑，提高其耐磨性。

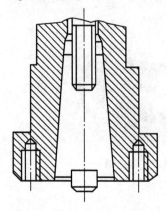

图 11.6 主轴轴端部结构形式

2. 主轴

主轴是主轴组件的重要组成部分。它的结构尺寸和形状、制造精度、材料及其热处理，对主轴组件的工作性能都有很大的影响。

数控铣床主轴轴端结构如图 11.6 所示，主轴的轴端用于安装夹具。要求夹具在轴端定位精度高、连接定位刚度好、装卸方便，同时使主轴悬伸长度短等。主轴端部结构形状已标准化。

3. 主轴支承

1) 主轴轴承

主轴轴承是主轴组件的重要组成部分，它的类型、结构、配置、精度、安装、调整、润滑和冷却都直接影响主轴组件的工作性能。主轴轴承按所承受的载荷可分为径向轴承、推力（轴向）支承和径向推力支承。在数控铣床上主轴轴承常用的是滚动轴承。

2) 主轴轴承的配置

主轴轴承的结构配置主要取决于主轴转速和主轴刚度的要求。在数控铣床上主轴轴承的轴向定位采用的是前端支承定位，这样前支承受轴向力，前端悬臂量小，主轴受热时向后端延伸，使前端变形小、精度高。

数控铣床的主轴轴承配置形式主要有高刚度型和高速型。

（1）高刚度型。前支承采用双列圆柱滚子轴承和双向推力角接触球轴承，后支承采用成对角接触球轴承组合，如图 11.7(a)所示，此配置形式使主轴综合刚度大大提高，可满足强力切削的要求。

（2）高速型。前轴承采用多个高精度角接触球轴承，如图 11.7(b)所示，该轴承具有良好的高速性能，主轴最高转速可达 8000r/min，但是它的承载能力小，因而适用于高速、轻载和精密的主轴部件。

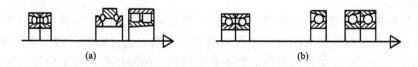

（a）　　　　　　　　　　　　　　　　　（b）

图 11.7 数控铣床主轴轴承配置形式

上述两种轴承要有合适的预紧量。预紧量的大小影响主轴的精度，但过大的预紧会增加功耗和发热，过小的预紧量会降低主轴刚度。为了提高主轴组件刚度，数控铣床经常采用三支承主轴组件。采用三支承主轴组件可以有效地减少主轴弯曲变形，辅助支撑通常采用深沟球轴承，安装后在径向要保持好适当的游隙，避免由于主轴安装轴承处轴颈和箱体安装轴承处孔的制造误差（主要是同轴度误差）造成干涉。

另外，对精密、超精密铣床的主轴，可采用液体静压轴承和动压轴承。对于要求更高转速的主轴，可以采用空气静压轴承，这种轴承可达每分钟几万转的转速，并有非常高的回转精度。

11.3　数控铣床的换刀装置及准停装置

11.3.1　数控铣床的换刀装置

主轴具有刀具自动锁紧和松开机构，用于固定主轴和刀具的连接。由碟形弹簧、拉杆和气缸或液压缸组成。如图 11.8 所示为数控铣床主轴卡紧机构，刀杆采用 7∶24 的大锥度锥柄和主轴锥孔配合定心，保证了刀具回转中心每次装卡后与主轴回转中心的同轴。大锥度的锥柄不仅有利于定心，也为松卡带来方便。标准的刀具卡头 5(拉钉)是拧紧在刀柄内的。当需要卡紧刀具时，活塞 1 的右端无油压，叠形弹簧 3 的弹簧力使活塞 1 向右移至图示位置。拉杆 2 在弹簧 3 的压力下向右移至图示位置。钢球 4 被迫收拢，卡紧在卡头 5 的环槽中。通过钢球，拉杆 2 把卡头 5 向右拉紧，使刀杆锥柄的外锥面与主轴锥孔的内锥面相互压紧，这样刀具就被卡紧在主轴 6 上。放松刀具时，液压油进入活塞 1 的右端，油压使活塞 1 左移，推动拉杆 2 向左移动。此时，叠形弹簧被压缩，钢球 4 随拉杆 2 一起向左移动，当钢球 4 移至主轴孔径较大处时，便松开卡头 5，刀具连同卡头 5 可被机械手取下。当机械手刀具从主轴中拔出后，在活塞杆孔的右端接有压缩空气，压缩气通过活塞杆和拉杆 2 的中心孔把主轴孔吹净，使刀柄锥面和主轴锥孔紧密贴合，保证刀具的正确定位。当机械手重新将新刀装入后，活塞 1 右端液压油卸压，重复刀具卡紧过程。刀杆卡紧机构使用弹簧卡紧、液压放松，可保证在工作中，如果突然停电，刀杆不会自行松脱。行程开关 7 和 8 用于发出卡紧和放松刀杆的信号。

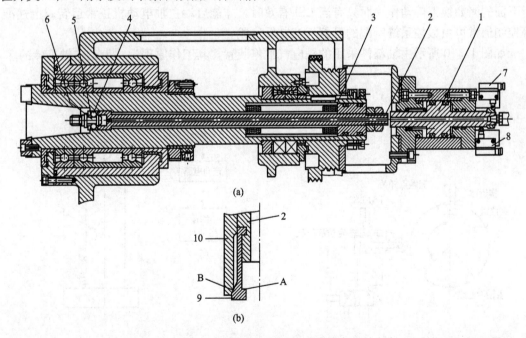

图 11.8　数控铣床主轴卡紧机构
1—活塞；2—拉杆；3—叠形弹簧；4—钢球；5—拉钉；
6—主轴；7、8—行程开关；9—弹力卡爪；10—卡套

用钢球 4 拉紧刀杆，这种拉紧方式的缺点是接触应力太大，易将主轴孔和刀杆压出坑来。新式的刀杆已改用弹力卡爪 9，它由两瓣组成，装在拉杆 2 的左端，如图 11.8(b)所示。卡套 10 与主轴是固定在一起的。卡紧刀具时，拉杆 2 带动弹力卡爪 9 上移。卡爪 9 下端的外周是锥面 B，与卡套 10 的锥孔配合，锥面 B 使弹力卡爪 9 收拢，卡紧刀杆。松开刀具时，拉杆带动弹力卡爪 9 下移，锥面 B 使弹力卡爪 9 放松，使刀杆可以从弹力卡爪 9 中退出。这种卡爪与刀杆的结合面 A 与拉力垂直，故卡紧力较大；卡爪与刀杆为面接触，接触应力较小，不易压溃刀杆。目前，采用这种刀杆拉紧机构的加工中心机床逐渐增多。

11.3.2 主轴准停装置

在具有类似反镗孔功能的数控铣床上，主轴部件设有准停装置，其作用是使主轴能准确地停止在固定的周向位置上，以保证加工的顺利进行。主轴的准停装置主要有机械方式和电气方式两种。

机械准停装置中较典型的 V 形槽轮定位盘准停机构如图 11.9 所示。带有 V 形槽的定位盘与主轴端面保持一定的位置关系，以实现定位。当执行准停控制指令时，首先使主轴降速至某一可以设定的低速转动，然后当无触点开关有效信号被检测到后，立即使主轴电动机停转并断开主轴传动链。此时主轴电动机与主传动件依惯性继续空转，同时定位液压缸定位销伸出，并压向定位盘。当定位盘 V 形槽与定位销对正时，由于液压缸的压力，定位销插入 V 形槽，准停到位检测开关 LS2 信号有效，表明准停动作完成。这里 LS1 为准停释放信号。采用这种准停方式时，必须要有一定的逻辑互锁，即当 LS2 有效后，才能进行下面的诸如换刀等动作，而只有当 LS1 有效时，才能启动主轴电动机正常运转。上述准停控制通常可由数控系统所配的可编程控制器完成。

如图 11.10 所示主轴部件采用的是电气准停装置，其工作原理为：带动主轴旋转的多

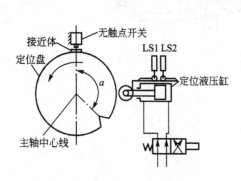

图 11.9 V 形槽定位盘准停机构示意图

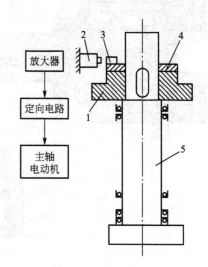

图 11.10 主轴准停装置工作原理图

1—多楔带轮；2—磁传感器；3—永久磁铁；

4—垫片；5—主轴

楔带轮 1 的端面上装有一个厚垫片 4，垫片 4 上装有一个体积很小的永久磁铁 3，在主轴箱箱体主轴准停的位置上装有磁传感器 2。当机床需要停车换刀时，数控系统发出主轴停转指令，主轴电动机立即降速，当主轴以最低转速慢转几转，永久磁铁 3 对准磁传感器 2 时，后者发出准停信号。此信号经放大后，由定向电路控制主轴电动机准确地停止在规定的周向位置上，可以保证主轴准停的重复精度在 ±1° 范围内。

11.4 进给传动系统

11.4.1 对进给传动机构的要求

进给系统即进给驱动装置，驱动装置是指将伺服电动机的旋转运动变为工作台直线运动的整个机械传动链，主要包括减速装置、丝杠螺母副及导向元件等。

数控铣床进给驱动系统要求传动精度和刚度高、稳定性好、响应速度灵敏、运动惯量小、工作平稳、无间隙且传动效率高。传动精度包括动态误差、稳态误差和静态误差，即伺服系统的输入量与驱动装置实际位移量的精确程度。系统的稳定性是指系统在启动状态或受外界干扰作用下，经过几次衰减振荡后，能迅速地稳定在新的或原来的平衡状态的能力。动态响应特性是指系统的响应时间以及驱动装置的加速能力。

为确保数控铣床进给系统的传动精度、系统的稳定性和动态响应特性，对驱动装置机械结构总的要求是消除间隙、减少摩擦、减少运动惯量、提高部件精度和刚度。

在数控铣床上，回转运动与直线运动相互转换的传动装置一般采用双螺母滚珠丝杠螺母副，如图 11.11 所示。

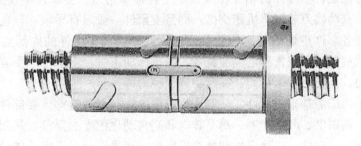

图 11.11　双螺母滚珠丝杠螺母副

11.4.2 数控铣床进给系统典型结构

数控铣床典型的进给系统机械结构，如图 11.12 所示，交流伺服电动机 1 通过联轴器 2 以直联方式连接在滚珠丝杠上。交流伺服电动机由其端面的止口定位，螺栓锁紧安装在轴承支座 3 上。轴承支座 3 由销钉定位，通过螺栓与床身相连，承受加工中该方向的切削载荷。滚珠丝杠 6 由一对 60° 角接触球支承轴承 4，轴承预加载荷间隙由两轴承间的隔套修配调整实现。滚珠丝杠采用一端固定，一端浮动的连接方式。

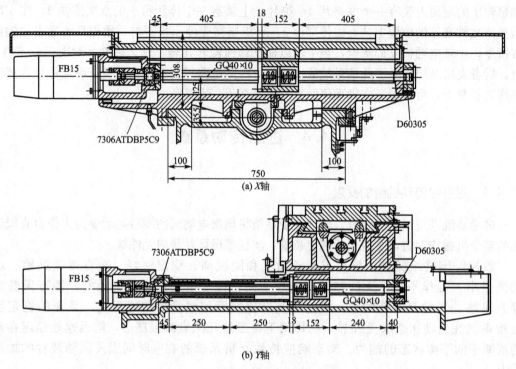

(a) X轴

(b) Y轴

图 11.12　数控铣床的典型结构图

11.5　机床支承件

机床的支承件主要指床身、立柱、横梁、底座等基础件，其主要作用是支承安装在上面的零部件，并保证各零部件的相互位置及承受各种作用力。支承件不仅支承着主轴箱、床鞍、工作台、自动换刀装置等机床部件，而且支承件一般附有导轨，导轨主要起导向定位作用，以保证各部件正确的相对位置及运动。此外，在支承件的内部空间可存储切削液、润滑液以及放置液压装置和电气装置等。在机床加工时，支承件承受着各种进给力和动态力，如重力、切削力、摩擦力、夹紧力和惯性力等。

床身是整个机床的基础支承件，一般用来放置导轨、主轴箱等重要部件。为了满足数控机床高速度、高精度、高生产率、高可靠性和高自动化程度的要求，其床身应具有足够高的静、动刚度、抗振性、热稳定性和精度保持性。床身设计受机床总体设计的制约，在满足总体设计要求的前提下，应尽可能做到既要结构合理、肋板布置恰当，又要保证良好的冷、热加工工艺性。

1. 床身的整体结构

根据数控机床类型的不同，床身的结构有各种各样的形式。

数控铣床、加工中心的床身结构有固定立柱式和移动立柱式两种。

（1）固定立柱式床身。一般适用于中、小型立式或卧式加工中心和数控铣床，由于床身不大，故大多采用整体结构，如图 11.13 所示。

当工作台在溜板上移动时，由于床身导轨跨距较窄，致使工作台在横溜板上移动到达行程的两端时容易出现翘曲，影响加工精度。为了避免工作台翘曲，有些立式床身增设了辅助导轨来保证移动部件的刚性，如图 11.14 所示。

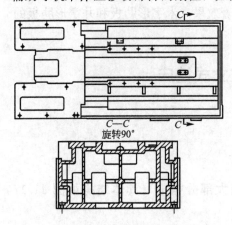

图 11.13　固定立柱床身

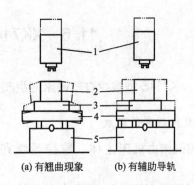

(a) 有翘曲现象　　(b) 有辅助导轨

图 11.14　带辅助导轨的床身

1—主轴箱；2—工件；3—工作台；4—溜板；5—床身

（2）移动立柱式床身。移动立柱式床身通常都采用 T 形床身。它是由横置的前床身（也称横床身）和与它垂直的后床身（也称纵床身）组成。T 形床身可分为整体 T 形床身和前、后床身分开组装的 T 形床身。整体式床身的刚性和精度保持性都比较好，但是却给铸造和加工带来很大不便，尤其是大、中型机床的整体床身，制造时需要有大型设备。分离式 T 形床身，铸造工艺性和加工工艺性大大改善，其前、后床身连接处要配对刮研，连接时用定位键或特别的专用定位销定位，然后沿截面四周用大螺栓固紧，如图 11.15

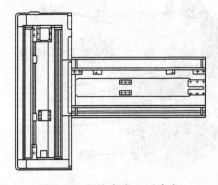

图 11.15　分离式 T 形床身

所示。这样连接的床身，在刚度和精度保持性方面，基本能满足使用要求。因此，大、中型卧式加工中心常采用分离式 T 形床身。

2. 床身的截面形状

床身的截面形状受机床结构设计条件和铸造能力的制约以及各厂家习惯的影响，种类繁多。数控机床的床身通常为箱体结构，通过合理设计床身的截面形状及尺寸，采用合理布置的肋板结构可以在较小质量下获得较高的静刚度和适当的固有频率。床身中常用的几种截面肋板布置如图 11.16 所示。床身肋板通常是根据床身结构和载荷分布情况进行设计

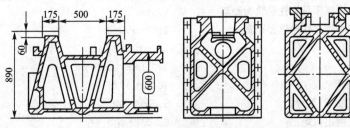

图 11.16　床身截面肋板布置

的，以满足床身刚度和抗振性要求，V 形肋有利于加强导轨支承部分的刚度，斜方肋和对角肋结构可明显增强床身的扭转刚度，并且便于设计成全封闭的箱形结构。此外，还有纵向肋板和横向肋板，分别对抗弯刚度和抗扭刚度有显著效果，米字形肋板和井字形肋板的抗弯刚度也较高。

11.6 XK714B 型数控立式铣床

11.6.1 XK714B 型数控立式铣床的组成及技术参数

1. 数控铣床的组成

数控铣床由机床主体、数控系统和伺服系统三大部分构成，具体结构如图 11.17 所示。

汉川机床 XK714B 型数控立式铣床的总体布局为床身式，即由工作台完成纵向、横向进给运动，由主轴箱完成垂直方向的进给运动，主要结构概述如下。

1) 床身和立柱

床身和立柱导轨采用矩形，承载能力强、精度好。立柱紧固在床身背后端，立柱内装有一套主轴箱重量平衡装置，主轴箱与平衡锤的重约为 1：1，立柱上的交流电动机带有制动器，使机床的使用更加安全、可靠。

2) 工作台、滑座

工作台由两部分组成，即工作台、滑座。工作台、滑座导轨副采用矩形导轨，承载能

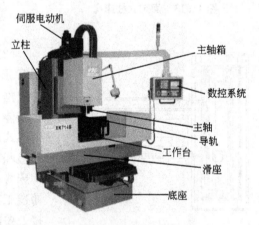

图 11.17 XK714B 型数控立式铣床

力强，工作台导轨、滑座下导轨贴塑，磨损低，精度保持性好，移动灵活、平稳、低速无爬行。

2. 机床的技术参数

工作台面积(长×宽)	800mm×400mm
三向行程(X、Y、Z)	630mm×400mm×500mm
主轴锥孔	7：24 ISO40
主轴端面到工作台面距离	125～625mm
主轴中心线到床身立柱导轨面距离	470mm
工作台中心到立柱导轨面距离	250～690mm
主轴转速	48～3000r/min
T 形槽	3×18H8×125 mm
工作台载荷	400kg
主电动机功率(型号)	5.5kW(CZ5)
主轴最大输出扭矩	62.5N·m
主轴直径	Φ75mm

快进速度($X \times Y \times Z$)	5000mm/min
切削进给速度	1~2000mm/min
进给电动机扭矩(X、Y、Z)	12(伺服电动机)N·m
滚珠丝杠直径(X、Y、Z)	Φ(40×10)mm
定位精度	0.025/500mm
重复定位精度	±0.008mm
外形尺寸	1660mm×2050mm×2300mm
整机质量	2900kg
数控系统	西门子802S

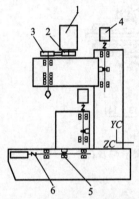

**图11.18　XK714B型数控
铣床传动系统图**

1—主轴电动机(5.5kW)；
2、3—带轮($m=5$,$z=58$)；
4—交流伺服电动机；
5—滚珠丝杆螺母；
6—弹性联轴器

11.6.2　XK714B型数控铣床传动系统

1. 主传动系统

XK714B型数控铣床传动系统如图11.18所示。主运动是数控铣床主轴的旋转运动，由装在机床主轴箱上的交流主轴电动机1来驱动，通过同步齿形带传至主轴上的带轮3，从而使主轴获得动力。主轴转速恒功率范围宽，低转速的扭矩较大，机床的主要构件刚度高，可进行强力切削，由于主轴系统进行了强力冷却，因此机床运转时噪声低、振动小、热变形小。如图11.19所示为XK714B型数控铣床主轴输出特性图，主轴系统选用北科电动机(额定功率5.5/7.5kW)。

2. 进给传动系统

主轴箱升降，工作台纵向移动，滑座横向移动，分别通过各坐标轴的交流伺服电动机和联轴节带动滚珠丝杠，获得各自的运动。

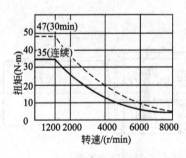 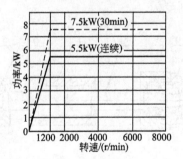

图11.19　主轴电动机特性图

11.6.3　XK714B数控铣床的主要结构

1. 主轴的结构

主轴组件是由主轴、主轴支承、装在主轴上的传动件和密封件组成。主轴端面有一端面键，既可通过它传递刀具的扭矩，又可用于刀具的周向定位。如图11.20所示为

XK714B 型数控立式床身铣床的主轴结构图。机床采用安装式主轴结构，主轴 9 用前轴承 6(三联组配角接触球轴承)和后端轴承 4 支承，前后轴承通过螺母 14 预紧；主轴前后轴承，均采用油脂润滑，动力是通过带轮 2 经键 3 传入主轴的，根据用户特殊要求主轴组件可增加编码器，主轴后端带轮 1 通过传动带带动安装在编码器上的带轮，从而带动编码器旋转，编码器可以在加工过程中完成攻螺纹。主轴锥孔中装有夹头 10，蝶形弹簧 5 通过拉杆 11 拉紧刀具，同时拉杆中心小孔通过压缩空气，用于清洁主轴锥孔的目的。

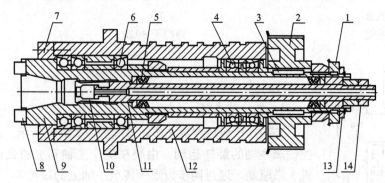

图 11.20 XK714B 型数控立式床身铣床主轴结构图

1、2—带轮($m=5$、$z=70$)；3、8—键；4、6—轴承；5—蝶形弹簧；

7—法兰盘；9—主轴；10—夹头；11—拉杆；

12—主轴支承体；13—垫圈；14—螺母

2. XK714B 型数控铣床 X 轴传动结构

XK714B 型数控铣床 X 轴传动结构如图 11.21 所示。交流伺服电动机 1 固定在支承座上，通过弹性联轴器 3 带动滚珠丝杠旋转，从而使与工作台连接的螺母移动，实现 X 轴的进给。滚珠丝杠经过预紧，消除了螺母与丝杠的间隙。为了减少丝杠热变形对加工精度的影响，对丝杠进行预拉伸，丝杠的预拉伸取消了丝杠热伸长对定位精度的影响，还提高了进给系统的刚度。

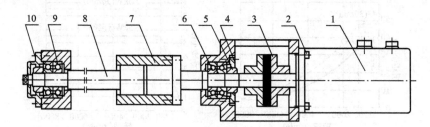

图 11.21 XK714B 型数控铣床 X 轴传动结构图

1—交流伺服电动机；2—螺钉；3—弹性联轴器；4、10—法兰盘；5—锁紧螺母；

6、9—丝杆专用轴承；7—螺母座；8—滚珠丝杆

3. XK714B 型数控铣床气路原理

XK714B 型数控铣床采用压缩空气给主轴吹气，保持主轴锥孔清洁，并且给松刀装置提供动力，气路系统主要包括过滤减压阀、气缸、三位五通阀、常闭二位二通换向阀、单向阀等部件，如图 11.22 所示。

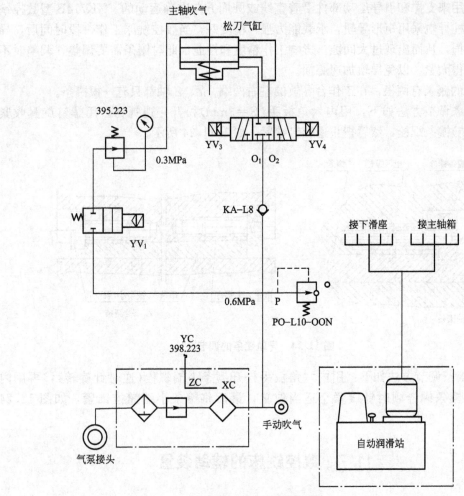

图 11.22 气路原理图

4．工作台与导轨镶条的调节

工作台是数控铣床伺服进给系统中的执行部件。XK714B 型数控铣床的工作台如图 11.23 所示。工作台由两部分组成，即工作台、滑座。工作台、滑座导轨副采用矩形导轨、贴塑。工作台面上有 3 条 T 型槽，中间的 T 型槽为基准 T 型槽。

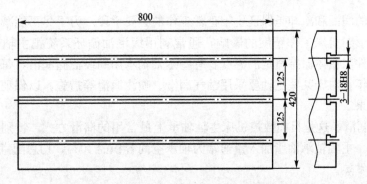

图 11.23 XK714B 型数控铣床工作台的尺寸

导轨是用来支撑和引导运动部件沿着直线或圆周方向准确运动的。XK714B 型数控铣床床身和立柱导轨采用矩形导轨，承载能力强、精度好。当数控铣床工作一段时间后，导轨会产生磨损，从而出现过大间隙，影响工作精度和性能，此时镶条需要调整，调整时不要将镶条收得太紧，以免导轨加速磨损。

X 轴上的镶条有两根，在工作台导轨的左右两端；Y、Z 轴都只有一根镶条。

X 轴镶条调节方法如下：用内六角扳手（$S＝3mm$）松开止退螺钉，用螺钉旋具收紧（顺时针旋转）镶条螺栓，然后把止退螺钉锁紧，如图 11.24 所示。

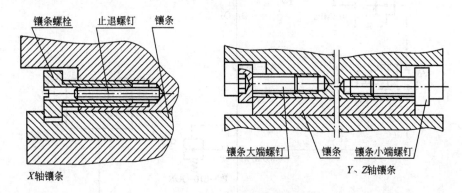

图 11.24 导轨镶条的调节

Y、Z 镶条调节方法如下：用内六角扳手松开镶条小端螺栓（逆时针旋转），再用内六角扳手将镶条螺栓顺时针旋紧至适当位置，最后将镶条小端螺栓锁紧，如图 11.24 所示。

11.7 数控铣床的辅助装置

11.7.1 润滑系统

数控铣床的润滑系统主要包括机床导轨、传动齿轮、滚珠丝杠及主轴箱等的润滑，其形式有电动间歇润滑泵和定量式集中润滑泵等。其中，电动间歇润滑泵用得较多，其自动润滑时间和每次泵油量，可根据润滑要求进行调整或用参数设定。

1. 主轴轴承润滑方式

主轴轴承的润滑和冷却是保证主轴正常工作的必要手段。为了尽可能减少主轴部件温升引起的热变形对机床工作精度的影响，通常利用润滑油循环系统把主轴部件的热量带走，使主轴部件与箱体保持恒定的温度。有些主轴轴承用高级油脂润滑，每加一次油脂可以使用 7～10 年。对于某些主轴要采用油气润滑、喷注润滑等措施，以保证在高速时的正常冷却润滑效果。

（1）油脂润滑。这是目前数控机床主轴轴承上最常用的润滑方式，特别是在前支承轴承上更是常用。主轴轴承油脂加入量通常为轴承空间容积的 10％，切忌随意填满。油脂过多会加剧主轴发热。

（2）油液循环润滑。主轴转速在 6000～8000r/min 之间的数控机床的主轴，一般采用油液循环润滑方式。由油温自动控制箱控制的恒温油液，经油泵打到主轴箱，通过主轴箱的分油器把恒温油喷射到各轴支承轴承和传动齿轮上，以带走它们所产生的热量。这种方式的润滑和降温效果都很好。

（3）油雾润滑。油雾润滑方式是将油液经高压气体雾化后从喷嘴成雾状喷到需要润滑部位的润滑方式。由于雾状油液吸热性好，又无油液搅拌作用，所以常用于高速主轴（速度为 8000～13000r/min）的润滑。但是，油雾容易吹出，污染环境。

（4）油气润滑。油气润滑方式是针对高速主轴开发的新型润滑方式。它是用极微量的油（8～16min 约 0.03cm³ 油）润滑轴承，以抑制轴承发热。

2. 导轨的润滑方式

数控机床导轨常用的润滑方式有油润滑和脂润滑。滑动导轨采用油润滑，滚动导轨两种方式都可采用。

（1）导轨的油润滑。数控机床的导轨采用集中供油，自动点滴式润滑。其润滑设备为集中润滑装置，主要由定量润滑泵、进回油精密滤油器、液位检测器、进给油检测器、压力继电器、递进分油器及油箱组成，可对导轨面进行定时、定量供油。

（2）导轨的脂润滑。脂润滑是将油脂润滑剂覆盖在导轨的摩擦表面上，形成黏结型固体润滑膜，以降低摩擦、减少磨损。润滑脂的种类较多，在润滑油脂中添加固态润滑剂粉末，可增强或改善润滑油脂的承载能力、时效性能和高低温性能。

11.7.2 排屑装置

为了数控机床的自动加工顺利进行和减少数控机床的发热，数控机床应具有合适的排屑装置。在数控机床的切屑中往往混合着切削液，排屑装置应从其中分离出切屑，并将它们送入切屑收集箱内；而切削液则被回收到切削液箱。常见的排屑装置有以下几种。

1. 平板链式排屑装置

该装置以滚动链轮牵引钢质平板链带在封闭箱中运转，切屑用链带带出机床，如图 11.25(a)所示。这种装置在数控机床使用时要与机床冷却箱合为一体，以简化机床结构。

2. 刮板式排屑装置

该装置的传动原理与平板链式基本相同，只是链板不同，带有刮板链板，如图 11.25(b)所示。这种装置常用于输送各种材料的短小切屑，排屑能力较强。

3. 螺旋式排屑装置

该装置是利用电动机经减速装置驱动安装在沟槽中的一根绞笼式螺旋杆进行工作的，如图 11.25(c)所示。螺旋杆工作时沟槽中的切屑即由螺旋杆推动连续向前运动，最终排入切削收集箱。这种装置占据空间小，适用于安装在机床与立柱间间隙狭小的位置上。螺旋槽排屑结构简单、性能良好，但只适合沿水平或小角度倾斜的直线运动排运切屑，不能大角度倾斜、提升和转向排屑。

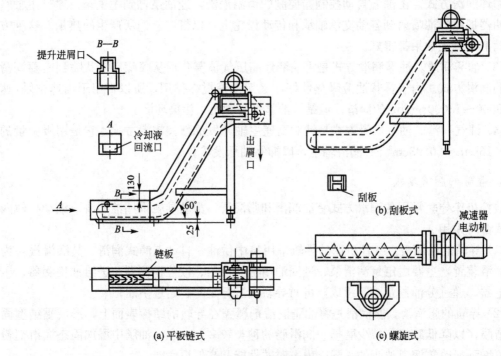

(a) 平板链式

图 11.25　排屑装置

练习与思考题

(1) 数控铣床的主轴轴承配置形式有哪几种？

(2) XK714B 型数控立式铣床的结构特点是什么？

(3) 试写出 XK714B 型数控立式铣床的主轴传动链。

(4) 试述 XK714B 型在各坐标方向上导轨镶条的调节方法。

(5) 数控铣床中常用的排屑装置有哪几种？它们的工作原理是什么？

第 12 章

数控铣床的安装与验收

教学提示

本章重点讨论了数控铣床的安装方法、安装过程及注意事项，介绍了数控铣床的调试步骤与验收方法。

教学要求

通过本章的学习，掌握数控铣床的安装方法、安装过程、调试步骤；了解数控铣床的验收方法及验收要求。

数控铣床精度高，如果安装和调试失误，会造成数控铣床精度丧失，机床故障率增加，所以数控铣床的安装与调试是使机床恢复和达到出厂时各项性能指标的重要环节。以下结合 XK714B 型数控铣床的安装、调试与验收为例进行说明。

12.1 数控铣床的安装

数控铣床的安装是指机床运送到用户，安装到车间工作场地的过程。一般包括基础施工、机床拆箱、吊装就位、连接组装等工作。安装时必须严格按照机床制造商提供的使用说明书及有关的标准进行，机床安装的好坏，直接影响到机床的正常使用和寿命。

12.1.1 数控铣床安装前的准备工作

1. 地基

数控铣床就安装在坚实平整的基础上，基础对于机床精度的保持和安全稳定的运行具有重要意义，一般根据机床制造厂提供的地基图设计进行施工。按照要求的工艺流程安排并做好地基。要考虑机床电缆连接及相关管道、地脚螺栓的位置，并要注意设备间距，满足安装施工与调整、产品加工活动的空间，确保安全操作与维护的要求。

安装机床的地基有两种：一种是运用地脚螺钉，另一种是运用防震垫。

1) 地脚螺钉安装

安装机床应首先选择一块平整的地方，然后根据规定安排环境和地基图决定安装空间并做好地基。占地面积包括机床本身的占地和维修占地。此要求已在地基图中做了规定。如图 12.1 所示是 XK714B 型数控铣床的地基图。

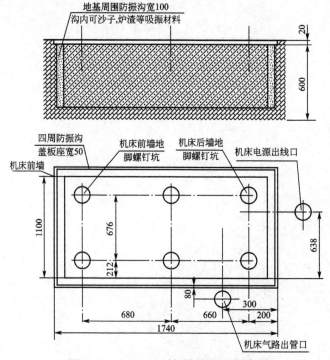

图 12.1　XK714B 型数控铣床的地基图

2）防震垫安装

防震垫的特点为：减振橡胶有效地衰减机器自身的振动，减少振动力外传，阻止振动力的传入，保证加工尺寸精度及质量。机床安装不需设置地脚螺栓与地面固定，良好的减振和相当的垂直挠度，使机床稳定于地面，节省安装费用、缩短安装周期。可根据生产随时调换机床位置，消除二次安装费用，使机床楼上安装成为可能。防震垫铁可以调节机床水平，调节范围大、方便、快捷。

2. 气源

气源压力：0.7～1MPa。

气压管路安装在机床立柱右侧下部，打开护罩，有一过滤减压阀，对压缩空气进行过滤并调整压力，其输入端就用内径为 8mm 的软管连接。

3. 环境条件

数控系统中过高的温度或湿度可能引起控制机构的失灵，同样温度过低使润滑油的黏度加大，或使气动装置中的水受冻而损坏装置。机床不应安装在以下位置：温度在明显变化的环境，如机床的安装位置有直接或靠近热源的地方；湿度大的地方；灰尘太大、太脏的地方；机床周围有震源的地方；地面软而不结实的地方。

建议在以下环境条件下使用机床。

（1）环境温度：5°～40°。

（2）相对湿度：低于 75%。

（3）最大温度变动：1.1℃/分。

4. 电源

根据参数表规定的总电源，准备好电源线和接地线。

5. 开箱验收

数控铣床到厂后，设备管理部门要及时组织有关人员开箱验收。参加验收的人员应包括设备管理人员或设备采购员、设备计划调配员等，如果是进口设备还须有进口商务代理、海关商检人员等。

拆箱时要注意安全，不要倾倒或损伤工作面与零部件。开箱时先进行外观检查：包装箱是否完好、有无受潮；机床外观有无明显损坏，是否有锈蚀、脱漆、部件移位或脱落现象。

外包装拆开后，验收的主要内容如下。

（1）装箱单。

（2）核对应有的随机操作、维修说明书、图样资料、合格证等技术文件。

（3）按合同规定，对照装箱单清点附件、备件、工具的数量、规格及完好状况。

（4）检查主机、数控柜、操作台等有无明显撞碰损伤、变形、受潮、锈蚀等，并逐项如实填写"设备开箱验收登记卡"入档。

开箱验收时，如果发现有短件或型号规格不符或设备已遭受损伤、变形、受潮、锈蚀等严重影响设备质量的情况，应及时向有关部门反应、查询、取证及索赔。开箱验收虽然只是一项清点工作，但也很重要，不能忽视。

12.1.2　数控铣床的安装步骤

1. 吊运

吊运机床时，应特别小心避免机床 NC 系统、高压开关板等受到冲击。在吊运机床之前，应检查各部位是否牢固不动，机床上有无不该放置的物品。必须使用制造厂提供的专用起吊工具与说明书指导的方法进行起吊与就位，确认钢丝绳的安全选择、起吊位置与起吊方式。安全检查与安全措施是最重要的。

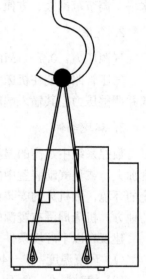

XK714B 数控铣床为一整箱出厂，整箱吊运时（图 12.2）应按包装箱指示的位置吊运，不要倾斜，更不允许倒置。应按以下要求吊运机床：拆箱后，首先应将附件箱、冷却液箱、垫铁、地脚螺钉等拿下，取掉按钮站下的垫木。松开包装箱上的坚固螺钉，并拆掉工作台防护罩，将两根直径 50mm 左右的钢管插入床身前后端的起重孔内，穿上钢丝绳子，将机床整体吊运到安装地基上。要机床与钢丝绳接触外垫上木块或其他软材料以保护漆皮。在机床吊离包装箱的过程中，要避免磕撞和震动，以免损伤机床零件和油漆表面，影响机床使用性能和外观质量。吊装绳索不许压在管缆防护套等部位，以免压坏。

图 12.2　机床吊装示意图

2. 安装就位

机床安装在地基上的 6 块垫铁上（地基型式及垫铁布置见"地基图"），抽出两根直径 50mm 的起吊钢管，拆掉运输紧固件，松开吊臂及按钮站的坚固螺钉。

3. 数控铣床部件组装

铣床部件的组装是指将分解运输的机床重新组合成整机的过程。组装前注意做好部件表面的清洁工作，将所有连接面、导轨、定位和运动面上的防锈涂料清洗干净，注意不许划伤导轨面，用汽油清洗导轨面，不许有任何尘屑等物，防止锈蚀及划伤导轨，然后准确可靠地将各部件连接组装成整机。在组装各部件、数控柜、电气柜的过程中，机床各部件之间的连接定位要求使用原装的定位销、定位块和其他定位元件，这样各部件在重新连接组装后，能够更好地还原机床拆卸前的组装状态，保持机床原有的制造和安装精度。

在完成机床部件的组装之后，按照说明书标注和电缆、管道接头的标记，连接电缆、油管、气管可靠地插接和密封连接到位，要防止出现漏油、漏气和漏水问题，特别要避免污染物进入液、气压管路，否则会带来意想不到的麻烦。总之要力求使机床部件的组装达到定位精度高、连接牢靠、构件布置整齐等良好的安装效果。

XK714B 数控铣床组装完，经检查无误后，给机床通电，使主轴箱以 60mm/min 左右的速度向上（不允许向下）移动，取掉工作台上的垫木，然后使主轴箱以 200mm/min 左右的速度向下移动（保持钢丝绳在滑轮槽内）适当距离抽掉立柱内的装锤用棒。

用水平仪粗调机床的安装水平后，按以下步骤重新组装机床以下机床各部。

（1）将冷却液箱吊放在主机左侧，按"机床外观图"位置摆放，接好冷却管及冷却电动机线。

（2）安装好工作台防护罩及床身导轨后端的斜防护罩。

4. 机床水平调整

接通电源，并将工作台、滑座、主轴箱等移动部件分别置于各行程中间位置，对机床的安装水平进行调整，水平仪在纵向、横向的读数均不应超过 0.04/1000，还应确保运动水平（工作台导轨不扭曲）也在合格范围内。

12.2　数控铣床的调试

数控铣床在调试前，应按机床说明书要求给机床润滑油箱、滑点灌注规定的油液和油脂，给液压油箱内灌入规定标号的液压油，接通外接气源。XK714B 数控铣床要给自动润滑站加入约 30 升 40 号精密机床导轨油。调试前应认真阅读《使用说明书》（包括机械部分和电气部分）以及《操作和编程用户手册》等随机附带的技术文件，了解机床的结构及注意事项。

1. 试运行

通电试铣按照先局部分别供电试验，然后再做全面供电试验的秩序进行。接通电源后首先查看有无故障报警，检查散热风扇是否旋转，各润滑油窗是否给油，液压泵电动机转动方向是否正确，液压系统是否达到规定压力指标，冷却装置是否正常等。在通电试铣过程中要随时准备按压急停按钮，以避免发生意外情况时造成设备损坏。

（1）主轴箱试运转：应先点动，然后由低速至高速逐级运转，每级转速至少运转 5 分钟。

主轴试运转转速顺序见表 12-1。

表 12-1　主轴试运转转速

主轴转速 r/min	40	60	90	120	200	300	460	700	1000	2400	3000

（2）进给系统试运转：检查纵向、横向和垂直向限位开关工作的可靠性，3 个坐标分别进行低、中、高速试运转。

试验时运动部件移动应平稳、灵活，无明显爬行和振动，限位可靠。当设备运行达到正常要求时，用水泥灌注主机和各部件的地脚螺栓孔，待水泥养护期满后再进行机床几何精度的精调和试运行。

2. 数控铣床几何精度的调整

机床精度调整主要包括精调机床床身的水平和机床几何精度。机床地基固化后，利用地脚螺栓和调整垫铁精调机床床身的水平，以普通精度机床，水平仪读数不超过 0.04/1000，对于高精度机床，水平仪读数不超过 0.02/1000，然后移动床身上工作台，在各坐标全行程内观察记录机床水平的变化情况，并调整相应的机床几何精度，使之达到允差范围。

3. 机床功能调试

机床功能调试是指机床试铣调整后，检查和调试机床各项功能的过程。调试前，首先应检查机床的数控系统及可编程控制器的设定参数是否与随机表中的数据一致。

（1）人工用按键、开关操作机床各部位进行试验（即手动功能试验），如手动操作、点动、编程、数据输入等是否正确无误，机床照明灯、切削液、排屑器能否正常工作。

（2）用数控程序操作机床各部位进行试验，如自动运行方式、常用指令执行情况等是否正确无误。

4. 机床试运行

1）机床连续空运转试验

为了全面地检查机床的功能及工作可靠性，数控铣床在安装调试完成后，要求在一定负载或空载条件下，按规定时间进行自动运行检验，较全面地检查机床功能及工作可靠性。自动运行检验模拟工作状态做不切削的连续空运转，时间一般为连续运转 48h，要求连续运转不发生任何故障，这个过程称为安装后的试运行。程序要包括控制系统的主要功能，如主要的 G 指令、M 指令、宏程序、主轴最高最低和常用转速、快速和常用进给速度。如有故障或排障时间超过了规定的时间，则应对机床进行调整后重新做自动运行检验。

2）机床负荷试验

机床负荷试验包括工作台承载工件最大重量的运转试验、主传动系统最大转矩的试验、主传动最大切削抗力的试验和主传动系统达到最大功率试验等内容。

12.3 数控铣床的验收

完成一台数控铣床的全部检测验收工作是一项复杂的工作，对试验检测手段及技术要求也很高。它需要使用各种高精度仪器，对机床的机、电液、气的各部分及整机进行综合性能及单项性能的检测，包括进行刚度和热变形等一系列机床试验，最后得出对该机床的综合评价。对于一般的数控铣床用户，其验收工作主要是根据机床出厂检验合格证上规定的验收条件及实际能提供的检测手段来部分地或全部地检验合格证上各项技术指标。用户在机床验收过程中主要进行如下工作。

12.3.1 数控铣床检测验收工具

目前常用的检测工具有：精密水平仪、直角尺、平尺、千分表、激光干涉仪、三坐标测量机、高精度主轴心棒及刚性好的千分表杆、噪声仪、点温计等。使用的检测工具精度等级必须比所测项目的几何精度要高一个等级。

12.3.2 数控铣床几何精度的检查

数控铣床的几何精度综合反映机床的关键机械零部件及其组装后的几何形状误差。数控铣床的几何精度检查和普通机床的几何精度检查基本相似，使用的检测工具和方法基本相同。

对各项几何精度检测工作应在精调后一气呵成，不允许检测一项调整一项，分别进行，否则会造成由于调整后一项几何精度而把已检测合格的前一项精度调成不合格。机床几何精度检测应在机床稍有预热的条件下进行，所以机床通电后各移动坐标应往复运动几次，主轴也应按中速回转几分钟后才能进行检测。在检测中要注意消除检测工具和检测方法的误差。

现以 XK714B 型数控铣床为例，该机床的几何精度检测内容如下。

(1) 工作台面的平面度。

(2) 各坐标方向移动的垂直度。

(3) 工作台面与工作台纵向移动(X 轴线)在 ZX 垂直平面内的平行度。

(4) 工作台面与横向滑座移动(Y 轴线)在 YZ 垂直平面内的平行度。

(5) 中央或基准 T 形槽与工作台纵向移动(X 轴线)的平行度。

(6) 主轴定心轴颈的径向跳动(用于有定心轴颈的机床)。

(7) 周期性轴向窜动。

(8) 主轴轴肩支承面的跳动(包括周期性轴向窜动)。

(9) 主轴轴线与工作台面的垂直度。

(10) 主轴箱垂直移动(Z 轴线)的直线度。

12.3.3　机床定位精度的检查

机床的定位精度是表示所测量的机床各运动部件在数控装置控制下，运动所能达到的精度。因此，根据实测的定位精度值，可以判断出机床自动加工过程中能达到的最好的工件加工精度。定位精度主要检测以下几个项目。

(1) 直线运动的定位精度。

(2) 直线运动重复定位精度。

(3) 直线运动轴机械原点的返回精度。

(4) 直线运动反向误差。

(5) 回转轴线的定位精度。

(6) 回转轴线的重复定位精度。

(7) 回转轴线的机械原点的返回精度。

(8) 回转轴线的反向误差。

12.3.4　机床工作精度的检查

机床工作精度实质上是对机床的几何精度和定位精度在切削加工条件下的一项综合检查。机床工作精度检查可以是单项加工，也可以加工一个标准的综合性试件。被切削加工试件的材料除特殊要求外，一般都采用 45 号钢，使用硬质合金刀具按标准的切削用量切削。

对于 XK714B 型数控铣床来说，其主要单项加工有以下几项。

(1) 端面切削试件的平面度。

(2) 轮廓加工几何精度检验。检验项目包括孔圆柱度、孔中心轴线与基面的垂直度等。

12.3.5　机床性能及数控系统性能检查

机床性能试验一般有 10 项内容，现以一台 XK714B 型数控铣床为例说明一些主要验收项目。

1. 主轴系统性能

(1) 用手动方式选择高、中、低 3 个主轴转速，连续进行 5 次正转和反转的启动和停止动作，试验主轴动作的灵活性和可靠性。

(2) 用数据输入方式(MDI 方式)，主轴从最低一级转速 3 个主轴转速开始运转，逐级提高到允许的最高转速，实测各级转速，允差为设定值的 ±10%，同时观察机床的振动。主轴在长时间高速运转后(一般为 2h)允许温升 15℃。

2. 进给系统性能

(1) 分别对各坐标进行手动操作，试验正、反向的低、中、高速进给和快速移动的启动、停止、点动等动作平衡性和可靠性。

(2) 用数据输入方式(MDI 方式)测定 G00 和 G01 状态下各种进给速度，允差为 ±5%。

3. 机床噪声

机床空运转时总噪声不得超过标准规定的 80dB。由于数控铣床采用电调装置，所以主油箱的齿轮并不是最大的噪声源，而主轴电动机的冷却风扇和液压系统液压泵等处噪声可能成为最大的噪声源。

4. 电气装置

在机床运转试验前后要分别做一次绝缘检查，检查接地线质量，确认绝缘的可靠性。

5. 数控机能

检查数控柜的各种指示灯，检查操作面板、电柜冷却风扇和密封性等运作及功能是否正常可靠。按照机床配备的数控系统的说明书，用手动或数控程序自动的检查方法，检查数控系统的主要使用功能，如定位、插补、暂停、自动加减速、坐标选择、刀具位置补偿、刀尖半径补偿、拐角功能选择、加工循环、行程停止、选择停机、程序结束、冷却的启动和停止、单段运行、原点偏移、跳读程序、程序暂停、进给速度修调、进行保持、紧急停止、程序号显示及检索、位置显示、螺距误差补偿、间隙补偿及用户宏程序等功能的准确性及可靠性。

6. 安全装置

检查对操作者的安全性和机床保护功能的可靠性，如各种安全防护罩、机床各运动坐标行程极限的保护、自动停止功能，各种电流和电压的过载保护和主轴电动机的过热过负荷紧急停止功能等。

7. 润滑装置

检查定时定量润滑等装置的可靠性，检查油路有无渗漏，油路到各润滑点油量分配等功能的可靠性。

8. 气、液装置

检查压缩空气和液压油路的密封、调压功能，液压油箱的正常工作情况。

9. 附属装置

检查机床各附属装置功能的可靠性，如冷却液装置能否正常工作，冷却防护罩有无泄漏，排屑器的工作质量等。

10. 连续空载运转

作为综合检查整台机床自动实现各种功能可靠性的最好办法，是让机床长时间地连续空载运行，如 8h、16h 和 24h 等，考核机床的稳定性。

采用以上程序连续运行，检查机床各项运动、动作的平稳性和可靠性。在规定的时间内，若无外部原因，不允许出现故障中断。若出现故障中断，则需重新按照初始规定的时间考核，不允许分段进行累计至所规定的运行时间。

12.3.6 数控铣床外观检查

机床外观要求，一般按照通用机床有关标准，但数控铣床是价格昂贵的高技术设备，对外观要求更高，对各级防护罩、油漆质量、机床照明、切屑处理、电线和气、油管走线固定防护等都有进一步的要求。

练习与思考题

(1) 试述数控铣床安装与调试的工作内容。

(2) 数控铣床在通电试铣前应做哪些准备工作？

(3) 用户验收数控铣床的依据是什么？具体验收的内容应包括哪些？

(4) 数控铣床几何精度和定位精度检测包括哪些方面？

第 13 章

数控铣床的维护

教学提示

本章重点讨论了数控铣床的操作规程、日常维护，介绍了数控铣床在维修过程中如何进行故障诊断、提出维修解决方案，为正确选用及维修数控铣床创造了条件。

教学要求

通过本章的学习，掌握数控铣床基本维护与维修知识，具备一定的机床维护能力及基本的机床维修能力。

13.1 数控铣床的使用要求

1. 使用数控铣床应注意的问题

数控铣床的整个加工过程都是数控系统按照编制好的程序完成的，如果出现稳定性、可靠性和准确性方面的问题，一般排除故障的过程不太容易。因此要求除了掌握数控铣床的性能及细心操作外，还要注意消除各种不利因素的影响，以保证数控铣床正常工作。

1) 数控铣床的使用环境

(1) 数控铣床要避免阳光的直接照射，不能安装在潮湿、粉尘过多或污染太大的场所，否则会造成电子元件性能指标下降，电器接触不良或电路短路故障，影响机床的正常运行。

(2) 数控铣床要远离振动大的设备，如冲床、锻压等设备，对于高精密的机床要采取专门的防振措施。

(3) 在有条件的情况下，将数控铣床置于空调环境下使用，其故障率会明显降低。对于精度高、价格贵的数控铣床使其置于有空调的环境中使用是比较理想的。

2) 严格遵循操作规程

数控铣床是高效自动化设备，其安全性要比一般性设备有着更多值得注意的地方。操作人员要有较强的责任心，严格遵循操作规程，尽量避免因操作不当引起的故障。

3) 数控铣床对电源的要求

由于我国的供电条件普遍比较差，电源波动幅度时常超过10%，在交流电源上往往叠加有高频杂波信号，用示波器可以清楚地观察到，有时还会出现幅度很大的瞬间干扰信号，很容易破坏机内的程序或参数，影响机床的正常运行。在条件许可的情况下，对数控铣床采取专线供电或增设电源稳压设备，以减少供电质量的影响和减少电气干扰。

4) 数控铣床发生故障时的处理

当数控铣床发生故障时要保留现场，维修人员要认真了解故障前后经过，做好故障发生原因和处理的记录，查找出故障并及时排除，减少停机时间。

5) 尽量提高机床的利用率

购买的数控铣床要尽快投入使用，尤其在保修期内要尽可能提高机床利用率，使故障隐患和薄弱环节充分暴露出来，及时保修，节省维修费用。数控铣床闲置会使电子元器件受潮，加快其技术指标下降或损坏。长期不使用的数控铣床要每周通电1~2次，每次空运行1h左右，以防止机床电器元件受潮，并能及时发现有无电池报警信号，避免系统软件的参数丢失。

2. 数控铣床的操作规程

操作规程是保证数控铣床安全运行的重要措施，操作者必须按操作规程的要求进行操作。以避免发生人身、设备、刀具等的安全事故。要明确规定开机、关机的顺序和注意事项，例如开机后首先要回机床零点，按键顺序为 Z、X、Y，然后是其他轴。在机床正常运行时不允许开关电气柜门，禁止按"急停"和"复位"按钮，不得随意修改参数。为此，数控铣床的安全操作规程如下。

（1）床前应清理好工作现场，并仔细检查各控制开关位置是否正确、灵活，安全装置是否齐全可靠。

（2）加工前应将机床门闭紧，以免发生安全事故。

（3）开机前，首先检查油池、油箱中油量是否充足，油路是否畅通。

（4）工件必须装夹牢固，以免松动造成事故。

（5）铣床外基准面或滑动面上不准堆放工具、产品等以免碰伤而影响机床。

（6）每道加工程序走完后，待工作台回至原位，再停机。

（7）机床动转时，操作者不得离开，应时刻注意显示器及控制面板上的报警信号显示。

（8）机床上各类部件，安全防松装置不得任意拆除，所有附件均应妥善保管，保持完整良好。

（9）工作结束后对设备进行日常检查保养，切断电源，清理环境。

13.2 数控铣床的日常维护保养

数控铣床集机、电、液、气、光于一体，元器件多、技术复杂，坚持做好数控铣床的日常保养，可以有效地提高元器件的使用寿命，延长机械零件的磨损周期，避免产生或及时消除事故隐患，使机床保持良好的运行状况。不同型号数控铣床日常保养的内容和要求各不相同，对于具体机床可以按照说明书的具体要求进行保养。

13.2.1 数控铣床的维护工作内容

数控铣床基本上需要以下几方面的维护工作。

1. 严格遵守操作规程和日常维护制度

数控系统的编程、操作和维修人员必须经过专门的技术培训，严格按机床和系统使用说明书的要求正确、合理地操作机床，尽量避免因操作不当而引起的故障。

2. 使机床保持良好的润滑状态

定期检查清洗自动润滑系统，当润滑油不足时，应按说明书的要求加入牌号、型号等合适的润滑油，确保运动部位始终保持良好的润滑状态，降低机械磨损速度。

3. 定期检查液压、气动系统

对液压系统定期进行油质化验检查，更换液压油，并定期对各润滑、液压、气压系统和过滤器或过滤网进行清洗或更换，对气压系统还要注意及时为分水滤气器放水。

4. 定期检查清扫

防止灰尘进入数控装置内，如数控柜空气过滤器灰尘积累过多，会使柜内冷却空气流通不畅，引起柜内温度过高而使数控系统工作不稳定。因此，应根据周围环境温度状况，定期检查清扫。电气柜内电路板和元器件上积有灰尘时，也应及时清扫。

5. 适时对各坐标轴进行超程限位试验

硬件限位开关由于切削液等原因会使其锈蚀，平时主要靠软件限位起保护作用，如果关键时刻因硬件限位开关锈起作用将产生碰撞，甚至损坏丝杆。

6. 定期检查电气部件

检查各插头、插座、电缆、各继电器的触点是否出现接触不良、断线和短路等故障。检查各印制电路板是否干净。检查主电源变压器、各电动机的绝缘电阻是否在 1MΩ 以上。平时尽量少开电气柜门，以保持电气柜内清洁。

7. 数控铣床长期不用时的维护

如果数控铣床长期不用，则要定期通电，并进行机床功能试验程序的完整运行，要求每 1～3 周通电运行一次。

8. 定期更换存储器用电池

数控系统中部分 CMOS 存储器中的存储内容在关机时靠电池供电保持。当电池电压降到一定值时就会造成参数丢失。因此，要定期检查电池电压，一般每年更换一次。更换电池时一定要在数控系统通电状态下进行，这样才不会造成存储参数丢失并做好数据备份。

9. 备用印制电路板长期不用的维护

对所购数控铣床中的备用电路板，应定期装到数控系统中通电运行一段时间，以防止损坏。

10. 定期进行机床水平和机械精度检查并校正

硬方法一般要在机床进行大修时进行，如进行导轨修刮、滚珠丝杆螺母预紧调整反向间隙等，并适时对各坐标轴进行超程限位检验。软方法主要是通过系统参数补偿，如丝杆反向间隙补偿、各坐标定位精度定点补偿、机床回参考点位置校正等。

13.2.2 数控铣床的定期维护保养

一台数控铣床定期维护工作主要包括以下几方面。

（1）每天检查的项目：导轨润滑箱、各轴导轨面、压缩空气气源压力，气源自动分水滤气器装置和自动空气干燥器、气液转换器和增压器油面、主轴润滑恒温油箱、机床液压系统、液压平衡系统、数控装置的输入/输出单元、各种电气柜散热通风装置、各种防护装置及机床各运动部件的工作状态。

（2）每半年保养的项目：各种过滤网的清洗，润滑滚珠丝杆、液压油路的清洗或换油，主轴润滑恒温油箱的清洗或换油。

（3）每年保养的项目：检查并更新直流伺服电动机电刷，清洗润滑油泵及滤油器，更换数控装置电源电池等。

（4）不定期保养维护工作主要有：切削液箱中的切削液、切削液更换、排屑器、清理废油池，检查各轴导轨上的镶条、压紧滚轮松紧状、调整主轴驱动带松紧。对于机床频繁运动的部件，无论是机械还是控制驱动部分，都应作为重点定时检查对象。

数控铣床 XK714B 的维护见表 13-1。

表 13-1 数控铣床保养一览表

序号	周期	检查部位	检查要求
1	按消耗加油	润滑油站	检查油量，不足时添加 40 号精密机床导轨油；润滑液压泵是否定时启动打油及停止
2	每天	气源压力	气动控制系统压力是否在正常范围 0.7～1MPa 之内
3	每周	自动分水过滤器	检查过滤器底部，当自动分水过滤器堵塞时，拧下进行清洗
4	每年	各丝杆支承轴承及重锤滑轮支架轴承	每年换 1 号钙基润滑脂
5	不定期	各轴导轨镶条	按说明书要求调整松紧状态
6	不定期	冷却液箱	随时检查液面高度，及时添加冷却液，太脏应及时更换
7	不定期	机身前端面	检查油面，达到油标 1/2 时拧开油堵放油

13.3 数控铣床的故障诊断与维修

13.3.1 数控铣床的故障诊断与维修基本方法

1. 数控铣床故障类型

数控铣床故障按故障性质、原因等，可分以下几种类型。

1）机械故障与电气故障

常见的机械故障主要有：机械传动故障与导轨运动摩擦过大，表现为传动噪声大、加工精度差、运行阻力大等。

电气故障分弱电故障与强电故障。弱电部分主要指 CNC 装置、PLC 控制器、CRT 显示器以及伺服单元、输入/输出装置等电子电路，这部分又有硬件故障和软件故障之分。强电部分是指断路器、接触器、继电器、开关、熔断器、电源变压器、电机、电磁铁、行程开关等电气元件及其所组成的电路，这部分的故障特别常见，必须引起足够的重视。

2）系统性故障和随机性故障

系统性故障，通常是指只要满足一定的条件或超过某一设定的限度，工作中的数控铣床必然会发生的故障。这一类故障现象极为常见。

随机性故障，通常是指数控铣床在同样的条件下工作时只偶然发生一次或两次的故障，有时称此为"软故障"，其原因分析与故障诊断比其他故障困难得多。

3）有报警显示的故障与无报警显示的故障

有报警显示的故障，这类故障又分为硬件报警显示与软件报警显示两种。

无报警显示的故障，这类故障发生时无任何硬件或软件的报警显示，因此分析诊断难度较大。

4）机床品质下降故障

这类故障的发生是由于数控铣床自身的原因引起的，与外部使用环境无关。数控铣床所发生的绝大多数故障均属此类故障。

5）硬件故障、软件故障

硬件故障指数控装置的电路板上的集成电路芯片、分立元件等发生故障，常见是输入/输出接口损坏、功放元件损坏等。

软件故障指数控系统加工程序错误、系统参数设定不正确等。

6）干扰故障

干扰故障指由于内部和外部干扰引发的故障，如接地不良、工作环境恶劣等引发的故障。

2. 数控铣床故障诊断的一般方法

（1）根据控制系统 LED 或数码管的指示进行故障诊断。控制系统 LED 或数码管的指示是机床的自诊断功能，结合故障报警号可明确地指示出故障的位置。

（2）根据 PLC(PMC)状态或梯形图进行故障诊断。

（3）根据机床参数进行故障诊断。机床参数常存在于 RAM 中，由于误操作等原因可能发生参数丢失而引起机床故障。此时通过核对、修正参数，就能将故障排除。

（4）根据报警号进行故障诊断。在现代数控系统内部，不但有上述的自诊断功能、状态显示等软件报警，而且还有许多硬件报警指示灯，它们对分布在电源单元、伺服单元、控制单元、输入/输出单元等部件上，根据这些报警灯的指示可大致判断出故障所在部位。

（5）互换元件方法。在数控铣床上，如果某些部分元器件基本相同或具有备件时可采用交换元器件的方法迅速找到故障所在位置。如伺服系统出现问题，可用无问题轴的伺服系统进行替代互换，当问题转移时，可确定故障部位在本轴伺服系统上；如果替代后问题仍然存在，则故障不在本轴伺服系统，而是在伺服系统的前部和后部。

（6）用诊断程序进行故障诊断。

（7）测量比较。数控系统生产厂商在设计印制电路板时，为了调速、维修方便，在印制电路板上设计了多外检测用端子，用户也可利用这些端子将正常的印制板和出故障印制板进行测量比较(包括测量端子的电压和波形)，分析故障的原因及故障的所在位置。

（8）原理分析法。根据系统部件的组成原理，可从逻辑上分析各点的应用特征，并用逻辑分析法进行测量比较，从而对故障定位。但这要求维修人员对系统的原理有深刻的了解。

进行故障诊断时，各种方法只有同时运用，进行故障综合分析，才能较快地排除故障。

3. 故障诊断与维修的步骤与原则

数控铣床系统型号很多，所产生的故障原因往往较复杂，各不相同，这里介绍调查故障的一般方法和步骤。一旦故障发生，通常按以下步骤进行。

（1）调查故障现场，充分掌握故障信息。

（2）分析故障原因，确定检查的方法和步骤。

在故障诊断过程中，应充分利用数控系统的自诊断功能，如系统的开机诊断、运行诊断、PLC 的监控功能。根据需要随时检测有关部位的工作状态和接口信息。同时还应灵活应用数控系统故障检查这一行之有效的方法，如交换法、隔离法等。

在诊断排除故障中还应掌握以下若干原则。

1）先检查后通电

先在机床断电的静止状态，通过了解、观察、测试、分析，确认通电后不会造成故障扩大，不会发生事故后，方可给机床通电。在运行状态下，进行动态的观察、检验和测试，查找故障。而对通电后会发生破坏性故障的，必须先排除危险后，方可通电。

2）先外部后内部

现代数控系统的可靠性越来越高，数控系统本身的故障率越来越低，而大部分故障的发生则是非系统本身原因引起的。由于数控铣床是集机械、液压、电气为一体的机床，其故障的发生也会由这三者综合反映出来。维修人员应先由外向内逐一进行排查，尽量避免随意地启封、拆卸，否则会扩大故障，使机床丧失精度、降低性能。系统外部的故障主要是由于检测开关、液压元件、气动元件、电气执行元件、机械装置等出现问题而引起的。

3）先机械后电气

一般来说，机械故障较易发觉，而数控系统及电气故障的诊断难度较大。在故障检修之前，首先注意排除机械性的故障。

4）先简单后复杂

当出现多种故障互相交织，一时无从下手时，应先解决容易的问题，后解决难度较大的问题。往往简单问题解决后，难度大的问题也可能变得容易。

5）先一般后特殊

在排除故障时，要先考虑最常见的可能原因，然后分析很少发生的特殊原因。

13.3.2 数控铣床故障诊断与维修实例

1. 实例 1：加工过程停机的故障维修

故障现象：数控铣床加工过程中突然出现停机。

分析及处理过程：打开数控柜检查发现 Y 轴电动机主电路保险烧坏，经检查是与 X 轴有关的部件，最后发现 X 轴电动机动力线有几处磨损，搭在床身上，造成短路。更换动力线后故障消失，机床恢复正常。

2. 实例 2：跟踪误差过大的故障维修

故障现象：某工厂 XK7140G 数控立式铣床，在自动加工时，出现 X 轴跟踪误差过大报警。

分析与处理过程：该机床采用闭环控制系统，伺服电动机与丝杆采用直联的连接方式。在检查系统控制参数无误后，拆开电动机防护罩，在电动机伺服带电的情况下，用手扭动丝杆，发现丝杠与电动机有相对位移，可以判断是由电动机与丝杠连接的胀紧套松动所致的，紧固紧定螺钉后，机床恢复正常。

3. 实例 3：出现报警号故障维修

故障现象：某工厂 XK715 数控立式铣床，开机后不久出现 403 伺服未准备好，420、

421、422 号 X、Y、Z 各轴超速报警。

　　分析与处理过程：这种现象常与参数有关。检查参数后，发现数据混乱。将参数重新输入，上述报警消失。再对存储器重新分配后，机床恢复正常。

练习与思考题

　　(1) 数控铣床日常保养主要包括哪些内容？

　　(2) 数控铣床的故障类型有哪些？

　　(3) 数控铣床的主要诊断方法有哪些？

第三篇

加工中心

第 *14* 章

加工中心概述

教学提示

本章在介绍加工中心的特点、分类、布局、发展的基础上，介绍了加工中心的构成。

教学要求

通过本章的学习，了解加工中心的特点、分类、发展；掌握加工中心的构成原理；理解各种加工中心的布局形式。

加工中心机床(Machine Center)又称多工序自动换刀数控机床。它主要是指具有自动换刀及自动改变工件加工位置功能的数控机床，能做镗孔、铰孔、攻螺纹、铣削等多工序的自动加工。有些加工中心机床总是以回转体零件为加工对象，如车削中心。但大多数加工中心机床是以非回转体零件为加工对象，其中较为常见且具有代表性的是自动换刀数控卧式镗铣床。

加工中心机床适用于加工精密、复杂的零件，周期性重复投产的零件，多工位、多工序集中的零件，具有适当批量的零件等。其主要加工的对象为：箱体类零件，复杂曲面，异形件，盘、套、板类零件，如图 14.1 所示。

图 14.1　加工中心加工的零件

14.1　加工中心的特点

1958 年世界上的第一台加工中心是在美国由卡尼·特雷克(Kearney&Trecker)公司制造出来的。加工中心的结构，无论是基础大件、主传动系统、进给传动系统、刀具系统、辅助功能等部件结构，还是整体布局、外部造型等都已发生了很大变化，已形成数控机床的独特机械结构。加工中心是典型的集高新技术于一体的机械加工设备，与普通数控机床相比，它具有以下几个突出特点。

1. 工序集中

加工中心具有自动刀具交换装置 ATC (Automatic Tool Changer)，备有刀库并能自动更换刀具，对工件进行多工序加工，使得工件在一次装夹后，数控系统能控制机床按不同工序，自动选择和更换刀具，自动改变机床主轴转速、进给量和刀具相对工件的运动轨迹。更大程度地使工件在一次装夹后实现多面、多特征、多工位的连续、高效加工，即工序集中，这是加工中心最突出的特点。

2. 对加工对象的适应性强

加工中心生产的柔性不仅体现在对特殊要求的快速反应上，而且可以快速实现批量生产，提高市场竞争能力。

3. 加工精度高

加工中心同其他数控机床一样具有加工精度高的特点，而且加工中心由于加工工序集中，避免了长工艺流程，减少了人为干扰，故加工精度更高，加工质量更加稳定。

4. 加工生产率高

零件加工所需要的时间包括机动时间与辅助时间两部分。加工中心带有刀库和自动换刀装置，在一台机床上能集中完成多种工序，因而可减少工件装夹、测量和机床的调整时间，减少工件半成品的周转、搬运和存放时间，使机床的切削利用率（切削时间和开动时间之比）高于普通机床 3～4 倍，达 80％以上。

5. 劳动强度降低

加工中心对零件的加工是按事先编好的程序自动完成的，操作者除了操作键盘，装卸零件，进行关键工序的中间测量以及观察机床的运行之外，不需要进行繁重的重复性手工操作，劳动强度和紧张程度均可大大降低，劳动条件也得到很大的改善。

6. 经济效益高

使用加工中心加工零件时，分摊在每个零件上的设备费用是较昂贵的，但在单件、小批生产的情况下，可以节省许多其他方面的费用，因此能获得良好的经济效益。例如，在加工之前节省了划线工时，在零件安装到机床上之后可以减少调整、加工和检验时间，减少了直接生产费用。另外，由于加工中心加工零件不需手工制作模型、凸轮、钻模板及其他工夹具，省去了许多工艺装备，减少了硬件投资。还由于加工中心的加工稳定，减少了废品率，使生产成本进一步下降。

7. 有利于生产管理的现代化

用加工中心加工零件，能够准确地计算零件的加工工时，并有效地简化了检验以及工夹具、半成品的管理工作。这些特点有利于使生产管理现代化。当前有许多大型 CAD/CAM 集成软件已经开发了生产管理模块，实现了计算机辅助生产管理。

加工中心的工序集中加工方式固然有其独特的优点，但也带来了不少问题，列举如下。

（1）粗加工后直接进入精加工阶段，零件的温升来不及回复，冷却后尺寸变动。

（2）零件由毛坯直接加工为成品，一次装夹中金属切除量大，几何形状变化大，没有释放应力的过程，加工完了一段时间后内应力释放，使零件变形。

（3）切削不断屑，切屑的堆积、缠绕等会影响加工的顺利进行及零件表面质量，甚至使刀具损坏、零件报废。

（4）夹具必须满足既能承受粗加工中大的切削力，又能在精加工中准确定位的要求，而且零件夹紧变形要小。

（5）由于 ATC 的应用，使零件尺寸受到一定的限制，钻孔深度、刀具长度、刀具直径及刀具质量也要加以考虑。

14.2　加工中心的分类

加工中心机床有较多的种类，按机床结构分类，有立式加工中心、卧式加工中心、五面加工中心、龙门式加工中心和虚轴加工中心。

1. 立式加工中心

立式加工中心是指主轴为垂直状态的加工中心，如图 14.2(a)、图 14.2(b)所示。其结构形式多为固定立柱,工作台为长方形,无分度回转功能,适合加工盘、套、板类零件,它一般具有3个直线运动坐标轴,并可在工作台上安装一个沿水平轴旋转的回转台,用以加工螺旋线类零件。

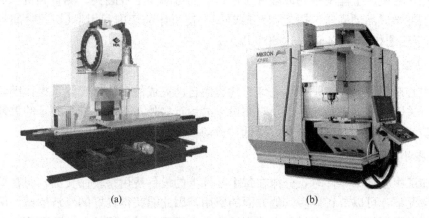

(a)   (b)

图 14.2　立式加工中心

立式加工中心装夹方便,便于操作,易于观察加工情况,调试程序容易,应用广泛。但受立柱高度及换刀装置的限制,不能加工太高的零件,在加工型腔或下凹的型面时,切屑不易排出,严重时会损坏刀具,破坏已加工表面,影响加工的顺利进行。

2. 卧式加工中心

卧式加工中心指主轴为水平状态的加工中心,如图 14.3 所示。卧式加工中心通常都带有自动分度的回转工作台,它一般具有 3～5 个运动坐标,常见的是三个直线运动坐标加一个回转运动坐标,零件在一次装夹后,能完成除安装面和顶面以外的其余四个表面的加工,它最适合加工箱体类零件。与立式加工中心相比较,卧式加工中心加工时排屑容易,对加工有利,但结构复杂、占地面积大、质量大、价格较高。

3. 龙门式加工中心

龙门式加工中心的形状与数控龙门铣床相似,如图 14.4 所示。龙门式加工中心主轴多为垂直设置,除自动换刀装置以外,还带有可更换的主轴头附件,数控装置的功能也较齐全,能够一机多用,尤其适用于加工大型工件和形状复杂的工件,如航天工业及大型汽轮机上的某些零件的加工。

图 14.3　卧式加工中心

图 14.4　龙门式加工中心

4. 五面加工中心

五面加工中心具有立式加工中心和卧式加工中心的功能，如图 14.5 所示。工件一次安装后，五面加工中心能完成除安装面以外的其余 5 个面的加工，这种加工方式可以使工件的形状误差降到最低，省去二次装夹工件，从而提高生产效率、降低加工成本。

5. 虚轴加工中心

如图 14.6 所示，虚轴加工中心改变了以往传统机床的结构，通过连杆的运动，实现主轴多自由度的运动，完成对零件复杂曲面的加工。

图 14.5 五面加工中心

图 14.6 虚轴加工中心

14.3 加工中心的构成

加工中心有各种类型，虽然外形结构各异，但总体上是由以下几大部分组成的。

1. 基础部件

由床身、立柱和工作台等大件组成，它们是加工中心结构中的基础部件。这些大件有铸铁件，也有焊接的钢结构件，它们要承受加工中心的静载荷以及在加工时的切削负载，因此必须具备更高的静动刚度，也是加工中心中质量和体积最大的部件。

2. 主轴部件

由主轴箱、主轴电动机、主轴和主轴轴承等零件组成。主轴的启动、停止等动作和转速均由数控系统控制，并通过装在主轴上的刀具进行切削。主轴部件是切削加工的功率输出部件，是加工中心的关键部件，其结构的好坏，对加工中心的性能有很大的影响。

3. 数控系统

由 CNC 装置、可编程序控制器、伺服驱动装置以及电动机等部分组成，是加工中心执行顺序控制动作和控制加工过程的中心。

4. 自动换刀装置（ATC）

加工中心与一般数控机床的显著区别是具有对零件进行多工序加工的能力，有一套自动换刀装置。

14.4 加工中心的布局结构特点

加工中心自 1958 年问世后，出现了各种类型的加工中心，它们的布局形式随卧式和立式、工作台进给运动和主轴箱进给运动的不同而不同。但从总体来看，不外乎由基础部件、主轴部件、数控系统、自动换刀系统、自动交换托盘系统和辅助系统几大部分构成。

1. 卧式加工中心

卧式加工中心通常采用移动式立柱，工作台不升降，T 形床身可以做成一体，这样刚度和精度保持性都比较好，当然其铸造和加工工艺性差些。分离式 T 形床身的铸造和加工工艺性都大大改善，但连接部位要用定位键和专用的定位销定位，并用大螺栓紧固以保证刚度和精度。

卧式加工中心的立柱普遍采用双立柱框架结构形式，主轴箱在两立柱之间，沿导轨上下移动。这种结构刚性大、热对称性好、稳定性高。小型卧式加工中心多采用固定立柱式结构，其床身不大，且都是整体结构。

卧式加工中心各个坐标的运动可由工作台的移动或由主轴的移动来完成，也就是说某一方向的运动可以由刀具固定、工件移动来完成，或者是由工件固定、刀具移动来完成。如图 14.7 所示为各坐标运动形式不同组合的几种布局形式。卧式加工中心一般具有 3 个直线坐标 X、Y、Z 联动和一个回转坐标 B 分度，它能够在一次装夹下完成 4 个面的加工，最适合加工箱体类零件。

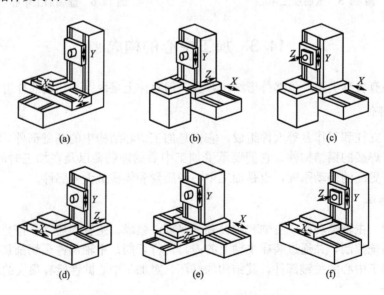

(a)   (b)   (c)

(d)   (e)   (f)

图 14.7　卧式加工中心基础件的布局

2. 立式加工中心

立式加工中心与卧式加工中心相比，结构简单、占地面积小、价格也便宜。中小型立式加工中心一般都采用固定立柱式，因为主轴箱吊在立柱一侧，通常采用方形截面框架结构、米字形或井字形筋板，以增强抗扭刚度，而且立柱是中空的，以放置主轴箱的平衡重。

立式加工中心通常有 3 个直线运动坐标，由溜板和工作台来实现平面上 X、Y 两个坐标轴的移动。如图 14.8 所示为立式加工中心的几种布局结构，主轴箱在立柱导轨上下移动实现 Z 坐标移动。立式加工中心还可在工作台上安放一个第四轴 A 轴，可以加工螺旋线类和圆柱凸轮等零件。

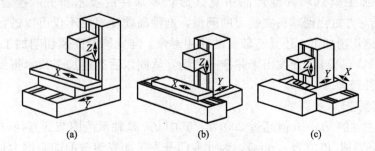

图 14.8　立式加工中心的布局结构

3. 五面加工中心与多坐标加工中心

五面加工中心具有立式和卧式加工中心的功能。常见的有以下两种形式：一种是主轴可做 90°旋转，如图 14.9(a)所示，既可像卧式加工中心那样切削，也可像立式加工中心那样切削；另一种是工作台可带着工件一起做 90°的旋转，如图 14.9(b)所示，这样可在工件装夹下完成除安装面外的所有 5 个面的加工，这是为适应加工复杂箱体类零件的需要，也是加工中心的一个发展方向。加工中心的另一个发展方向是五坐标、六坐标甚至更多坐标的加工中心，除 X、Y、Z 这 3 个直线外，还包括 A、B、C 这 3 个旋转坐标。如图 14.10 所示为一卧式五坐标加工中心，其 5 个坐标可以联动，进行复杂零件的加工。

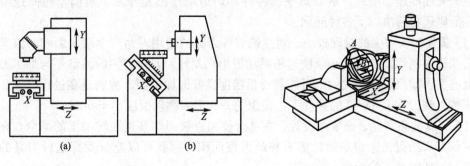

图 14.9　五面加工中心　　　　　图 14.10　五坐标加工中心

14.5　加工中心的发展

加工中心的使用，提高了飞机、涡轮机、水轮机和各类模具等各行业的加工质量及加工效率。随着科学技术的发展，还要进一步扩展加工中心的加工能力和加工效率，推动加工中心向多轴控制和超高速加工方向发展。

1. 多轴控制

通常所说的多轴控制是指四轴以上的控制，其中具有代表性的是五轴控制加工中心。

这种加工中心可以加工用三轴控制机床无法加工的复杂形状工件。如果用它来加工三轴控制机床能加工的工件，那可以提高加工精度和效率。

2. 超高速加工

大约 10 年前，当主轴转速达到每分钟 10 万转的超高速 CNC 铣床面世后，推动了用高速铣削方法加工模具和其他产品中复杂形状零部件的技术研究。接着又有硬度为 60HRC 的烧结立方氮化硼球头立铣刀的问世，这种高硬度刀具不仅可以进行每分钟超过 1000m 的超高速切削加工，还具有较长的使用寿命。与此同时高速切削加工中心、刀具、辅助工具和 CAD/CAM 也开发出来并推向市场，从此以后高速加工技术得到了广泛的应用，并成为一种趋势。

1）超高速型主轴

超高速型主轴的 $dm \cdot n$ 值超过 200 万，其中 dm 是轴承范围节圆直径（单位为 mm），n 是每分钟最高转速（单位为 r/min）。为此专门开发了陶瓷滚珠的向心推力轴承，通过适合于使用陶瓷滚珠的小直径来降低离心力和减少发热，以及采用座圈下润滑方式来实现高速回转。此外还开发了非接触式油及空气静压轴承、空气静压轴承和磁轴承等新型轴承，其中空气静压轴承应用于超高速 CNC 铣床中获得了成功，并进入了实用阶段。

在实验中发现，当主轴转速超过每分钟 10 万转时，离心力使主轴直径膨胀，为此必须要使主轴与刀具有良好的连接。现在超高速切削实验中，主轴都采用内装式弹簧夹头装置及由短锥面将两面夹紧的方式。另外，加工中心在做高速切削加工时，既要求达到高效率，还要求达到高精度，所以必须使用具有较长使用寿命的刀具，且基本措施是减少加工中刀具刃尖的跳动，也就是主轴的跳动，所以还要考虑开发动态离散特性很好的主轴。

2）超高速切削刀具

在研究超高速切削时，从动态平衡特性和切刃刚性出发开发了负前角超高速型立铣刀，今后则还将解决以下各种问题。

（1）要使刀头刃尖的跳动极小。对立铣刀等刀具的使用寿命产生很大影响的因素之一就是刀头刃尖的跳动，为此必须使这种跳动极小。此外，刀头刃尖的跳动还与加工面的表面精度有关，如果跳动稍大就不可能获得粗糙度良好的加工面。特别是在进行高速、高精度加工的立铣刀在 L/D＝3 的条件下，理想的刀头刃尖跳动值应小于 $5\mu m$。

（2）刀具的高刚性、高效率设计。在适合使用立铣刀等高速回转加工的场合，在设计上应确保刀具的刃长达到最短、多刃和最大截面积，那就可以充分发挥这种刀具的高精度、高效率切削加工的特性。

（3）将刀具设计成适合于做 CNC 切削加工。在设计刀具时应考虑只需要使用很少种类的刀具就可以做多种复合加工，即使一把刀具具有多种功能。例如用一把刀具可完成钻孔和切削内螺纹等功能，这样便可提高工作效率。

（4）将刀具设计成便于供给冷却液的形状。主要是针对钻头而言，通常在钻孔时，难以向孔中供给冷却液。在钻头中心开设一通孔，从此孔中供给冷却液。这样便可以将冷却液直接送到刀具切削部分，因而延长了钻头的使用寿命，在向外排出冷却液时还可以帮助排出切屑。

（5）将刀具设计成适合于高速回转的可调换刀头形式。这种可调换刀头刀具的本体通常用铝合金等轻型材料来制造，这样在高速回转时可以降低离心力。这种刀具今后将在达到最高转速条件下使用。

（6）选择适用的刀具材料。应选择高温硬度很好和工作状态很稳定的刀具材料，例如具有高密度涂层的硬质合金涂膜和金属陶瓷涂膜。

（7）充分发挥立方氮化硼的作用。立方氮化硼材料具有良好的切削性能，所以应确立用立方氮化硼烧结体刀具的高效率、高精度的加工技术。

（8）开发小直径立方氮化硼刀具。为了发挥立方氮化硼的良好特性，所以开发小直径立方氮化硼烧结体刀具，如直角形立铣刀、球头立铣刀和铰刀等。

3）适合于超高速的刀具夹持器

随着高速、高精度切削技术的不断进步，刀具夹持器也将发生较大的变化。在目前不断向超高速回转方向发展的条件下，将要研究和开发加工中心主轴与刀具夹持器的新型连接方法。在转速超过每分钟 3 万转的高速中，采用主轴内藏式刀具夹持器效果较理想。

练习与思考题

（1）加工中心的定义是什么？它应具有哪些功能？

（2）加工中心的分类方法有哪几种？

（3）加工中心的基本组成有哪几部分？

（4）加工中心的发展趋势是什么？

第 15 章

加工中心的传动系统

教学提示

本章介绍了加工中心的主传动系统、进给传动系统，并详细讨论了 XH715D 立式加工中心主轴结构、VMC650 立式加工中心的特点及技术参数。

教学要求

通过本章的学习，了解 XH715D 立式加工中心主轴结构、VMC650 立式加工中心的特点及技术参数、TK13250E 数控立卧回转工作台的工作原理及分度工作台的工作原理；掌握加工中心主传动系统的传动原理及其结构。

15.1 主传动系统

15.1.1 对加工中心主轴系统的要求

加工中心主轴系统是加工中心的重要执行部件之一，它由主轴动力、主轴传动和主轴组件等部分组成。由于加工中心具有更高的加工效率、更宽的使用范围和更高的加工精度，因此它的主轴系统必须满足如下要求。

1. 具有更大的调速范围并实现无级变速

加工中心为了保证加工时能选用合理的切削用量，从而获得较高的生产率、加工精度和表面质量，同时还要适合各种材料的加工要求，其必须具有更大的调速范围，目前加工中心主轴系统基本实现无级变速。

2. 具有较高的精度与刚度、传动平稳、噪声低

加工中心加工精度与主轴系统精度密切相关。主轴部件的旋转精度取决于部件中各个零件的几何精度、装配精度和调整精度。静态刚度反映了主轴部件或零件抵抗静态外载的能力。加工中心多采用抗弯刚度作为衡量主轴部件刚度的指标。

3. 良好的抗振性和热稳定性

加工中心在加工时，由于断续切削，加工余量大且不均匀，运动部件速度高且不平衡，会使主轴产生振动，影响加工精度，严重时甚至破坏刀具和主轴系统的零件。主轴系统的发热使其中所有零部件产生热变形，破坏相对位置精度和运动精度，造成加工误差。

4. 具有刀具的自动夹紧功能

加工中心突出的特点是自动换刀功能。为保证加工过程的连续实施，加工中心主轴系统与其他主轴系统相比，必须具有刀具自动夹紧功能。

15.1.2 主轴电动机与传动

1. 主轴电动机

加工中心上常用的主轴电动机为交流调速电动机和交流伺服电动机。

交流调速电动机通过改变电动机的供电频率可以调整电动机的转速。加工中心使用该类电动机时，其要与调速装置配套使用，电动机的电参数(工作电流、过载电流、过载时间、启动时间、保护范围等)与调速装置一一对应。交流调速电动机的制造成本较低，但不能实现电动机轴在圆周任意方向的准确定位。

交流主轴伺服电动机是近几年发展起来的一种高效能的主轴驱动电动机，其工作原理与交流进给伺服电动机相同，但其工作转速比一般的交流伺服电动机要高。交流伺服电动机可以实现主轴在任意方向上的定位，并且以很大转矩实现微小位移。

2. 主轴传动系统

低速主轴常采用同步带构成主轴的传动机构或齿轮变速构成主轴的传动机构，从而达到增强主轴的驱动力矩，适应主轴传动系统性能与结构的目的。

（1）同步带构成主轴的传动系统。JCS-018 加工中心的主轴传动结构如图 15.1 所示，主轴电动机采用无级调速交流电动机，其电机额定功率为 5.5kW，转速在 1500～4500r/min 时为恒功率调速，转速在 45～1500r/min 时为恒扭矩调速。电动机经二级塔形带轮 11 和 3 直接拖动主轴转动，带轮传动比为 1：2 和 1：1。主轴转速为低速时，其转速为 22.5～2250r/min，高速时为 45～4500r/min。主轴前支承为三个角接触球

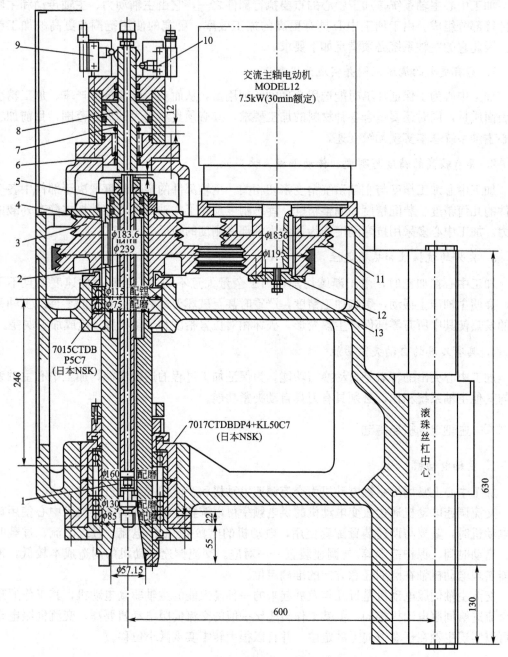

图 15.1　JCS-018 主轴箱的结构图

1—拉钉；2—拉杆；3、11—带轮；4—碟形弹簧；5—锁紧螺母；6—调整垫；
7—螺旋弹簧；8—活塞；9、10—行程开关；12—端盖；13—调整螺钉

轴承，用来承受径向载荷和轴向载荷，前面两个大口朝下，后面一个大口朝上。后支承为一对角接触球轴承，小口相对。后支承仅承受径向载荷，故外圈轴向不定位。该主轴选择的轴承类型和配置形式，满足主轴高转速和承受较大轴向载荷的要求。主轴受热变形向后伸长，不影响加工精度。

（2）齿轮变速构成主轴的传动机构。SOLON3 - 1加工中心的主轴传动结构如图15.2所示，主运动由电动机驱动，经齿轮变速时主轴获得三级转速。齿轮箱变速由三位液压缸驱动第三轴上的滑移齿轮实现，其转速图如15.2右下角所示。变速箱三级转速的传动比为1∶1.043、1∶2.177、1∶7.617。

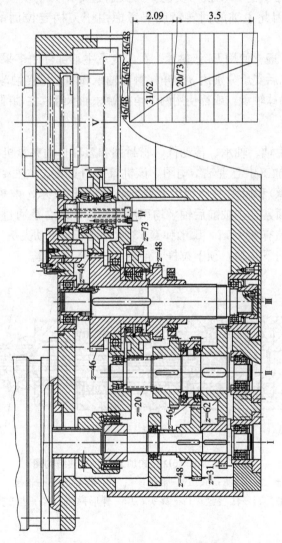

图15.2 SOLON3 - 1主轴箱展开图

主轴电动机与第1轴之间用齿轮联轴器连接。该联轴器由3件组成，即内齿轮、外齿轮和由增强尼龙1011材料制成的中间连接件。中间连接件的内、外圆加工出齿，插入齿轮联轴器的另两件——内、外齿轮中。主轴箱内全部齿轮都是斜齿轮。除滑移齿轮和其啮合的有关齿轮的螺旋角为10°，其余均为15°。各中心距均圆整成整数，因此各个齿轮都经变位，以保证中心距。

15.1.3 加工中心的主轴组件

1. 主轴部件精度

主轴部件由主轴动力、传动及主轴组件组成，它是加工中心的重要执行部件之一，因此要求主轴部件具有高的运转精度、长久的精度保持性以及长时运行的精度稳定性。

加工中心通常作为精密机床使用，主轴部件的运转精度决定了机床加工精度的高低。由于加工中心通常具有自动换刀功能，刀具通过专用刀柄由安装在加工中心主轴内部的拉紧机构紧固。因此主轴的回转精度要考虑由于刀柄定位面的加工误差所引起的误差。

加工中心主轴轴承通常使用 P4 级轴承，在二支承主轴部件中多采用 3-2、4-1、2-2 组合使用，即前支承和后支承分别用 3 个角接触球轴承和两个角接触球轴承，或用 4 个角接触球轴承和一个角接触球轴承，或都使用两个角接触球轴承组成主轴部件的支承体系。

2. 主轴部件结构

主轴部件主要由主轴、轴承、传动件、密封件和刀具自动夹紧机构等组成。如图 15.3 所示为 XH715D 立式加工中心主轴结构图。该机床采用安装式主轴结构，主轴 9 用前轴承 8（成组三联向心球轴承）和后轴承 5（成组双联向心球轴承）支承，前轴承通过螺母 7 预紧，后轴承也通过螺母 7 预紧，主轴前后轴承均用油脂润滑，动力是通过皮带轮 3 经键 4 传入主轴的，主轴锥孔中装有夹头 12，碟形弹簧 13 通过拉杆 6 带动夹头 12 拉紧刀具，刀具松开由松刀气缸的活塞向下移动，顶下拉杆 6 使夹头 12 松开刀具。

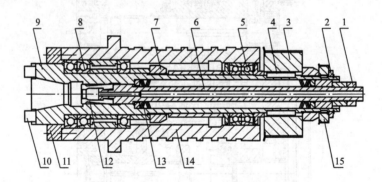

图 15.3　XH715D 立式加工中心主轴结构图

1、7—螺母；2—垫圈；3、15—带轮；4、10—键；5、8—轴承；6—拉杆；
9—主轴；11—法兰盘；12—夹头；13—碟形弹簧；14—主轴支承体

15.2　直线进给传动系统

1. 对进给传动系统的要求

进给传动是机床成形运动的一个重要部分，其传动性能直接关系到机床的加工性能。加工中心机床对进给系统的要求如下。

1）高的传动精度与定位精度

加工中心进给系统的传动精度和定位精度是机床最重要的性能指标。传动精度直接影响机床加工轮廓面的精度，定位精度直接关系到加工的尺寸精度。影响传动精度与定位精度的因素很多，定位精度直接关系到加工的尺寸精度。

2）宽的进给调速范围

为保证加工中心在不同情况下对进给速度的选择，进给系统应该有较大的调速范围。普通加工中心进给速度一般为 3～10000mm/min；低速定位要求速度能保证在 0.1mm/min 左右；快速移动，速度则高达 40m/min。

3）快的响应速度

所谓快速响应，是指进给系统对指令信号的变化跟踪要快，并能迅速趋于稳定。为此，应减少传动中的间隙和摩擦，减少系统转动惯量，增大传动刚度，以提高伺服进给系统的快速响应能力。目前，加工中心已普遍采用了伺服电动机直接连接丝杠带动运动部件实现运动的方案。随着直线伺服驱动电动机性能的不断提高，由电动机直接带动工作台运动已成为可能。直接驱动取消了包括丝杠在内的传动元件，实现了加工中心的"零传动"。

2. 进给系统的机械结构及典型元件

加工中心机床沿 X、Y、Z 这 3 个坐标轴的进给运动是采用伺服电机通过弹性联轴器与滚珠丝杠直联带动工作台、滑鞍和主轴箱体来实现的。

为了保证各轴的进给传动系统有较高的传动精度，电动机轴和滚珠丝杠之间均采用锥环无键连接和高精度联轴器。以 Z 轴进给装置为例，分析电动机与滚珠丝杠之间的连接结构。如图 15.4 所示为 Z 轴进给装置中电动机与丝杠连接的局部视图。电动机轴 2 与轴套 3 之间采用锥环无键连接结构，4 为相互配合的锥环。该连接结构可以实现无间隙传动，使两连接件的同心性好，传递动力平稳，而且加工工艺性好，安装与维修方便。

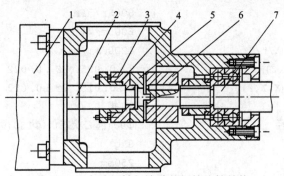

图 15.4　电动机轴与滚珠丝杠的连接结构
1—伺服电动机；2—电动机轴；3、6—轴套；
4—锥环；5—联轴器；7—滚珠丝杠

15.3　VMC650 立式加工中心

1. VMC650 立式加工中心基本用途和主要特点

VMC650 立式加工中心机床如图 15.5 所示，整机刚性好，操作方便灵活，可进行立

铣、钻、扩、镗、攻丝等加工工序。该机床用途广泛，特别适合于加工各种形状复杂的二、三维凹凸模型及复杂的型腔和表面。

机床的铸件均采用树脂砂铸件，且经过两次人工实效处理，稳定性好、强度高，各项精度稳定可靠。进给系统的精密滚珠丝杠采用精密斜角滚珠轴承，预紧安装、进给精确、负载能力强。工作台导轨采用耐磨贴塑处理，大大降低导轨间的摩擦力，消除了导轨可能产生的爬行现象，提高了机床的运动精度。机床的润滑系统均采用定时、定量自动集中供油润滑系统，可以确保机床的任一润滑部位得到充分润滑。自动链板式排屑器以节省清屑时间。

图 15.5　VMC650 立式加工中心外形图

2. 机床的主要技术参数

工作台面尺寸	420mm×800mm
T 形槽	3×18H8
T 形槽间距	135mm
工作台左右行程(X 轴)	650mm
工作台前后行程(Y 轴)	400mm
工作台上下行程(Z 轴)	480mm
主轴中心至立柱导轨距离	480mm
主轴端面至工作台面距离	80～560mm
主轴锥度	ISO40
主轴锥孔/拉钉	BT40
主轴最高转速	8000r/min
最高进给速度	6000mm/min
快速移动速度($X/Y/Z$)	12000mm/min
定位精度(X、Y、Z)	$X:0.025, YZ:0.022$
重复定位精度(X、Y、Z)	$X:0.015, YZ:0.012$
刀库容量(把)	20 把
刀具最大的直径	Φ90(满刀状态)、Φ150(邻空刀状态)
刀具最大质量	8kg
刀具最大长度	250mm
刀具换刀时间	9s
工作台最大承载质量	400kg
机床质量	4500kg
外形尺寸(长×宽×高)	2340mm×2270mm×2250mm

3. 机床的主轴系统

本机床电动机通过高速圆弧齿型带 880 – YU – 40 与主轴带轮连接完成主传动系统。

4. 进给系统

采用伺服电动机通过 RW – BK3 型弹性联轴器与滚珠丝杠直联带动工作台、滑鞍和主

轴箱体实现 X、Y、Z 这 3 个方向的进给。

5. 工作台

工作台由两部分组成，即工作台、滑座。工作台、滑鞍导轨副采用矩形导轨，承载能力强；工作台导轨、滑座下导轨贴塑、磨损低、精度保持性好、移动灵活、平稳、低速无爬行。工作台上面有 3 条 T 形槽，中间的 T 形槽为基准 T 形槽。T 形槽尺寸如图 15.6 所示。

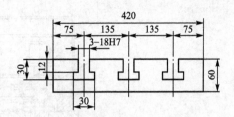

图 15.6 工作台 T 形槽尺寸

6. 润滑系统

本机床的润滑系统采用自动定时、定量集中供油润滑系统。在自动供油泵和节流分配中都设有过滤网，从而保证了各润滑点润滑油的质量和管路的畅通；整个系统以压力供油，其各处润滑的分配不随温度和黏度的变化而变化，只与节流分配器的流量系数有关，各润滑点均能得到充分的润滑；使用润滑油黏度范围为 $30\sim1000$cst（推荐使用 46、68 以上）。

15.4 回转工作台

加工中心是一种高效率的加工设备，为了尽可能地完成较多工序或者完成全部工序的加工，以扩大工艺范围和提高机床利用率，除了要求机床有沿 X、Y、Z 这 3 个坐标轴直线运动之外，还要求工作台在圆周方向有进给运动或分度运动。通常回转工作台可以实现大于 $360°$ 角的回转，用来进行圆弧加工或直线运动联动进行曲面加工，以及利用工作台精确的自动分度，实现箱体类零件各个面的加工。在自动换刀加工中心上，回转工作台已成为不可缺少的部件。为快速更换工件，带有托板交换装置的工作台应用越来越多。

加工中心常用的回转工作台有分度工作台和数控回转工作台，其工作台面的形式又有带托板交换装置和不带托板交换装置两种。

15.4.1 数控回转工作台

数控回转工作台的主要功能有以下两个：一是工作台进给分度运动，即在非切削时，装有工件的工作台在整个圆周 $360°$ 范围内进行分度旋转；二是工作台做圆周方向进给运动，即在进行切削时，与 X、Y、Z 这 3 个坐标轴联动，加工复杂的空间曲面。

如图 15.7 所示为 TK13250E 数控立卧回转工作台，可以水平或垂直两种方式安装于工作台面上，用作机床的第四轴。在相关控制系统控制下，完成各种回转进给或分度。工作台上可安装板、盘或其他形状比较复杂的被加工零件，也可利用与之配套的尾座安装轴类零件，实现等分的和不等分的孔、槽或者连续的特殊曲面的加工，保证很高的加工精度。

联机前转台各部分的状态为：工作台刹紧机构中的汽（油）缸内的活塞 5 处于脱开位置。因此，工作台、蜗杆轴系处于松开可旋转状态。各传感器的状态是：回零传感器处于自由状态，工作台一旦旋转，每转中装在主轴上的零位发信块 8 感应零位传感器 7 一次。转台松开传感器 11 处于感应状态，刹紧传感器 12 处于自由状态。

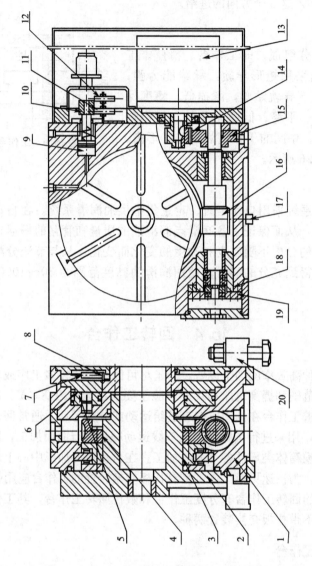

图 15.7 TK13250E 数控立卧回转工作台结构图

1—本体；2—工作台；3—轴承；4—蜗轮；5—活塞；6—刹紧片；
7—零位传感器；8—零位发信块；9—小活塞；10—发信块；
11—松开传感器；12—刹紧传感器；13—伺服电动机；
14、15—齿轮；16—蜗杆；17—定位键；
18—调整垫；19—压盖；20—压块

　　旋转进给工作原理为：整个传动链有伺服电动机 13、一对啮合齿轮 14 与 15、单级蜗杆副及工作台组成，当电动机接到由控制单元发出的启动信号后，经传动链驱动工作台旋转分度，角度由程序控制。工作台到位后，电动机精确停转定位，工作台靠蜗杆副自锁功能保持准确的定位。此时，可进行较低切削扭矩的零件的加工。

　　工作台刹紧工作原理为：工作台后端安装刹紧片 6，当工作台刹紧腔通入压力气(油)后，活塞 5 压紧刹紧片 6，实现工作台的刹紧，当工作台刹紧腔压力气(油)后卸压后，活塞 5 在弹簧作用下，由压紧位置回到脱开位置，实现工作台的松开。即活塞的压紧运动是由压力气（油）完成，松开时靠弹簧弹力，因此转台松开时，刹紧腔必须迅速卸压。在工作台刹紧腔的旁边还设计有与之贯通的小汽（油）缸，小活塞上安装有发信块，用于感应传感器发出的松开、刹紧电信号。当工作台刹紧缸腔通入压力气（油）的同时，小汽（油）缸的气（油）腔通压，小活塞弹出，发信块感应刹紧传感器，发出刹紧电信号，同时松开传感器处自由状态。当工作台松开口通入压力气（油）的同时，刹紧口压力气（油）卸压，小活塞也受到气（油）压的作用移入，发信块感应松开传感器，发出工作台松开电信号，同时刹紧传感器恢复自由状态。

15.4.2　分度工作台

分度工作台与数控回转工作台的区别在于它根据要求将工件回转至所需的角度，达到加工不同面的目的。它不能实现圆周进给运动，故而结构上两者有所差异。

分度工作台主要有两种形式，即定位销式分度工作台和鼠齿盘式分度工作台。

如图 15.8 所示是 ZHS－K63 型卧式加工中心上的带有托板交换工件的分度回转工作台，采用鼠齿盘分度结构，其分度工作原理如下。

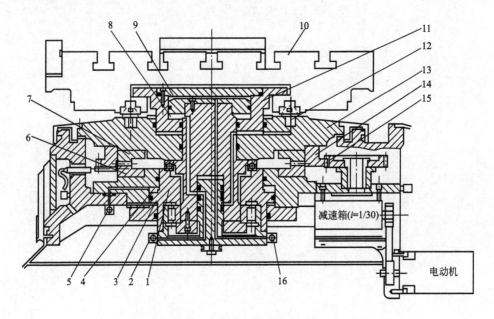

图 15.8　带有托板交换的工作台

1—活塞体；2、5、16—液压阀；3、4、8、9—液压腔；
6、7—鼠齿盘；10—托板；11—液压缸；12—定位销；
13—工作台体；14—齿圈；15—齿轮

当回转工作台不转位时，上鼠齿盘 7 和下鼠齿盘 6 总是啮合在一起的，当控制系统给出分度指令后，电磁铁控制换向阀运动（图中未画出），使压力油进入液压腔 3，活塞体 1 向上移动，并通过滚珠轴承带动整个工作台体 13 向上移动，工作台体 13 的上移使得鼠齿盘 6 与 7 脱开。装在工作台体 13 上的齿圈 14 与驱动齿轮 15 保持啮合状态，电动机通过皮带和降速比 $i=1/30$ 的减速箱带动齿轮 15 和齿圈 14 转动，当控制系统给出转动指令时，驱动电动机旋转并带动上鼠齿盘 7 旋转进行分度，当转过所需角度后，驱动电动机停止，压力油通过液压阀 5 进入液压腔 4，使活塞体 1 向下移动，并带动整个工作台体 13 下移，使上下鼠齿盘相啮合，可准确地定位，从而实现了工作台的分度回转。

驱动齿轮 15 上装有剪断销（图中未画出），如果分度工作台发生超载或碰撞等现象，剪断销将自行切断，从而避免了机械部分的损坏。

练习与思考题

（1）试说明加工中心主轴的结构。

（2）试说明 TK13250E 数控立卧回转工作台的工作原理。

（3）数控回转工作台和分度工作台在运动和结构上有什么区别？

第 16 章

加工中心自动换刀装置

教学提示

本章介绍加工中心的自动换刀装置，着重讨论斗笠式刀库及其换刀装置、圆盘式刀库及其换刀装置、链式刀库及其换刀装置、多主轴转塔换刀装置、加工中心典型液压传动系统。

教学要求

通过本章的学习，理解刀库在加工中心中所起的作用，掌握斗笠式刀库及其换刀装置的换刀过程、圆盘式刀库及其换刀装置的换刀过程、链式刀库及其换刀装置的换刀过程。

加工中心有立式、卧式、龙门式等多种，其自动换刀装置的形式更是多种多样。换刀的原理及结构的复杂程度也各不相同，除利用刀库进行换刀外，还有自动更换主轴箱、自动更换刀库等形式。利用刀库实现换刀是目前加工中心主要使用的换刀方式。由于有了刀库，机床只要一个固定主轴夹持刀具，有利于提高主轴刚度。独立的刀库大大增加了刀具的储存数量，有利于扩大机床的功能，并能较好地隔离各种影响加工精度的干扰。

　　刀库换刀按换刀过程中有无机械手参与分成有机械手换刀和无机械手换刀两种情况。在有机械手换刀的过程中，使用一个机械手将加工完毕的刀具从主轴中拔出，与此同时，另一机械手将在刀库中待命的刀具从刀库拔出，然后两者交换位置，完成换刀过程。无机械手换刀时，刀库中刀具存放方向与主轴平行，刀具放在主轴可到达的位置，换刀时，通过主轴箱与刀库的相对运动完成换刀。有机械手的系统在刀库配置、与主轴的相对位置及刀具数量上都比较灵活，换刀时间短；无机械手组成的自动换刀装置（Automatic Tool Changer，ATC）是加工中心的重要组成部分。加工中心上所需要更换的刀具较多，从几把到几十把，甚至上百把，故通常使用刀库形式，其结构比较复杂，自动换刀装置种类繁多。

　　各种加工中心自动换刀装置的结构取决于机床的型式、工艺范围以及刀具的种类和数量等。加工中心常用的刀库有斗笠式、圆盘式、链条式等。在带有旋转刀具的数控钻镗床中，常用多主轴转塔头换刀装置。

16.1　斗笠式刀库及其换刀装置

　　如图 16.1 所示是斗笠式刀库，刀库容量有 16、20 和 24 把等几种。刀库中的刀具轴线是垂直的，靠重力挂在刀夹中，常用于立式加工中心上。换刀时，主轴移到刀库上方直接换刀，不用机械手。

图 16.1　斗笠式刀库

16.1.1　斗笠式刀库的组成

　　斗笠式刀库由横移装置和分度装置组成。

1. 横移装置

　　刀库的横移装置是在进行换刀的整个过程中，刀库从远离主轴的位置直线移动到主轴轴线位置，以实现换刀。如图 16.2 所示，电动机旋转运动，使刀库实现直线移动。斗笠式刀库横移装置由 2 根圆柱导轨支撑，每根圆柱导轨由 2 个支架固定在连接板上，连接板固定在机床立柱上，使刀库与机床连接。当加工中心进行零件加工的时，刀库远离主轴，停留在左极限位置 1，即刀库处于原位。收到换刀指令后，电动机逆时针方向旋转带动拨杆转动，滑块与拨杆联结，跟随拨杆回绕电动机轴旋转，滑座上开有滑槽，滑块在滑槽中上下移动，带动滑座向右移动，从而使刀库运动到右极限位置 2，到达换刀位置，等待取刀及放刀，电动机轴顺时针方向旋转时使刀库返回。

2. 分度装置

　　斗笠式刀库的分度装置使用的是槽轮机构，它具有结构简单、外形尺寸小、机械效率高，以及能较平稳地、间歇地进行转位等优点，但槽数多少直接影响到机构的柔性冲击和准确定位。

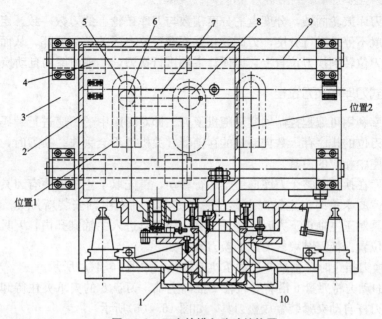

图 16.2　刀库的横向移动结构图

1—连接件；2—滑座；3—连接板；4—支架；5—滑槽；

6—滑块；7—拨杆；8—电机轴；9—圆柱导轨；10—刀库

　　斗笠式刀库的分度装置如图 16.3 所示。分度装置的电机轴与定位法兰、分度盘、刀库鼓轮盘的回转轴线平行。斗笠式刀库选刀时，首先由刀库电机得到旋转指令，电机轴通过联轴器带动定位法兰旋转，从而使在定位法兰上的圆柱滚子回绕法兰中心转动；当圆柱滚子转动一定的角度后，进入分度盘的分度槽中，拨动分度盘开始做转位运动；当分度盘转过一定的角度后，圆柱滚子从分度槽中脱出，刀库鼓轮盘(分度盘通过螺钉与刀库鼓轮连在一起转动)即静止不动，并由定位法兰的锁止半轴定位。定位法兰每回转一圈，就驱动分度盘转过一个槽。圆柱滚子是间断性地转入分度槽的，从而使刀库轮毂得到周期性间歇运动，起到了刀库的分度作用。

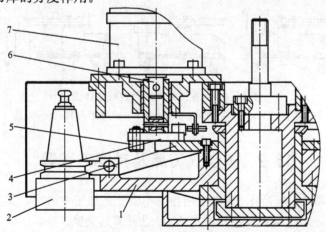

图 16.3　刀库的分度装置

1—刀库鼓轮；2—刀具；3—分度盘；4—定位法兰；

5—滚子；6—输入轴；7—电机

分度盘与刀库鼓轮同轴，分度盘的分度槽数与刀库鼓轮上的刀数一致。定位法兰不断回转，分度盘就不停地进行分度，刀库鼓轮就不断重复上述的运动循环，从而将下一个工序所需刀具的刀位转到换刀位置上，以便让主轴进行换刀，实现刀库的自动换刀。

16.1.2 斗笠式刀库的换刀过程

斗笠式刀库利用可编程控制器实现随机换刀。即对刀库中的刀座进行编码，设定好刀号，其刀库中刀位的排序存入数控系统的存储器，关机也不会丢失。换刀时，根据刀座的编号来选取刀座中相应的刀具。

斗笠式刀库在换刀时整个刀库向主轴平行移动，首先取下主轴上原有刀具，当主轴上的刀具进入刀库的卡槽时，主轴向上移动脱离刀具；其次主轴安装新刀具，这时刀库转动，当目标刀具对正主轴正下方时，主轴下移，使刀具进入主轴锥孔内，刀具夹紧后，刀库退回原来的位置，换刀结束。刀库的换刀动作如下。

（1）接到换刀指令时，主轴 3 移动至换刀位置，如图 16.4(a) 所示。

（2）刀库的动力将刀盘 5 沿着导轨轴 2 推向主轴，刀盘 5 的夹爪夹住待卸刀具，与此同时，主轴内刀杆自动夹紧装置放松刀具，如图 16.4(b) 所示。

（3）在刀盘夹爪夹住待卸刀具 4 后，主轴上升，如图 16.4(c) 所示。

（4）刀盘转动，按照程序指令要求将待装刀具 1 转到主轴中心的下方位置。同时，压缩空气将主轴锥孔吹净，如图 16.4(d) 所示。

（5）主轴 3 下降使待装刀具 1 插入主轴锥孔，主轴内的夹紧装置将待装刀具 1 拉紧，如图 16.4(e) 所示。

（6）主轴 3 静止不动，动力机构则再次把刀盘 5 沿着导轨轴 2 退回原来的位置，如图 16.4(f) 所示。完成换刀动作，开始下一工步的加工。

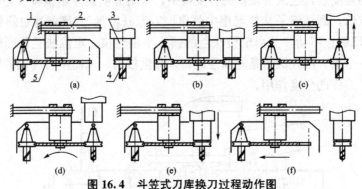

图 16.4 斗笠式刀库换刀过程动作图
1—待装刀具；2—导轨轴；3—主轴；4—待卸刀具；5—刀盘

16.2 圆盘式刀库及其换刀装置

图盘式刀库如图 16.5 所示，通常应用在中小型立工加工中心上，其刀库的容量不大，一般为二三十把刀，须配备自动换刀机构 ATC 进行刀具交换。

16.2.1 圆盘式刀库形式

如图 16.6 所示，刀具环形排列，分径向取刀（图 16.6(a)）和轴向取刀（图 16.6(b)）两种形式。为增加刀库空间的利用率，可采用双环或多环排列刀具的形式。但圆盘直径增大，转动惯量就增加，选刀时间也较长。

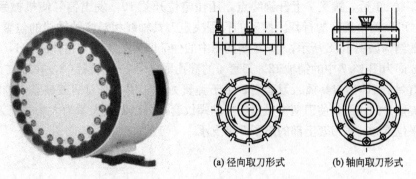

(a) 径向取刀形式	(b) 轴向取刀形式
图 16.5　圆盘式刀库外观图	图 16.6　圆盘式刀库

16.2.2　刀库的结构

图 16.7 是 JCS‑018A 型加工中心的圆盘式刀库的结构与传动图。当数控系统发出换刀指令后，伺服电动机 1 接通，其运动经过十字联轴器 2、蜗杆 4、蜗轮 3 传到刀盘 14，刀盘带动其上面的 16 个刀套 13 转动，完成选刀工作。每个刀套尾部有一个滚子 11，当待

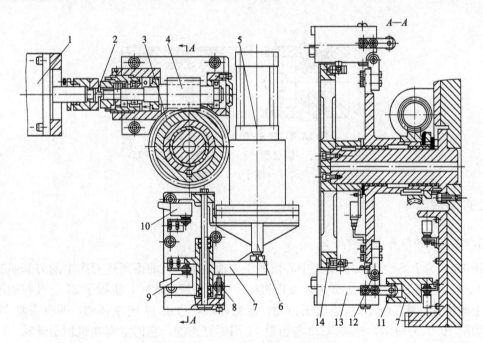

图 16.7　JCS‑018A 刀库结构与传动图

1—伺服电动机；2—十字联轴器；3—蜗轮；4—蜗杆；5—气缸；6—活塞杆；7—拨叉；
8—螺杆；9—位置开关；10—定位开关；11—滚子；12—销轴；13—刀套；14—刀盘

换刀具转到换刀位置时，滚子 11 进入拨叉 7 的槽内。同时气缸 5 的下腔通压缩空气，活塞杆 6 带动拨叉上升，放开位置开关 9，用以断开相关的电路，防止刀库、主轴等有误动

作。拨叉 7 在上升的过程中，带动刀套绕着销轴 12 逆时针向下翻转 90°，从而使刀具轴线与主轴轴线平行。

刀库下转 90°后，拨叉 7 上升到终点，压住定位开关 10，发出信号使机械手抓刀。通过螺杆 8，可以调整拨叉的行程。拨叉的行程决定刀具轴线相对主轴轴线的位置。

刀库的结构如图 16.8 所示，F－F 剖视图中的件 7 即为图 16.7 中的滚子 11，E－E 剖视图中的件 6 即为图 16.7 中的销轴 12。刀套 4 的锥孔尾有两个球头销钉 3，在螺纹套 2 与球头销之间装有弹簧 1，当刀具插入刀套后，由于弹簧力的作用，使刀柄被夹紧。拧动螺纹套，可以调整夹紧力的作用，使刀柄被夹紧。拧动螺纹套，可以调整夹紧力大小，当刀套在刀库中处于水平位置时，靠刀套上部的滚子 5 来支承。

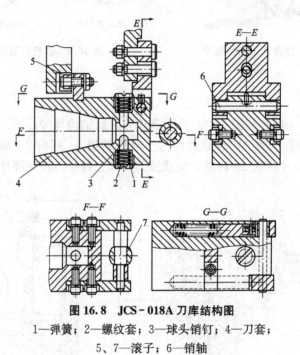

图 16.8　JCS－018A 刀库结构图

1—弹簧；2—螺纹套；3—球头销钉；4—刀套；
5、7—滚子；6—销轴

16.2.3　机械手

1. 机械手的结构与动作过程

图 16.9 为 JCS－018A 型加工中心机械手传动结构。当前面所述刀库中的刀套逆时针旋转 90°后，压下上行程位置开关，发出机械手抓刀信号。此时，机械手 21 正处在如图所示的上面位置，液压缸 18 右腔通压力油，活塞杆推着齿条 17 向左移动，使得齿轮 11 转动。如图 16.9(b)所示，连接盘 23 与齿轮 11 用螺钉连接，它们空套在机械手臂轴 16 上，传动盘 10 与机械手臂轴 16 用花键连接，它上端的销子 24 插入连接盘 23 的销孔中，因此齿轮转动时带动机械手臂轴转动，使机械手回转 75°抓刀。

抓刀动作结束时，齿条 17 上的挡环 12 压下位置开关 14，发出拔刀信号，于是液压缸 15 的上腔通压力油，活塞杆推动机械手臂轴 16 下降拔刀。在轴 16 下降时，传动盘 10 随之下降，其下端的销子 8 插入连接盘 5 的销孔中，连接盘 5 和其下面的齿轮 4 也是用螺钉连接的，它们空套在轴 16 上。当拔刀动作完成后，轴 16 上的挡环 2 压下位置开关 1，发出换刀信号。

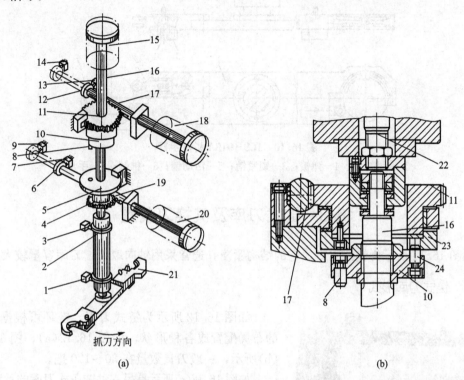

(a)　　　　　　　　　　　　　　　(b)

图 16.9　JCS－018A 机械手传动结构图

1、3、7、9、13、14—位置开关；2、6、12—挡环；4、11—齿轮；5、23—连接盘；8、24—销子；
10—传动盘；15、18、20—液压缸；16—轴；17、19—齿条；21—机械手；22—液压缸 15 的活塞杆

这时液压缸 20 的右腔通压力油，活塞杆推着齿条 19 向左移动，使齿轮 4 和连接盘 5 转动，通过销子 8，由传动盘带动机械手转 180°，交换主轴上和刀库上的刀具位置。换刀动作完成后，齿条 19 上的挡环 6 压下位置开关 9，发出插刀信号，使液压缸 15 下腔通压力油，活塞杆带着机械手臂轴上升插刀，同时传动盘下面的销子 8 从连接盘 5 的销孔移出。

插刀动作完成后，轴上的挡环压下位置开关 3，使液压缸 20 的左腔通压力油，活塞带着齿条 19 向右移动复位，而齿轮 4 空转，机械手无动作。齿条 19 复位后，其上挡环压下位置开关 7，使液压缸 18 的左腔通压力油，活塞杆带着齿条 17 向右移动，通过齿轮 11 使机械手反转 75°复位。机械手复位后，齿条 17 上的挡环压下位置开关 13，发出换刀完成信号，使刀套向上翻转 90°，为下次选刀做好准备。

2. 机械手抓刀部分的结构

图 16.10 为机械手抓刀部分的结构，它主要由手臂 1 和固定其两端的结构完全相同的两个手爪 7 组成。手爪上握刀的圆弧部分有一个锥销 6，机械手抓刀时，该锥销插入刀柄的键槽中。当机械手由原位转 75°抓住刀具时，两手爪上的锁紧销 3 分别被主轴前端面和刀库上挡块压下，使轴向开有长槽的活动销 5 在弹簧 2 的作用下右移顶住刀具。机械手拔刀时，锁紧销 3 与挡块脱离接触，其被弹簧 4 弹起，使活动销顶住刀具不能后退，这样机械手在回转 180°时，刀具不会被甩出。当机械手上升插刀时，两锁紧销 3 又分别被两挡块压下，锁紧销从活动销的孔中退出，松开刀具，机械手便可反转 75°复位。

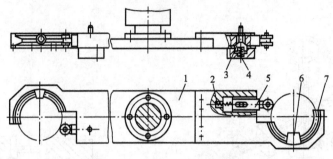

图16.10　JCS-018A机械手臂

1—手臂；2、4—弹簧；3—锁紧销；5—活动销；6—锥销；7—手爪

16.3　链式刀库及其换刀装置

如图16.11所示为链式刀库，它的结构紧凑，通常采用轴向取刀，刀库容量较大。

16.3.1　链式刀库形式

图16.11　链式刀库外观图

如图16.12所示为链式刀库，链环可根据机床的布局配置成各种形状，如图16.12(a)、图16.12(b)所示，一般刀具数量在30～120把。

如图16.12(c)所示是另一种链条式刀库的示意图。换刀时刀具轴线要转过90°角，刀对刀的换刀时间为1.8～2.5s，采用电动凸轮驱动。刀库容量也较大。

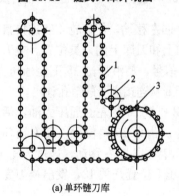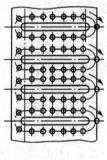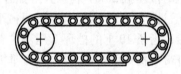

(a) 单环链刀库　　　　　　　　　(b) 多环链刀库　　　　　　　(c) 链条式刀库示意图

图16.12　链式刀库

1—刀座；2—滚轮；3—主动链轮

16.3.2　链式刀库传动结构

以TH6350型卧式加工中心为例，介绍说明。

该机床的链式刀库为一独立部件。置于机床左侧，通过地脚螺钉及调整装置，使刀库与机床的相对位置能保证准确换刀。刀库存数有30把、40把、60把3种，由用户自选。如图16.13所示是刀库部分传动结构，链条3上有联接板2与刀套1相连，刀具存放在刀套内。伺服电动机5经联轴器6带动蜗杆7旋转，蜗杆带动蜗轮8，再经过两个齿轮9、

10 传动链轮 11，带动链条做选刀运动。刀库的结构如下。

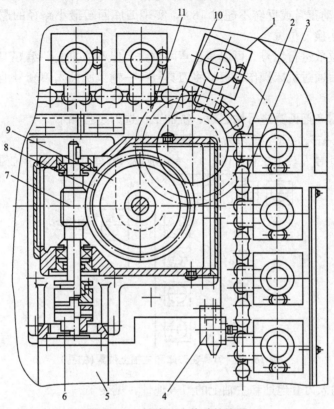

图 16.13　链式刀库传动结构图

1—刀套；2—联接板；3—链条；4—链条张紧装置；5—伺服电动机；
6—联轴器；7—蜗杆；8—蜗轮；9、10—齿轮；11—链轮

1. 刀具锁紧装置

在弹簧力作用下，刀套下部两夹紧块处于闭合状态，夹住刀具尾部拉紧螺钉使刀具固定。换刀时，松开液压缸活塞伸出将夹紧打开，即可进行插刀、拔刀。

2. 刀库回零

刀库回零时，刀套沿顺时针转动，当刀套压上回零开关时，刀套开始减速，超过回零开关后实现准确停机，此时 0 号刀套停在换刀位置上。

3. 手动换刀装置

新的刀具装入刀库中以及在加工过程中磨损报废的刀具需从刀库中清除，在更换加工零件时，也需更换刀具，这些都需人工取下旧刀，装上新刀。往刀库上装刀和从刀库上卸刀，必须将要卸刀的刀套转到手动操作位置上，按压装刀销，即可取下旧刀，装上新刀。

16.3.3　刀具的选择方式

该机床的选刀方式为任意选刀。刀具号和刀库上的存刀位置地址对应地记忆在计算机存储器内或可编程序控制器的存储器内。刀库上装有位置检测装置（如旋转变压器）以检测每个地址，这样刀具可以任意取出、送回。这种任选刀方式不仅节省换刀时间，而且刀具

本身不必设置编码元件，省去编码识别装置，使数控系统简化。刀库上设有机械原点（零点），每次选刀运动正转或反转不超过 $180°$，实现刀库回转最小路径的逻辑判断，使刀库选刀时以捷径到达换刀位置。

将刀具用两位数进行编号。可以是任意两位数，但不能重复。编好刀号后，将刀具一一插入刀套，然后通过机床操作面板，将刀具号一一输入所插入刀套号地址中，下面举例说明。

设有一工件需 3 把刀具进行钻、镗、铣加工，选刀过程如下。

（1）编刀号：钻头为 00、镗刀为 05、铣刀为 15。

（2）装刀：00 号刀装上主轴，05、15 号分别装入刀库 0、29 两个位置，如图 16.14 所示。

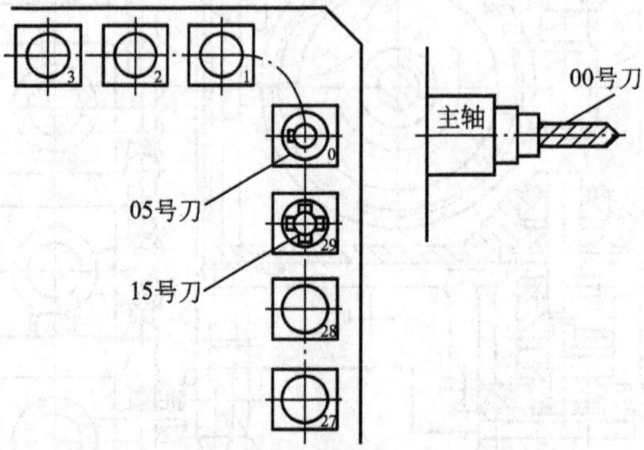

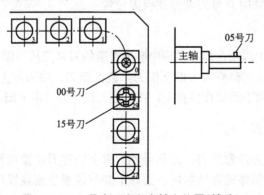

图 16.14　刀具在刀库和主轴上位置（钻孔）

（3）将刀号输入刀套地址和主轴上的刀号地址，见表 16 - 1。

表 16 - 1　刀套地址和刀号表 1

地址	输入二位 BCD 数据								说明
0 号刀套	0	0	0	0	0	1	0	1	0 号刀套上已装入 05 号刀
29 号刀套	0	0	0	1	0	1	0	1	29 号刀套上已装入 15 号刀
主轴	0	0	0	0	0	0	0	0	主轴上的刀具是 00 号刀

（4）起动机床进行加工，机床执行钻孔程序后接到 M06 指令，便进行换刀。换刀后，主轴上 00 号刀到了 0 号套上，0 号刀套上的 05 号刀换到了主轴上，如图 16.15 所示。此时 CRT 上显示刀具地址的状态见表 16 - 2。

图 16.15　刀具在刀库和主轴上位置（镗孔）

表 16 – 2　刀套地址和刀号表 2

地址	输入二位 BCD 数据								说明
0 号刀套	0	0	0	0	0	0	0	0	0 号刀套上已装入 00 号刀
29 号刀套	0	0	0	1	0	1	0	1	29 号刀套上已装入 15 号刀
主轴	0	0	0	0	0	1	0	1	主轴上的刀具是 05 号刀

（5）机床在执行镗孔程序后接到 T15 指令，刀库便将装有 15 号刀的 29 号刀套旋转到换刀位置，再接到 M06 指令，便进行换刀。换刀后主轴上的 05 号刀到 29 号刀套上，29 号刀套上的 15 号刀换到主轴上，如图 16.16 所示。此时 CRT 显示刀具地址状态见表 16 – 3。

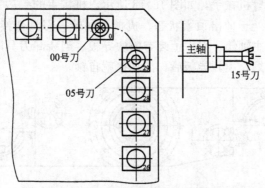

图 16.16　刀具在刀库和主轴上位置（铣孔）

表 16 – 3　刀套地址和刀号表 3

地址	输入二位 BCD 数据								说明
0 号刀套	0	0	0	0	0	0	0	0	0 号刀套上已装入 00 号刀
29 号刀套	0	0	0	0	0	1	0	1	29 号刀套上已装入 05 号刀
主轴	0	0	0	1	0	1	0	1	主轴上的刀具是 15 号刀

由上面的选刀换刀过程可知，任意选刀时，不论刀具放在哪个地址，计算机始终记忆它的踪迹。当加工下一个工件时，又按上述过程进行选刀和换刀。

机床在执行铣削加工程序后再接到 T00 指令加工下一个零件时，刀库便将装有 00 号刀的 0 号刀套旋转到换刀位置，接 M06 指令后换刀，换刀后刀具在主轴上和刀库中的位置如图 16.17 所示。此时 CRT 显示刀具的地址状态见表 16 – 4。

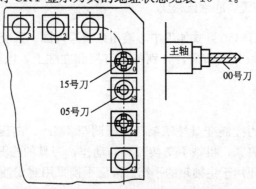

图 16.17　刀具在刀库和主轴上位置（钻孔）

表 16 - 4　刀套地址和刀号表 4

地址	输入二位 BCD 数据								说明
0 号刀套	0	0	0	1	0	1	0	1	0 号刀套上已装入 15 号刀
29 号刀套	0	0	0	0	0	1	0	1	29 号刀套上已装入 05 号刀
主轴	0	0	0	0	0	0	0	0	主轴上的刀具是 00 号刀

16.3.4　机械手

　　该机床用回转式双臂机械手，如图 16.18 所示，机械手的手爪为径向夹持刀柄的夹持槽，上有一活动销一直处于伸出顶紧状态。机械手回转、刀具交换时，为避免刀具甩脱，手爪上有锁紧机构，在主轴箱、刀库上装有撞块导板。当装卸刀具时，撞块导板将顶销打开，活动销便可自由伸缩，离开导板后，活动销就自锁。

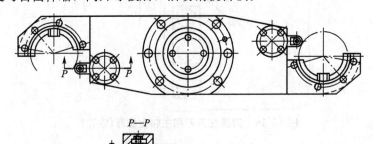

图 16.18　机械手手臂

　　机械手手臂装在液压缸筒上，活塞杆固定，手臂同液压缸套一起移动。改变液压缸的进油状态，手臂同液压缸可实现插刀和拔刀运动。

　　(1) 机械手手臂的回转：利用四位双层液压缸中的活塞带动齿条、齿轮副带动手臂回转。大小液压缸活塞行程相差一倍，分别可带动手臂做 $90°$、$180°$ 的回转。

　　(2) 机械手座的转向：刀库放置在床身左侧，而刀库上的刀套中心和主轴中心成 $90°$。机械手在刀库换刀时，机械手面向刀库；主轴交换刀具时，机械手面向主轴。机械手 $90°$ 的回转由回转液压缸完成(图中未示出)。

16.3.5　TH6350 卧式加工中心液压系统

　　图 16.19 所示为 TH6350 卧式加工中心液压系统原理图。系统由液压油箱、管路和控制阀等组成。控制阀采取分散布局，分别装在刀架和立柱上，电磁控制阀上贴上磁铁号码，便于用户维修。

　　1. 油箱泵源部分

　　液压泵采用双级压力控制变量柱塞泵，低压调至 4MPa，高压调至 7MPa。低压用于分度转台抬起、下落及夹紧，机械手交换刀具的动作，刀具的松开与夹紧，主轴速度高、低挡的变换动作等；高压用于主轴箱的平衡。液压平衡采用封式油路，系统压力由蓄能器补油和吸油来保持稳定。

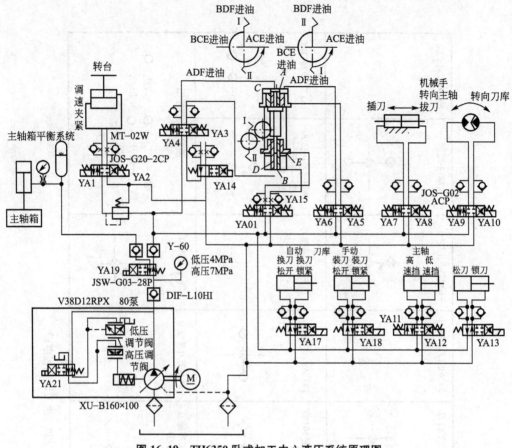

图 16.19 TH6350 卧式加工中心液压系统原理图

2. 刀库刀具锁紧装置和自动换刀部分

伺服电动机带动减速齿轮副并通过链轮机构带动刀带回转。

(1) 刀具锁紧装置。在弹簧力作用下，刀套下部两夹紧块处于闭合状态，夹住刀具尾部的拉紧螺钉使刀具固定。换刀时，松开液压缸活塞，活塞杆伸出将夹紧块打开，即可进行插刀、拔刀。

(2) 机械手：机械手是完成主轴与刀库之间刀具交换的自动装置，该机床采用回转式双臂机械手手臂装在液压缸套筒上，活塞杆固定，由进入液压缸的压力油使手臂同液压缸一起移动，实现不同的动作。液压缸行程末端可进行节流调节，可使动作缓冲。改变液压缸的进油状态，液压缸套与手臂可实现插刀和拔刀运动。利用四位双层液压缸中的活塞带动齿条、齿轮副，并带动手臂回转。大小液压缸活塞行程相差一倍，分别可带动手臂做 $90°$、$180°$回转。

刀库上的刀库中心和主轴成 $90°$，刀库位置在床身左侧。在刀库换刀时，机械手面向刀库；主轴交换刀具时，机械手做 $90°$的回转由回转液压缸完成，回转缓冲可用节流调节。机械手按图 16.20 换刀动作程序图工作。换刀时，手爪 I 抓新刀，手爪 II 抓旧刀，经过从程序 1～21 的动作，完成第一个换刀动作循环。执行到程序 22 时，变为手爪 II 抓新刀、手爪 I 抓旧刀，经过程序 22～42 的动作，完成第二个换刀循环，使手爪 I 回到程序的位置。

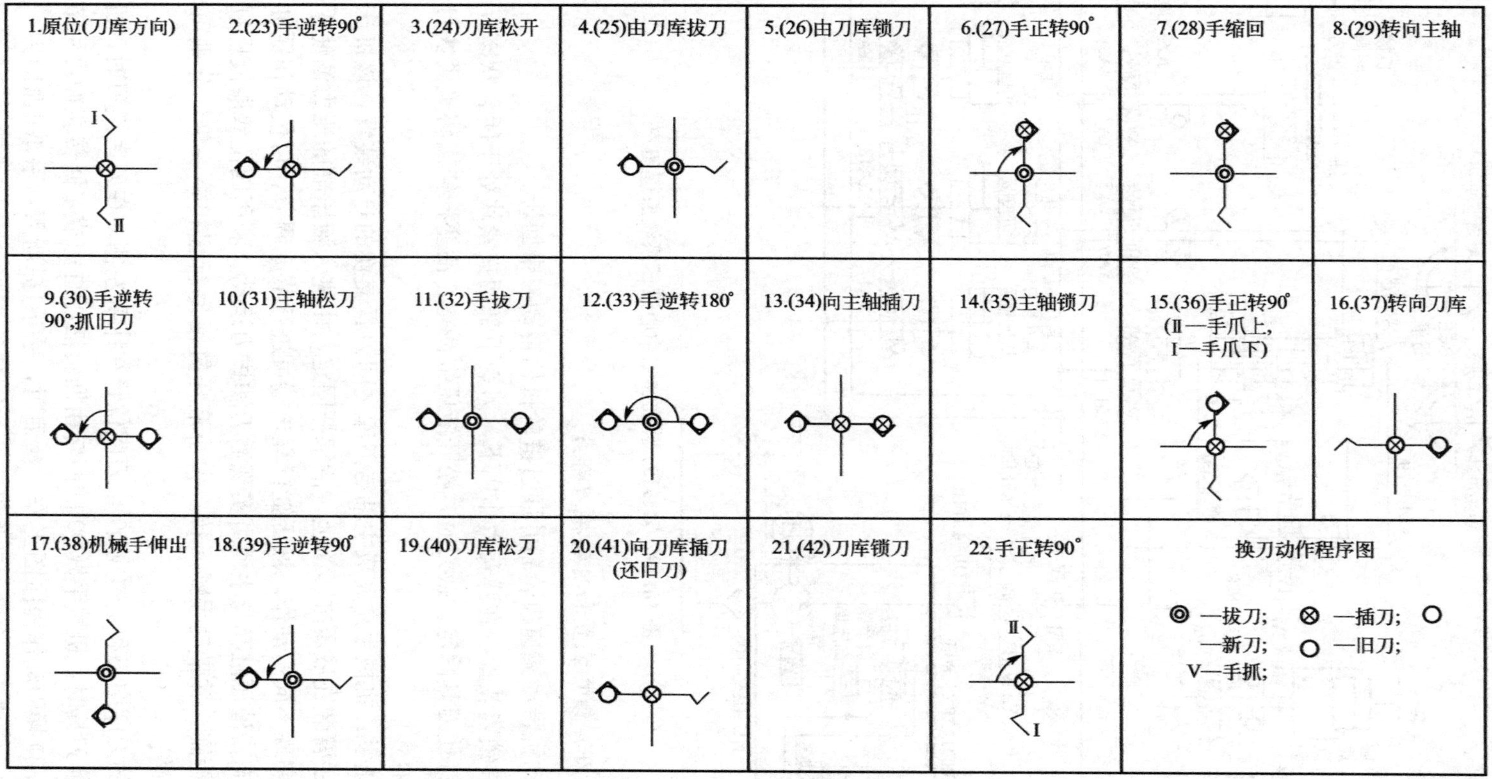

图 16.20 换刀动作程序图

16.4 多主轴转塔换刀装置

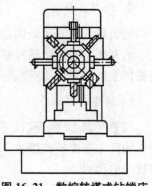

在带有旋转刀具的数控钻镗床中，常用多主轴转塔头换刀装置。通过多主轴转塔头的转位来换刀是一种比较简单的换刀方式，这种机床的主轴转塔头就是一个转塔刀库，转塔头有卧式和立式。

图 16.21 是数控转塔式钻镗床的外观图，八方形转塔头上装有 8 根主轴，每根主轴上装有一把刀具。根据工序的要求按顺序自动地将装有所需刀具的主轴转到工作位置，实现自动换刀，同时接通主传动，不在工作位置的主轴便与主传动脱开，转塔头的转位由槽轮机构来实现，其结构如图 16.22 所示，每次换刀包括下列动作。

图 16.21 数控转塔式钻镗床

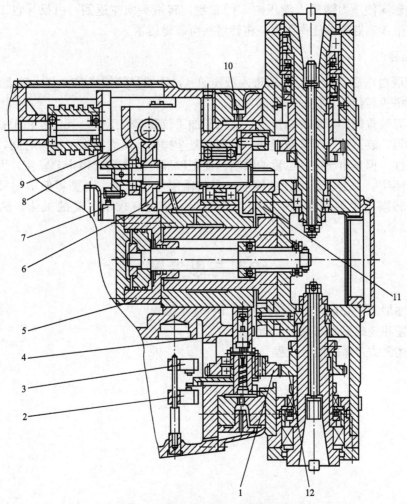

图 16.22 转塔头换刀装置结构图

1、12—齿轮；2、3、7—行程开关；4、5—液压缸；6—蜗轮；
8—蜗杆；9—支架；10—鼠牙盘；11—槽轮

1. 脱开主轴

传动液压缸 4 卸压，弹簧推动齿轮 1 向上与主轴上的齿轮 12 脱开。

2. 转塔头抬起

当齿轮 1 脱开后，固定在其上的支板接通行程开关 3 控制电磁阀，使液压油进入液压缸 5 的左腔，液压缸活塞带动转塔头向右移动，直至活塞与液压缸端部相接触。固定在转塔头体上的鼠牙盘 10 便脱开。

3. 转塔头转位

当鼠牙盘 10 脱开后，行程开关发出信号启动转位电动机，经蜗杆 8 和蜗轮 6 带动槽轮机构的主轴曲拐使槽轮 11 转过 45°，直至选中主轴为止。主轴选好后。由行程开关 7 关停转位电动机。

4. 转塔头定位压紧

通过电磁阀使压力油进入液压缸 5 的右腔，转塔头向左返回，由鼠牙盘 10 精定位，并利用液压缸 5 右腔的油压作用力，将转塔头可靠地压紧。

5. 主轴传动

重新接通由电磁阀控制压力油进入液压缸 4，压缩弹簧使齿轮 1 与主轴上齿轮 12 啮合。此时转塔头转位、定位动作全部完成。

这种换刀装置储存刀具的数量少，适用于加工较简单的工件，其优点在于省去了自动松、夹、卸刀、装刀以及刀具搬运等一系列的复杂操作，从而缩短了换刀时间，并提高了换刀的可靠性。但是由于空间位置的限制，使主轴部件不能设计得十分坚实，因而影响了主轴系统的刚度。为了保证主轴的刚度，必须限制主轴数目，否则将使结构尺寸大大增加。因此，转塔头主轴通常只适应于工序较少、精度要求不太高的机床，例如数控钻床等。

练习与思考题

（1）试述加工中心自动换刀装置有哪几种基本形式？
（2）试述斗笠式刀库的换刀过程。
（3）试述链式刀库的换刀过程。

第四篇

特种加工机床

第 17 章

数控特种机床精度检测

> **教学提示**

本章着重介绍数控电火花成型机床的几何精度、定位精度、工作精度的检测
方法与数控电火花线切割机床的几何精度、定位精度、工作精度的检测方法。

> **教学要求**

通过本章的学习，掌握数控特种加工机床几何精度、定位精度、工作精度的
检测方法；掌握相关量仪的正确使用方法。

17.1　数控电火花线切割机床精度检测

17.1.1　几何精度检测

数控电火花线切割机床的几何精度是指机床各部件工作表面的几何形状及相互位置接近正确几何基准的程度。数控电火花线切割机床的几何精度综合反映机床的关键机械零部件及其组装后的几何形状误差。它决定运动件在低速空转时的运动精度，决定加工精度的零件、部件之间及其运动轨迹之间的相对位置精度。

数控电火花线切割机床几何精度检测是机床处于非运行状态下，对机床主要零部件质量指标误差值进行的测量，它包括基础件的单项精度，各部件间的位置精度，部件的运动精度、定位精度等。下面介绍数控电火花线切割机床几何精度检测方法。

1. 检验基本线性运动

1) X 轴直线运动的检测

(1) 检验工具：平尺、千分表和量块。

(2) 检验方法：千分表固定在头架上。

在 XY 平面内放置平尺，使其与 X 方向平行，千分表触及平尺。在整个测量长度上移动并记下千分表读数，如图 17.1(a) 所示。在 ZX 平面内按同样的方法重复检测，如图 17.2(b) 所示。

(3) 允许公差：任意 500 测量长度上为 0.015。

2) Y 轴直线运动的检测

(1) 检验工具：平尺、千分表和量块。

(2) 检验方法：千分表固定在头架上。

在 XY 平面内放置平尺，使其与 Y 方向平行，千分表触及平尺。在整个测量长度上移动并记下千分表读数，如图 17.2(a) 所示。在 YZ 平面内按同样的方法重复检测，如图 17.2(b) 所示。

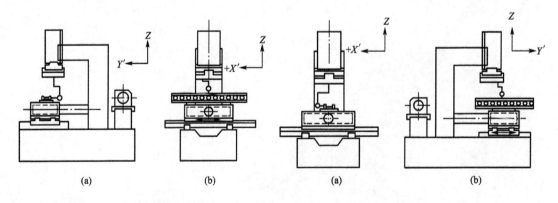

| (a) | (b) | (a) | (b) |

图 17.1　X 轴直线运动的检测　　　　**图 17.2　Y 轴直线运动的检测**

(3) 允许公差：任意 500 测量长度上为 0.015。

3）X 轴运动和 Y 轴运动之间垂直度的检测

（1）检验工具：平尺、角尺和千分表。

（2）检验方法：在工作台上调整平尺，如图 17.3 所示，使其与 X 轴运动平行，并将角尺紧靠在平尺上。千分表固定在头架上并使之触及角尺。在整个测量长度上移动 Y 轴并记下千分表读数。也可以只使用角尺，此时：①设置角尺使其长边与 X 轴运动平行；②检测 Y 轴运动与角尺短边之间的平行度。

如果需要，可以用平板来放置平尺和角尺。

（3）允许公差：任意 300 测量长度上为 0.02。

图 17.3　Y 轴直线运动的检测

2. **工件夹持框架或工作台**

1）工件夹持框架或工作台平面度的检测

（1）检验工具：精密水平仪或平尺、量块和千分表。

（2）检验方法：对于图 17.4(a)和图 17.4(c)，精密水平仪放在夹持框架表面上，沿 O-X 和 O-Y 方向以同该方向上的长度相适应的间隔逐步移动精密水平仪，并记下读数，如图 17.4 所示。对于图 17.4(b)，对于双边工件夹持框架的情况，先沿 Y 方向检测每一边的平面度，再利用桥板沿 X 方向检测平行度。记录并计算每个间隔所测得的值。

注意：用固定千分表在头架上直接测量通常是不可行。

（3）允许公差：对于图 17.4(a)和图 17.4(b)：在 1000 测量长度上为 0.04；测量长度任意增加 1000，允差值增加 0.01。对于图 17.4(c)：在 1000 测量长度上为 0.04；测量长度任意增加 1000，允差值增加 0.02。

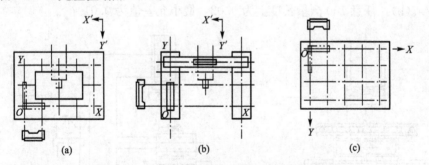

(a)　　　　　　　　　(b)　　　　　　　　　(c)

图 17.4　工件夹持框架或工作台平面度的检测

注意：测量长度指 O-X 和 O-Y 中较长边的长度。

2）工件夹持框架与 X 轴或 Y 轴运动之间平行度的检测

（1）检验工具：平尺、角尺和千分表

（2）检验方法：千分表固定在头架上。平尺沿 X 方向放置在量块上，在整个测量长度上移动 X 轴并记下千分表读数，如图 17.5(a)所示。在 Y 方向上按同样的方法重复检测，如图 17.5(b)所示。

（3）允许公差：任意 300 测量长度上为 0.02，最大允差值为 0.05。

3）定位销或工件夹持框架的基准面与 X 轴或 Y 轴运动之间平行度的检测

（1）检验工具：平尺和千分表。

(2) 检验方法：千分表固定在头架上。平尺水平放置，使平尺基准面触及定位销。令千分表触及平尺基准面。在整个测量长度上移动 X 轴并记下千分表读数，如图 17.6(a)所示，在 Y 方向上按同样的方法重复检测，如图 17.6(b)所示。

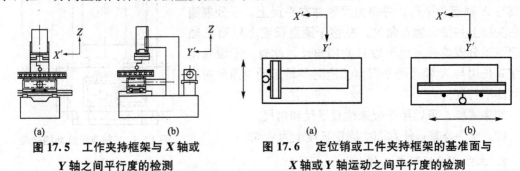

图 17.5　工作夹持框架与 X 轴或　　　　图 17.6　定位销或工件夹持框架的基准面与
　　　　　Y 轴之间平行度的检测　　　　　　　　　　X 轴或 Y 轴运动之间平行度的检测

(3) 允许公差：任意 300 测量长度上为 0.02，最大允差值为 0.05。

3. U 轴运动和 V 轴运动

1) U 轴运动对 X 轴运动平行度的检测

(1) 检验工具：平尺、量块和千分表。

(2) 检验方法：千分表固定在头架上。在 ZX 平面内平行于 X 轴运动放置平尺，并使千分表触及平尺。在整个测量长度上移动 U 轴并记下千分表读数，如图 17.7(a)所示；Z 轴方向移动 100 再检验一次，至少检验 3 点。在 XY 平面内按同样的方法重复检测，如图 17.7(b)所示。

(3) 允许公差：对于图 17.7(a)：任意 100 测量长度上为 0.04，最小允差值为 0.02。对于图 17.7(b)：任意 100 测量长度上为 0.02，最小允差值为 0.01。

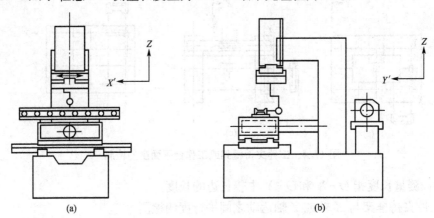

图 17.7　U 轴运动对 X 轴运动平行度的检测

2) V 轴运动对 Y 轴运动平行度的检测

(1) 检验工具：平尺、量块和千分表。

(2) 检验方法：千分表固定在头架上。在 YZ 平面内平行于 Y 轴运动放置平尺，并使千分表触及平尺。在整个测量长度上移动 V 轴并记下千分表读数，如图 17.8(a)所示；Z 轴方向移动 100 再检验一次，至少检验 3 点。在 XY 平面内按同样的方法重复检测，如图 17.8(b)所示。

(3) 允许公差：对于图 17.7(a)：任意 100 测量长度上为 0.04，最小允差值为 0.02。

对于图 17.7(b)：任意 100 测量长度上为 0.02，最小允差值为 0.01。

4. 贮丝筒轴线的径向跳动的检测。

(1) 检验工具：千分表。

(2) 检验方法：千分表安装在机床的固定部件上。测头触及贮丝筒中间位置的表面，并记下千分表读数的最大差值。千分表测头分别再次触及距贮丝筒两端 10 处重复测量。三者中最大值为误差值，如图 17.9 所示。

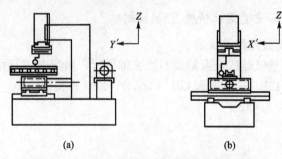
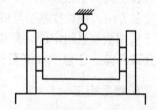

图 17.8　V 轴运动对 Y 轴运动平行度的检测　　　图 17.9　贮丝筒轴线的径向跳动的检测

(3) 允许公差：贮丝筒直径小于 120 为 0.012；直径大于 120 为 0.02。

17.1.2　数控轴的定位精度和重复定位精度检测

1. 数控 X 轴（工作台）运动的定位精度和重复定位精度 EXX 的检测

(1) 检验工具：长度基准尺、显微镜或激光测量仪器。

(2) 检验方法：使长度基准尺或激光测量仪器的光束轴线与被检轴平行，如图 17.10 所示。原则上采用快速进给定位。参照 GB 17421.1 和 GB 17421.2 有关条款。

(3) 允许公差：任意 500 测量长度上为 0.015。

2. 数控 Y 轴（工作台）运动的定位精度和重复定位精度 EYY 的检测

(1) 检验工具：长度基准尺、显微镜或激光测量仪器。

(2) 检验方法：使长度基准尺或激光测量仪器的光束轴线与被检轴平行，如图 17.11 所示。原则上采用快速进给定位。参照 GB 17421.1—1998 和 GB 17421.2—2000 有关条款。

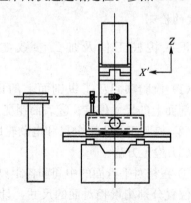
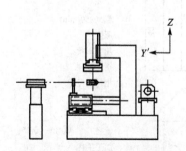

图 17.10　X 轴运动的定位精　　　图 17.11　Y 轴运动的定位精
度和重复定位精度 EXX 检测　　　度和重复定位精度 EXX 检测

(3) 允许公差：任意 500 测量长度上为 0.015。

3. 数控 U 轴(头架上的 U 滑板)运动的定位精度和重复定位精度 EXU 的检测

(1) 检验工具：长度基准尺、显微镜或激光测量仪器。

(2) 检验方法：使长度基准尺或激光测量仪器的光束轴线与被检轴平行，如图 17.10 所示。原则上采用快速进给定位。参照 GB 17421.1 和 GB 17421.2 有关条款。

(3) 允许公差：任意 500 测量长度上为 0.015。

4. 数控 Y 轴(工作台)运动的定位精度和重复定位精度 EYY 检测

(1) 检验工具：长度基准尺、显微镜或激光测量仪器。

(2) 检验方法：使长度基准尺或激光测量仪器的光束轴线与被检轴平行，如图 17.11 所示。原则上采用快速进给定位。参照 GB 17421.1—1998 和 GB 17421.2—2000 有关条款。

(3) 允许公差：任意 500 测量长度上为 0.015。

17.1.3 工作精度检测

数控电火花线切割机床完成以上的和调试后，实际上已经基本完成独立各项指标的相关检验，但是也并没有完全充分地体现出机床整体的、在实际加工条件下的综合性能，而且用户往往也非常关心整体的综合的性能指标。所以还要完成工作精度的检验，行业通常用切八方加工来判定数控线切割机床的精度。

切八方可以很全面地反映出机床座标位移精度，导轮运转的平稳性，X、Y 的系统回差和进给与实际位移的保真度，机床存在的与精度相关的任何毛病在切八方时都被体现出来，测量工作精度时的注意事项如下。

(1) 防止切割路线或材料本身的变形。

(2) 切割方向和上下面要做好标记。

(3) 在切八方时，中途不得再调任何一项工艺参数或变频速度。

(4) 一次完成，中途不得停机。

(5) 要校正钼丝，保证它的垂直度。

(6) 不得设置齿隙，间隙补偿。

以下介绍数控电火花线切割机床的相关工作精度检验。

1. 正八棱柱加工工件尺寸偏差和表面粗糙度的检测

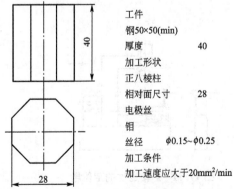

工件
钢50×50(min)
厚度　　　　　40
加工形状
正八棱柱
相对面尺寸　　28
电极丝
钼
丝径　　　ϕ0.15~ϕ0.25
加工条件
加工速度应大于20mm²/min

图 17.12　正八棱柱工件

正八棱柱工件及加工参数如图 17.12 所示。

(1) 检验项目：①纵剖面上的尺寸偏差；②横剖面上的尺寸偏差；③表面粗糙度。

(2) 检验工具：千分尺和电动轮廓仪。

(3) 检验方法：

① 在相对平行面的中间和各距离两端 5 的三个位置分别测量相对面的尺寸，计算三个测量值的差值；四组平行面均测量并计算差值，取最大差值为误差值。

② 在相对平行面的中间位置测量相对面的尺寸，四组平行面的中间位置均测量，计算测量值的差值；再分别在相对平行面上各距离两端 5 处上进行上述测量并计算差值，取最大差值为误差值。

③ 在一加工表面的中间及接近两端 5 的位置分别测量表面粗糙度，计算平均值；八个面分别测量并计算平均值，误差以最大平均值计。

（4）允许公差：①纵剖面上的尺寸偏差 0.12；②横剖面上的尺寸偏差 0.15；③表面粗糙度 $Ra \leqslant 2.5 \mu m$。

2. 正八棱台加工工件大端尺寸偏差和锥度偏差的检测

正八棱柱台工件及加工参数如图 17.13 所示。

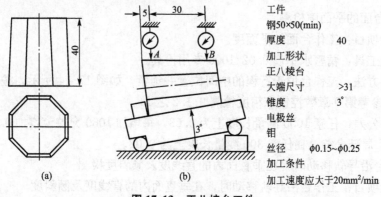

图 17.13　正八棱台工件

（1）检验项目：①大端尺寸偏差；②锥度偏差。

（2）检验工具：万能工具显微镜、千分表、量块、正弦规。

（3）检验方法：

① 用万能工具显微镜依次测量大端各组对边尺寸，计算测量值的差值，取最大差值为误差值。

② 使正弦规上表面与水平面成 3 的斜面，将加工工件的一个侧面与正弦规上表面紧密接触，千分表触及与该侧面相对的侧面上的 A、B 两点（A、B 分别距大、小端 5）并读出两点的差值。依次将各侧面与正弦规上表面紧密接触进行测量。取最大差值 a，按下式得到误差值：

$$锥度偏差 = \arctan(|a|/30)。$$

（4）允许公差：①大端尺寸偏差 0.03；②锥度偏差 1′30″。

17.2　数控电火花成形机床精度检测

17.2.1　几何精度检测

数控电火花成形机床的几何精度综合反映机床的关键机械零部件及其组装后的几何形状误差。它决定运动件在低速空转时的运动精度；决定关键零件、部件之间及其运动轨迹之间的相对位置精度。在正常加工条件下进行的成形加工，机床本身的几何精度是其中最重要的因素。

本节以应用较普遍的单柱数控电火花成形机床为例，介绍如何进行数控电火花成形机床的几何精度检测。

1. 数控电火花成形机床预调精度

(1) 检验项目：①安装水平横向；②安装水平纵向。

(2) 检验工具：水平仪。

(3) 检验方法：工作台位于行程的中间位置并锁紧。①水平仪放置工作台面中央横向位置，取水平仪的读数，②水平仪放置工作台面中央纵向位置，取水平仪的读数。

(4) 允许公差：任意1000测量长度上为0.04。

2. 数控电火花成形机床几何精度检测方法

1) 工作台面的平面度检测

(1) 检验项目：工作台面的平面度。

(2) 检验工具：精密水平仪0.02/1000专用检具。

(3) 检验方法：工作台位于行程的中间位置并锁紧，如图17.14所示，按工作台面长度确定允差（参考第9章数控铣床精度检测9.1.2之1）。

(4) 允许公差：任意1000测量长度上为0.03，每增加1000允差值增加0.01，最大允差值为0.05。局部允差，在任意300测量长度上为0.02。

2) 工作台沿导轨移动时，在垂直面内的直线度及倾斜度检测

(1) 检验项目：工作台沿导轨移动时，在垂直面内的直线度及倾斜度。

(2) 检验工具：精密水平仪。

(3) 检验方法：在工作台和立柱上平行和垂直于工作台移动方向各放一水平仪，沿纵（或横）坐标全行程移动，按等距离位置检验。测量不少于5点，误差以减去机床倾斜后的读数值的最大代数差计。检验时，主轴头处于中间位置并锁紧，工作台非检测方向导轨处中间位置并锁紧，如图17.15所示。纵、横坐标分别检验。参照JB 2670—82有关条款。

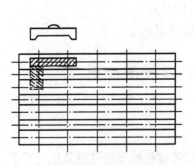

图17.14 工作台面的平面度检测

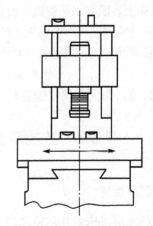

图17.15 工作台在垂直面内直线度检测

(4) 允许公差：任意1000测量长度上为0.03，每增加1000允差值增加0.01，最大允差值为0.05。

3) 工作台沿导轨移动时，在水平面内的直线度检测

(1) 检验项目：工作台沿导轨移动时，在水平面内的直线度。

(2) 检验工具：自准直仪。

(3) 检验方法：自准直仪沿工作台纵、横坐标全行程移动检验，按等距离位置测量，不少于 5 点。误差以自准直仪读数值的最大代数差计。纵、横坐标分别检验。检验时，主轴头处于中间位置并锁紧，工作台非检测方向导轨处中间位置并锁紧，如图 17.16 所示。参照 JB 2670—82 有关条款。

(4) 允许公差：任意 1000 测量长度上为 0.02，每增加 1000 允差值增加 0.008，最大允差值为 0.03。局部允差，在任意 300 测量长度上为 0.01。

4) 工作台面对工作台移动的平行度检测

(1) 检验项目：工作台面对工作台移动的平行度。

(2) 检验工具：千分表、平尺。

(3) 检验方法：千分表固定在主轴头上，平尺放在工作台上。主轴头滑座锁紧，工作台非检测方向导轨锁紧。千分表触头顶在平尺上，在全程上测量。纵、横方向均要测量，如图 17.17 所示。参照 JB 2670—82 有关条款。

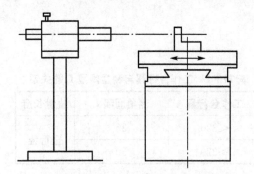 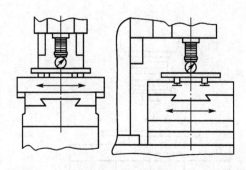

图 17.16 工作台在水平面内直线度检测　　图 17.17 工作台面对工作台移动的平行度检测

(4) 允许公差：任意 1000 测量长度上为 0.04，每增加 1000 允差值增加 0.01，最大允差值为 0.06。局部允差，在任意 300 测量长度上为 0.015。

5) 工作台面对工作台移动的垂直度检测

(1) 检验项目：工作台面对工作台移动的垂直度。

(2) 检验工具：千分尺、精密平尺、精密角尺。

(3) 检验方法：千分表固定在主轴头。

调整平尺，平行于工作台横向移动方向，工作台位于横向行程中间并锁紧，工作台位于纵向移动进行测量，测量长度不大于 300，如图 17.18 所示。参照 JB 2670—82 有关条款。

(4) 允许公差：在 300 测量长度上为 0.015。

6) 工作台基准 T 形槽对工作台移动方向的平行度的检测

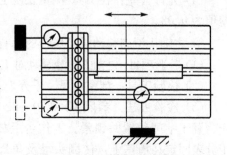

图 17.18 工作台面对工作台移动的垂直度检测

(1) 检验项目：工作台基准 T 形槽对工作台移动方向的平行度。

(2) 检验工具：千分表。

(3) 检验方法：千分表固定在主轴头上。

工作台非检测方向的工作台导轨锁紧。在全行程内检验，如图 17.19 所示。将工作台

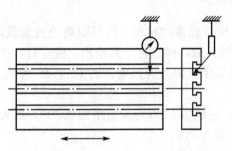

横向行程（Y 轴线）置于中间位置，千分表触头顶在 T 形槽的检验面上，纵向移动工作台检验，千分表的最大差值就是中央或基准 T 形槽与工作台纵向移动（X 轴线）的平行度数值。参照 JB 2670—82 有关条款。

图 17.19　T 形槽对工作台移动平行度

(4) 允许公差：在任意 500 测量长度上为 0.03，最大允差值为 0.04。

7) 工作台移动的定位精度的检测

(1) 检验项目：工作台移动的定位精度。

(2) 检验工具：精密刻线尺、测微显微镜和等高块。

(3) 检验方法：工作台先向正（或负）方向移动，以停止位置作为基准。然后按下表规定间隔 L（表 17-1）移动，连续测量，求实际移动距离和规定距离之差值，取其读数的最大代数差。之后快速回零，其误差不大于 0.01。测量两次，取其最大值，如图 17.20 所示。

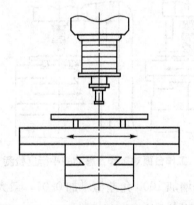

表 17-1　工作台行程与测量间隔 L 的关系

工作台行程	测量间隔 L	测量长度
<320	25	全行程
>320	50	

图 17.20　工作台移动的定位精度的检测

(4) 允许公差：在 1000 测量长度上为 0.015，每增加 1000 允差值增加 0.01，最大允差值为 0.03。

8) 主轴头滑座移动对工作台的垂直度检测

(1) 检验项目：主轴头滑座移动对工作台的垂直度。

(2) 检验工具：精密角尺、千分表。

(3) 检验方法：参照 JB 2670—82 有关条款。工作台置于中间位置并锁紧。工作台上放一精密角尺，千分表固定在滑座上，使测头触及角尺，如图 17.21 所示。在通过主轴轴线的垂直面内，全行程内检测。a 及 b 方向分别检验，测量不少于 3 点，误差以 a、b 中最大读数的代数差值计。参照 JB 2670—82 有关条款。

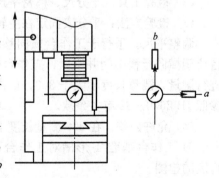

图 17.21　主轴头滑座移动对工作台的垂直度检测

（4）允许公差：在 500 测量长度上为 0.03。

9）主轴移动的直线度检测

（1）检验项目：主轴移动的直线度。

（2）检验工具：千分表、精密平尺、专用检具。

（3）检验方法：工作台置于中间位置并锁紧，主轴头滑座锁紧。调整平尺使线段两端的读数相等，在全行程上检验。a 及 b 方向分别检测，取读数的最大代数差值计，如图 17.22 所示。参照 JB 2670—82 有关条款。

（4）允许公差：在 300 测量长度上为 0.02。

10）主轴移动对工作台面的垂直度检测

（1）检验项目：主轴移动对工作台面的垂直度。

（2）检验工具：千分表、精密平尺（精密检验棒）。

（3）检验方法：工作台置于中间位置并锁紧，主轴头滑座锁紧。在通过主轴轴线的垂直面内，全行程内检验。千分表固定在主轴上。误差以 a、b 中最大读数的代数差值计，如图 17.23 所示。参照 JB 2670—82 有关条款。

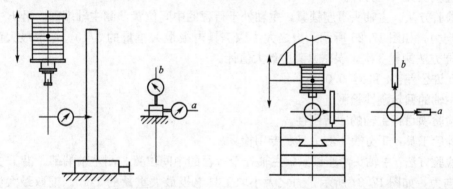

图 17.22　主轴移动的直线度检测　　　　图 17.23　主轴移动对工作台面的垂直度检测

（4）允许公差：在 300 测量长度上为 0.02。

11）主轴移动的扭转检测

（1）检验项目：主轴移动的扭转。

（2）检验工具：千分表、精密角尺、专用检具。

（3）检验方法：主轴头滑座置于全行程中间并锁紧，工作台置于中间位置并锁紧。工作台面上放一精密角尺，距主轴中心线 100 处安置千分表，使表头顶在精密角尺立面上。主轴在全行程内移动，读数取千分表的最大误差值。用同样方法按图示对称位置再检验一次，以二次读数的代数差的二分之一计，如图 17.24 所示。

（4）允许公差：在 300 测量长度上为 0.02。

12）主轴联结面对工作台面的平行度的检测

（1）检验项目：主轴联结面对工作台面的平行度。

（2）检验工具：千分表、垫块。

（3）检验方法：工作台与主轴头滑座分别置于行程中间位置并锁紧。千分表座在垫块上移动，按图 17.25 所示方法检验主轴的联结面。误差以指示器读数的最大差值计。参照 JB 2670—82 有关条款。

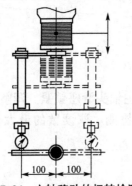

图 17.24　主轴移动的扭转检测

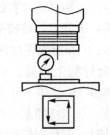

图 17.25　主轴联结面对工作
台面的平行度的检测

(4) 允许公差：0.01

13) 主轴的侧向刚性检测

(1) 检验项目：主轴的侧向刚性。

(2) 检验工具：测力计。

(3) 检验方法：主轴头滑座锁紧，主轴处于行程的中间位置，测主轴端部。沿 F 方向施正、反向力，如图 17.26 所示，力之大小取工具电极最大重量的 1/10。记取最大读数差。用同样方法测量 3 次，误差以其中最大值计。

(4) 允许公差：a 和 b：0.01。

14) 主轴的回转刚性检测

(1) 检验项目：主轴的回转刚性。

(2) 检验工具：千分表、测力计、专用检具。

(3) 检验方法：主轴头滑座锁紧，主轴处于行程的中间位置，测主轴端部。沿 F 方向施正、反向力，如图 17.27 所示，力之大小取工具电极最大重量的 1/10。记取最大读数差。用同样方法测量 3 次，误差以其中最大值计。

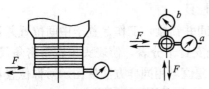

图 17.26　主轴的侧向刚性检测

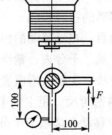

图 17.27　主轴的回转刚性检测

(4) 允许公差：0.01。

15) 旋转主轴的径向跳动检测

(1) 检验项目：旋转主轴的径向跳动。

(2) 检验工具：千分表、检验棒。

(3) 检验方法：参照 JB 2670—82 有关条款。适用于旋转主轴。分别在相距 100 处测量，如图 17.28 所示，以其最大值计。检验棒旋转 180° 后再测一次，取二次读数的平均值。参照 JB 2670—82 有关条款。

（4）允许公差：千分表 a 处为 0.01，千分表 b 处为 0.02。

16）主轴进给精度检测

（1）检验项目：主轴进给精度。

（2）检验工具：千分表、块规。

（3）检验方法：在全行程内至少测 3 点，测量长度 h 为 20。在全行程内任意位置不得超差，如图 17.29 所示。

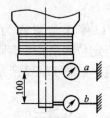

图 17.28　旋转主轴的径向跳动检测

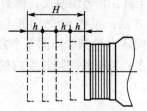

图 17.29　主轴进给精度检测

（4）允许公差：0.005。

17）工作台的失动量检测

（1）检验项目：工作台的失动量。

（2）检验工具：千分表、定位块。

（3）检验方法：在工作台面上放一基准块，固定千分表，使测头顶在基准块测量面上。开始先向正（或负）的方向移动、停止，以这个位置作为基准位置。给予一定的指令，使之向同一方向移动、停止。从这个位置再给予数量相同方向相反的指令，使之向负（或正）的方向移动，停止。记取停止位置与基准位置之差 l。重复 7 次，求出 7 次的平均值。分别在行程的中间及靠近两端的位置上进行检验。取其最大值为测量值，如图 17.30 所示。在测量某一坐标时，其他的运动部件应处于稳定位置（或行程的中间位置）。

$$\delta = \frac{1}{7}(l_1 + l_2 + l_3 + \cdots + l_7)$$

纵、横方向分别测量，取其最大误差计。亦可采用精密线纹尺和读数显微镜。

（4）允许公差：0.005。

18）工作台运动的重复精度检测

（1）检验项目：工作台运动的重复精度。

（2）检验工具：千分表、定位块。

（3）检验方法：在工作台上任取一点作为基准位置，从同一方向上进行 7 次重复定位。记录停止位置的最大读数差。在行程的中间和两端的各个位置上进行检验，取其中最大值的二分之一，加正、负号作为误差值，如图 17.31 所示。

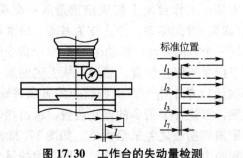

图 17.30　工作台的失动量检测

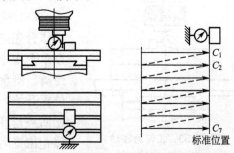

图 17.31　工作台运动的重复精度检测

$$\pm\Delta=\frac{1}{2}(a_{\max}-a_{\min})$$

对工作台纵、横坐标分别检验。亦可采用精密线纹尺和读数显微镜。

(4) 允许公差：±0.001。

19) 工作台运动的定位精度检测。

(1) 检验项目：工作台运动的定位精度。

(2) 检验工具：精密线纹尺、读数显微镜、等高块。

(3) 检验方法：工作台先向正（或负）方向移动，以停止位置作为基准，然后按表17-2所列间隔 L 给指令向同一个方向移动，顺序进行定位测量。求实际移动距离和规定移动距离之差；取这些间隔长度内的最大差值为误差值，如图17.32所示。测量二次取其中最大值。

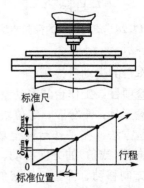

图 17.32 工作台运动的定位精度检测

表 17-2 测量间隔要求

工作台行程	测量间隔 L	测量长度
<320	25	全行程
>320	50	

$$\delta=|\delta_{\max}-\delta_{\min}|$$

式中 $\delta_{\max}$——各间隔中最大误差值；

$\delta_{\min}$——各间隔中最小误差值。

测量某一坐标时，其他运动部件应处于稳定位置（或行程的中间位置）。分别对工作台纵、横坐标在全行程内检验。快速回零，误差不大于0.008。对工作台纵、横坐标分别检验。可采用精密线纹尺和读数显微镜。

(4) 允许公差：任意1000测量长度内为0.015，每增加1000允差值增加0.01，最大允差值为0.03。

20) 工作台移动时的灵敏度检测

(1) 检验项目：工作台移动时的灵敏度。

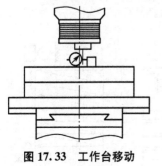

图 17.33 工作台移动
的灵敏度检测

(2) 检验工具：千分表。

(3) 检验方法：工作台面上按规定重量放一载荷。工作台先向正（或负）方向移动、停止作为基准，每次给以单个指令向同一个方向移动，移动相当于20个指令的距离。测量各个指令的停止位置。然后，从上述的最终位置开始，每次给以单个指令向负（或正）的方向移动。返回到基准位置，测量各个指令的停止位置，求出相邻停止位置间的距离和指令之差的最大值，如图17.33所示。分别在行程的中间及两端位置测量，取其中的最大值为误差值。纵、横坐标均测量。测量某一坐标时，其他运动部件应处于稳定位置（或行程的中间位置）。

（4）允许公差：0.001。

17.2.2 工作精度检测

工作精度检测是对机床整体综合性能指标进行的测量，是衡量机床精度的主要指标之一。检测评定工作精度高低主要有以下方面：粗糙度、电极损耗率、孔的坐标精度、孔的间距精度和孔径的一致性。以下介绍数控电火花成型机床的相关工作精度检验。

1. 工作精度检验的试验条件

1）试件

（1）材料：采用炭素工具钢或合金工具钢。

（2）形状：试件厚度为 5mm（长、宽不限）。

（3）技术条件：试件的两个面及一个定位侧面粗糙度为 $Ra1.25$，不规定热处理。

2）模拟板

（1）材料：优质炭素钢。

（2）形状：厚度为 20mm，预制孔比加工孔周边大出 1mm。

（3）试件的两个面及一个定位侧面粗糙度为 $Ra1.25$，不规定热处理。

3）工具电极

（1）材料：(a)铜（或紫铜）；(b)石墨（电加工专用）；(c)钢。

（2）形状：(a)最高去除率试验用的工具电极，其面积按加工电流密度来确定，即 $d<10A/cm^2$，其形状不限；(b)加工表面粗糙度试验用的工具电极，其面积按粗糙度比较样块要求，即 $s=(20\times20)mm^2$；(c)其他试验的工具电极皆为 $\phi10$ 的圆柱体。

2. 数控电火花成型机床工作精度检测方法

检测工作精度的试验规范按国家 GB 2591.1 附录 A 试验方法进行。

1）粗糙度检测

（1）检验项目：粗糙度。

（2）检验工具：触针式电动轮廓仪。

（3）检验方法：按国家 GB 2591.1 附录 A 试验方法，如图 17.34 所示。

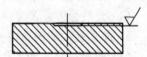

图 17.34　粗糙度检测

（4）允许公差：$Ra<2.5\mu m$。

2）电极相对损耗检测

（1）检验项目：电极相对损耗。

（2）检验工具：精密天平。

（3）检验方法：按国家 GB 2591.1 附录 A 试验方法。

要求：① 加工表面粗糙度 Ra 值不大于 $2.5\mu m$。

② 精加工条件下加工深度不少于 0.5mm。

③ 电极相对损耗的计算公式为

$$\delta=\frac{\Delta}{l}\times100\%$$

式中　△——工具电极消耗重量，如图 17.35 所示；

　　　　l——工件上蚀除材料重量。

（4）允许公差：<1%。

3）加工孔的坐标精度的检测

（1）检验项目：加工孔的坐标精度。（用绝对坐标法定位）

（2）检验工具：坐标测量仪。

（3）检验方法：将图 17.36 所示工件安装在工作台上，并使其基准面与工作台的运动方向平行。任意设定一个坐标原点（但不得在 4 个孔的中心 A、B、C 及 D 点上）。按给定指令，对每一个孔进行加工。每加工一个孔，工作台必须返回设定的坐标原点。测量各孔沿坐标轴方向的中心距 X_1、X_2、Y_1 及 Y_2，并分别与设定值相比，以差值中的最大者为测定值。

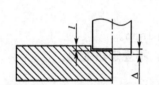

图 17.35　电极相对损耗检测

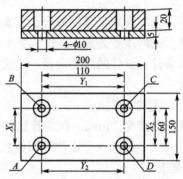

图 17.36　加工孔的坐标精度的检测

（4）允许公差：0.03。

4）加工孔的间距精度检测

（1）检验项目：加工孔的间距精度。（用增量法定位）

（2）检验工具：坐标测量仪。

（3）检验方法：按 3）的方法安装好工件。以工件上的 A 点为基准，用增量法确定 B、C 及 D 点的位置，并用工具电极加工各孔（图 17.37）。按上述同样方法，测量及评定。

（4）允许公差：X_1、X_2 之差 0.02，Y_1 及 Y_2 之差 0.02。

5）加工孔径的一致性检测

（1）检验项目：加工孔径的一致性。

（2）检验工具：精密千分尺。

（3）检验方法：取 4）试件，检验 A、B、C 及 D 这 4 个孔在 X、Y 方向上的孔径差，即 $X_1 \sim X_4$ 及 $Y_1 \sim Y_4$ 之间的最大差值，取 X、Y 中最大值为误差值（图 17.38）。

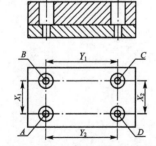

图 17.37　加工孔的间距精度检测

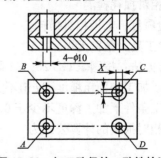

图 17.38　加工孔径的一致性检测

（4）允许公差：0.015。

练习与思考题

（1）检测数控电火花线切割机床 DK7725 的几何精度、定位精度、工作精度。

（2）检测数控电火花成型机床 EDM1260 的几何精度、定位精度、工作精度。

第 18 章

数控特种加工机床

教学提示

电火花加工机床是目前使用最广泛的数控机床之一，特别适合复杂形状，高硬度、高强度、高韧性和高脆性材料零件的加工。本章从原理、特点、应用及机床主要组成结构等方面，介绍了两种广泛应用的特种机床，即数控电火花成形加工机床、数控电火花线切割机床，还介绍了机床的操作规程以及日常维护的一般知识。

教学要求

通过本章的学习，了解电火花加工的原理、特点及应用范围；了解数控电火花成形加工机床的机械结构及装置；了解数控电火花线切割机床的工作原理、加工特点及主要机床结构；掌握机床基本维护知识，具备一定的机床维护能力

18.1　特种加工概述

18.1.1　特种加工的产生及发展

1943 年，苏联拉扎林柯夫妇在研究开关触点遭受火花放电腐蚀损坏的过程中，发现电火花的瞬时高温可使局部金属熔化甚至气化，因而发明了电火花加工方法。他们用铜丝在淬火钢上加工出了小孔，首次摆脱了传统的切削加工方法。

随着生产的发展和科学实验的需要，许多产品向高精度、高速度、耐高温、耐高压、大功率及小型化等方向发展，所使用的材料越来越难加工，零件形状越来越复杂，而且对零件表面质量的要求也越来越高，这些都对机械制造部门提出了一些新的要求，如解决各种难切削材料的加工问题；解决各种特殊复杂表面的加工问题；解决各种超精、光整或具有特殊要求的零件的加工问题。要解决这些问题，依靠传统加工方法难以甚至无法实现，这就需要人们探索、研究新的加工方法。到目前为止，已经找到了多种这类加工方法，为区别于现有的金属切削加工，这类新加工方法统称为特种加工，国外称作非传统加工或非常规机械加工。它们与传统的切削加工的不同处有以下几点。

(1) 主要利用电、光、声、热、化学等能量而非机械能来去除材料。

(2) 工具硬度可低于被加工材料硬度。

(3) 加工过程中工具和工件间不存在显著的切削力。

基于这些特点，从原理上来说特种加工可以加工任何硬度、强度、韧性和脆性的金属或非金属材料，且专长于加工复杂、微细表面和低刚度零件；同时，有些方法还可用以进行超精加工、镜面光整加工和纳米级加工。

18.1.2　特种加工的分类

特种加工的分类目前还尚无明确规定，一般按能量来源、作用形式及加工原理可分为电火花加工、电化学加工、激光加工、电子束加工、离子束加工、等离子束加工、超声加工以及化学加工等几种类型。

本章主要介绍生产中应用较为广泛的几种特种加工数控机床的基本原理、特点及机床结构。

18.2　数控电火花成形加工机床

电火花加工又称放电加工（Electrical Discharge Machining，EDM），是一种利用电、热能量进行加工的方法，该技术的研究开始于 20 世纪 40 年代。在加工时靠工具和工件间局部火花放电瞬时产生的高温把金属材料蚀除。因在放电过程中可以看到火花，故称为电火花加工，国外也称为电蚀加工。常见的电火花加工工艺有成形加工和线切割加工。电火花成形加工使用的设备就是电火花成形加工机床。

18.2.1　电火花加工概述

1. 电火花成形加工的原理

电火花成形加工是利用两电极之间脉冲放电时产生的电蚀现象对工件材料进行加工的

方法。如图 18.1 所示，工具和工件分别作为两个电极浸入绝缘介质（如煤油等）中，通以脉冲电源，并使工具电极逐渐向工件电极靠拢。当两电极间达到一定距离时，极间电压将在相对最接近点处使绝缘介质发生雪崩式的电离击穿。两极间的绝缘状态在很短时间内（$10^{-7} \sim 10^{-5}$ s）发展为低阻值的放电通道，放电电流急剧上升，极间电压也相应降至放电维持电压（图 18.2）。因放电通道的截面积很小，使得通道中的脉冲电流密度高达 $10^5 \sim 10^6 \mathrm{A/cm^2}$。通道中，正负带电粒子在极间电场作用下高速运动，发生剧烈碰撞，并产生大量热量，使通道的温度很高（达 10000℃以上），同时工具电极及工件表面分别受电子流和离子流的高速轰击，也产生大量热量，使放电点周围的金属迅速熔化和气化，并产生爆炸力，将熔化的金属屑抛离工件表面，这就是放电腐蚀。被抛离的金属屑由工作液带走，于是在工件的表面就形成一个微小的带凸边的凹坑，如图 18.3 和图 18.4 所示。由此，完

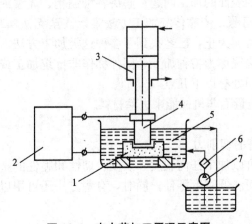

图 18.1 电火花加工原理示意图

1—工件；2—脉冲电源；3—自动进给调节装置；

4—工具；5—工作液；6—过滤器；7—工作液泵

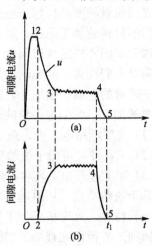

图 18.2 极间放电电压和电流波形

0～1—电压上升沿；1～2—击穿延时；

2～3—电压下降、电流上升沿；

3～4—火花维持电压和维持电流；

4～5—电压、电流下降

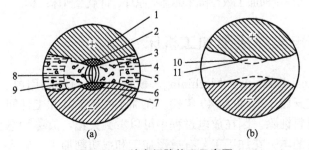

图 18.3 放电间隙状况示意图

1—正极；2—从正极上抛出金属的区域；3—熔化的金属微粒；

4—工作液；5—在工作液中凝固的金属微粒；

6—在负极上抛出金属的区域；7—负极；

8—放电通道；9—气泡；

10—翻边凸起；11—凹坑

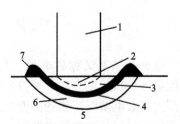

图 18.4 放电腐蚀痕剖面

1—放电通道；2—气化区；

3—熔化区；4—熔化层；

5—无变化区；6—热影响区；

7—凸起图

成了一次脉冲放电。在间隔期间，介质恢复绝缘，等待下一个脉冲到来，称为消电离。如此不断地进行放电腐蚀，工具电极持续向工件进给，只要维持一定的放电间隙，就会在工件表面上腐蚀出无数微小的圆形凹坑，从而把工具电极的轮廓形状复印在工件上。

在放电过程中，工具和工件都受到电腐蚀，但两极的蚀除速度不同，这种两极的蚀除速度不同现象称为"极性效应"。产生极性效应的基本原因是撞击正、负电极表面的负电子和正离子的能量大小不同，因而熔化、气化、抛出的金属数量也不同。

一般来说，用短脉冲(例如脉宽小于 $30\mu m$)加工时，在放电过程中，负电子的质量和惯性较小，容易获得加速度和速度，很快奔向正极，其电能、动能便转换成热能蚀除掉正极的金属；而正离子由于质量和惯性较大，所以启动、加速也较慢，有一大部分还未来得及到达负极表面时脉冲就已结束，所以正极的蚀除量大于负极的蚀除量。此时，工件应接正极，称为"正极性加工"。反之，当用较长脉冲(例如脉宽大于 $300\mu s$)加工时，负极的蚀除量大于正极的蚀除量，此时工件应接负极，称为"负极性加工"。这是因为随着脉冲宽度即放电时间的加长，质量和惯性都较大的正离子也逐渐被加速，陆续地都撞击在负极表面上。由于正离子的质量大于负电子，所以对负极的撞击破坏作用要比负电子的作用大且显著。显然，正极性加工用于精加工，负极性加工用于粗加工。

2. 电火花成形加工的特点

1) 加工特点

(1) 两电极不接触，无明显切削力，故不会产生由此而引起的残余应力或变形。

(2) 可以加工任何难切削的硬、脆、韧、软和高熔点的导电材料。

(3) 直接利用电能加工，便于实现自动化。

(4) 脉冲参数可以调节，可在一台机床上连续进行粗加工、半精加工、精加工。

2) 加工质量

(1) 加工精度：穿孔加工尺寸精度可达 0.05～0.01mm，型腔加工可达 0.1mm。

(2) 表面质量：粗加工时的表面粗糙度 R_a 值在 $3.2\mu m$ 左右，精加工时 R_a 可达1.6～0.8μm。

3. 电火花成形加工的应用

自从电火花加工技术发明以来，它在金属加工领域已成为不可缺少的加工工艺之一。而首先获得大量使用的就是模具制造行业，最初是冲裁模的加工，后来在成型模具的加工方面也得到广泛的使用，例如锻模70％的工作量可由电火花加工来完成。电火花成形加工在模具制造中的应用，主要有以下几个方面。

(1) 加工各种模具零件的型孔，如冲裁模、复合模、连续模等各种冲模的凹模；凹凸模、固定板、卸料板等零件的型孔；拉丝模、拉深模等具有复杂型孔的零件等。

(2) 加工复杂形状的型腔，如锻模、塑料模、压铸模、橡皮模等各种模具的型腔加工。

(3) 加工小孔。对各种圆形、异形孔的加工(可达 0.1mm)，如线切割的穿丝孔、喷丝板型孔等。

(4) 强化金属表面，如对凸模和凹模进行电火花强化处理后，可提高耐用度。

(5) 其他加工，如刻文字、花纹、电火花攻螺纹等。

18.2.2　数控电火花成形加工机床的概述

电火花成形加工机床的主要结构形式有很多，主要有立柱式（C形结构）、龙门式、滑枕式和台式等。电火花成形加工机床的主要组成部分和作用，以最常见立柱式（C形结构）电火花成形加工机床为例，介绍如下。

1. 电火花成形加工机床的组成

该机床主要由主机（机床主体）、脉冲电源、数控系统、工作液循环系统及各种机床附件等组成，如图 18.5 所示。

机床附件的品种很多，常用的附件有可调节的工具电极夹头、平动头、油杯、永磁吸盘及光栅磁尺等，其主要作用是为了装夹工具电极、压装工件、辅助主机实现各种加工功能。

2. 机床主体

机床主体（即主机）是电火花成形加工机床的重要组成部分，它主要由床身、立柱、工作台及主轴头等部件组成（图 18.6）。

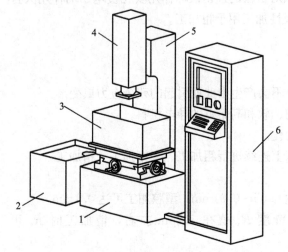

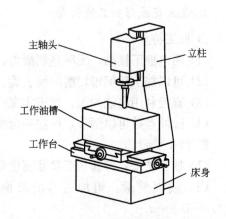

图 18.5　电火花成形加工机床主要组成部分

1—床身；2—工作液箱；3—工作液槽；
4—主轴头；5—立柱；6—电源箱

图 18.6　电火花成形加工机床的机床主体

1）床身与立柱

床身与立柱是电火花成形加工机床的骨架，是一个基础结构，由它来确保电极与工作台、工件之间的相互位置。它们精度的高低对加工有直接影响。床身与立柱的结构应该合理，有较高的刚度，能承受主轴负重和运动部件突然加速运动的惯性力，还应能减小温度变化引起的变形，经过时效处理消除内应力，使其日久不会变形。

床身是机床的基础构件，一定要牢固、可靠，好比盖房的地基，机床越大，其床身也应越大。床身主要起支承立柱、工作台等部件的作用。一般床身均为铸铁件，设计结构要合理，经铸造、机械加工而制成。

立柱是安装在床身上的构件，主要作用是悬挂安装主轴头，带动主轴头做上下运动，以弥补主轴头垂直行程的不足，便于调节主轴与工件间的相对高度。另外，还应保证主轴与工件的垂直度。因此，要求立柱的刚性和加工精度要好。

2）工作台

工作台是整个电火花成形加工机床的基础面，它必须十分平整，要有足够的精度和刚性，主要作用是用来支承和装夹工件。在实际加工中，通过转动纵横向丝杆来改变电极与工件的相对位置。工作台上还装有工作液箱，用以容纳工作液，使电极和被加工件浸泡在工件液里，起到冷却、排渣与排气作用。工作台是操作者在装夹找正时经常移动的部件，通过两个手轮来移动上下拖板，改变纵横向位置，达到电极与被加工件间所表示的相对位置。工作台的种类分为普通工作台（图 18.7）和精密工作台，目前国内已应用精密滚珠丝杆、滚动直线导轨和高性能伺服电动机等结构，来满足精密零件的加工。数控电火花成形加工机床的工作台两侧面不再安装手轮，因为数控工作台的行程都是用键盘来设定的，操作简便，行程准确可靠。

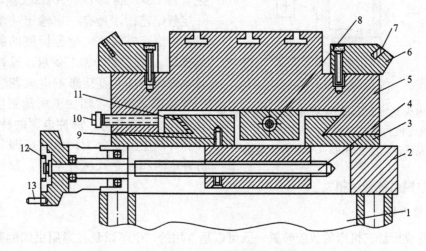

图 18.7　普通工作台结构示意

1—床身；2—下拖板；3—上拖板；4—纵向移动丝杆；
5—工作台；6—工作液箱座；7—工作液箱底边；8—横向移动丝杆；
9—锁紧楔块；10—紧固螺钉；11—镶条；12—端面离合器；13—手柄

3）主轴头

主轴头是电火花成形加工机床的关键部件，它一方面在下部对工具电极进行紧固，安装和按照所需要求进行校正；另一方面还能自动调整工具电极的进给速度，使之随着工件蚀除而不断进行补偿进给，保持一定的放电间隙，从而进行持续的火花放电加工。因此，对主轴头还有如下技术要求。

（1）进给分辨率高，一般应在 $1\mu m$ 左右；灵敏度高，无爬行现象。

（2）有足够的进给和回升速度，回升速度应大于 $300mm/min$，以便迅速消除短路状态。

（3）有一定的轴向和侧向刚度。

（4）主轴运动的直线性和防扭性要好。

（5）有一定的承载电极工具的能力。

（6）有主轴行程指示和限位装置。

（7）制造工艺性好，结构简单，传动链短，维修方便。

一般主轴头主要由伺服进给机构、导向和防扭机构及辅助机构等部分组成。如图 18.8 所示为电火花加工机床的伺服进给控制关系框图。主轴伺服进给机构，一般采用步进电极、直流力矩电动机及直流伺服电动机和交流伺服电动机，大型机床则采用力矩更大的交流伺服电动机。

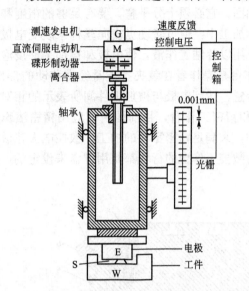

图 18.8　电火花加工机床的伺服进给控制关系框图
E—工具电极；W—工件；S—火花放电间隙；
M—宽调速直流电动机；G—测速发电机

3. 脉冲电源

电火花成形加工机床的脉冲电源是电火花加工机床的重要部分之一，其作用是把普通 220V 或 380V、50Hz 交流电转换成一定频率范围，具有一定输出功率的单向脉冲电源，提供放电过程所需的能量来蚀除金属，满足工件加工要求。脉冲电源的技术性能好坏，直接影响电火花成形加工的各项工艺指标，如加工质量精度、加工速度、电极损耗等。脉冲电源的种类较多，按脉冲产生形式分为两大类，即非独立式脉冲电源和独立式脉冲电源。数控化的脉冲电源与数控系统密切相关。

4. 数控系统

电火花成形加工机床的数控装置，既可以是专用的，也可以是在通用机床的数控装置上增加电火花加工所需的专用功能。因为控制要求很高，要对位置、轨迹、脉冲参数和辅助动作进行编程或实时控制，所以一般都采用计算机数控(CNC)方式。其不可缺少的主要功能有：多轴(X、Y、Z 和 C)控制，可在空间任意方向上进行加工，便于在一次安装中完成除安装面外的 5 个面上的所有型腔，从而保证各型腔之间的相对位置精度。多轴联动摇动(平动)加工的功能扩大了电极对工件在空间的运动方式，有可能在多种运动轨迹、回退方式方面针对工艺要求做合理的选择；自动定位，除常见的电极碰端面定位，对孔或圆柱自动找中心外，还可利用球测头和基准球(安置在机床工作台上的一个带底座的高精度球体)来保证多型腔、多工件、多电极加工时的定位精度。

5. 工作液循环系统

电火花成形加工机床的工作液主要为煤油、变压器油和专用油，后者是为放电加工专门研制的链烷烃系，以碳化氢为主要成分的矿物油为主体，其黏度低、闪点高、冷却性好、化学稳定性好，但分馏工艺要求高、价格较贵。

工作液在放电过程中起的作用是：压缩放电通道，使能量高度集中；加速放电间隙的冷却和消除电离，并加剧放电的液体动力过程。

6. 平动头

平动头是电火花成形加工机床最重要的附件，也是实现单电极(去除"型腔")电火花加工所必备的工艺装备。有机械平动头和数控平动头。

（1）机械平动头的作用是给电极一个平面圆周平衡运动，使电极上的每一个点都绕着其原始位置进行平面圆周平移运动，平动头运动轨迹如图 18.9 所示。

（2）数控平动头的外形图如图 18.10 所示，由数控装置和平动头两部分组成。在电火花成型机床 Z 轴锁定时，由数控装置向 X、Y 两个方向的步进电机发出脉冲，驱动丝杠和螺母相对移动，使中间溜板和下溜板按给定轨迹进行平动。

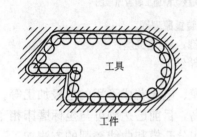

工具

工件

图 18.9　平动头运动轨迹

(a) 平动头 (b) 数控装置

图 18.10　数控平动头的外形图

数控平动头是针对目前多数机械平动头存在的精度和刚度差的现状研制的，通常可克服加工后模腔产生的"波纹"，只有单一的平面圆周运动，精修时操作不便等缺点。它可按需要走不同平面轨迹，大大减少了电加工后模腔表面的"波纹"，且各方向修光均匀，型面的表面粗糙度均匀一致，避免了机械平动头精修时易出现的单边修光现象。数控平动头的精度可达 0.01mm，并且实现了微量自动进给和程序控制及自动化加工。

18.3　数控电火花线切割加工机床

数控电火花线切割加工是在电火花加工基础上于 20 世纪 50 年代末发展起来的一种新的工艺形式，是用线状电极（钼丝或铜丝）靠火花放电对工件进行切割，故称为数控电火花线切割，简称为数控线切割。已获得广泛的应用，目前国内外的线切割机床已占电火花加工机床的 60% 以上。

18.3.1　电火花线切割加工机床的工作原理

线切割加工和电火花成形加工的基本原理是一样的，不同的是在线切割加工中是用连续移动的细金属导线（铜丝或钼丝）作为工具电极来代替电火花成形加工中的成型电极，利用线电极与工件之间产生的脉冲火花放电来腐蚀工件，工作台带着工件进行 X、Y 平面的两坐标移动，从而切割出各种平面图形。工件的形状是由数控系统控制工作台（工件）相对于电极丝的运动轨迹决定的，因此不需要制造专用的电极就可以加工形状复杂的零件。

如图 18.11 所示为电火花线切割工艺及装置原理图。工件接脉冲电源 3 的正极，电极丝 4 接负极。加工过程中，在工件与电极丝之间产生很强的脉冲电场，使其间的介质被电离击穿，产生脉冲放电。电极丝由储丝筒 7 带动进行正反向交替（或单向）移动，在电极丝和工件之间浇注工作液介质，在机床数控系统的控制下，工作台在水平面两个坐标方向按预定的控制程序实现切割进给，从而切割出需要的工件。

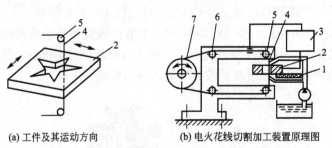

(a) 工件及其运动方向　　　(b) 电火花线切割加工装置原理图

图 18.11　电火花线切割工艺及装置原理图

1—绝缘底板；2—工件；3—脉冲电源；4—电极丝；

5—导向轮；6—支架；7—储丝筒

电火花线切割加工主要用于冲模、挤压模、塑料模、电火花成形用的电极加工等。由于电火花线切割加工机床的加工速度和精度的迅速提高，目前已达到可与坐标磨床相竞争的程度。例如，中小型冲模，其材料为模具钢，过去用分开模和曲线磨削的方法加工，现在改用电火花线切割整体加工的方法。

18.3.2　电火花线切割加工的特点

我国数控线切割机床的拥有量占世界首位，技术水平与世界先进水平差距也逐渐缩短。尤其近年来，计算机技术的应用和线电极电火花加工技术的结合，实现了各种复杂形状的模具和零件加工的自动化，其控制精度可达 $1\mu m$，实际加工精度可达 $\pm 0.01mm$，表面粗糙度 R_a 可达 $1.25\sim 2.5\mu m$。数控线切割机床是精密金属加工、模具制造的必备设备。

电火花线切割加工过程的工艺和机理，与电火花穿孔成形加工相比，既有共性，又有特性。

1. 电火花线切割加工与电火花成形加工的共同点

(1) 线切割加工的电压、电流波形与电火花加工的基本相似。单个脉冲也有多种形式的放电状态，如开路、正常火花放电、短路等。

(2) 线切割加工的加工机理、生产率、表面粗糙度等工艺规律，材料的可加工性等也都与电火花加工的基本相似，可以加工硬质合金等一切导电材料。

2. 线切割加工相比于电火花成形加工的不同特点

(1) 由于电极工具是直径较小的细丝，故脉冲宽度、平均电流等不能太大，加工工艺参数的范围较小，属中、精正极性电火花加工，工件接电源正极。

(2) 采用水或水基工作液，不会引燃起火，容易实现安全无人运转。

(3) 不用成形的工具电极，节省了成形工具电极的设计和制造费用，缩短了生产准备时间，加工周期短，这对新产品的试制是很有意义的。

(4) 由于电极丝比较细，可以加工微细异形孔、窄缝和复杂形状的工件。由于切缝很窄，且只对工件材料进行"套料"加工，实际金属去除量很少，材料的利用率很高，这对加工、节约贵重金属有重要意义。

(5) 由于采用移动的长电极丝进行加工，使单位长度电极丝的损耗较少，从而对加工精度的影响比较小，特别在低速走丝线切割加工时，电极丝使用的一次性，电极丝损耗对加工精度的影响更小。

鉴于上述特点，数控线切割加工为新产品试制、精密零件及模具加工开辟了一条新的途径，主要应用于以下几个方面。

（1）适用于各种形状的冲裁模加工。

（2）加工电火花成型加工用的电极。

（3）试制新产品及进行微细加工和异形槽加工等。

18.3.3 电火花线切割机床的分类和型号

1．分类

根据电极丝的运行速度不同，电火花线切割机床通常分为以下两大类：①高速走丝电火花线切割机床（WEDM—HS），这类机床的电极丝进行高速往复运动，反复使用，一般走丝速度为 6～12m/s，加工精度为±0.01mm，这是我国生产和使用的主要机种；②低速走丝电火花线切割机床（WEDM—LS），这类机床的电极丝进行低速单向运动，一次性使用，一般走丝速度小于 3m/s，加工精度为±0.002mm，这是我国正在发展和国外生产和使用的主要机种。

2．型号

电火花线切割机床常用机型有 CKX—I 型、SCX—I 型、SK—2535 型、SK—3256 型、HX—A 型和 DK77 系列机型。DK7725 系列机型依据 JB/T 7445.2—94 标准命名，其型号的组成及代表意义如图 18.12 所示。

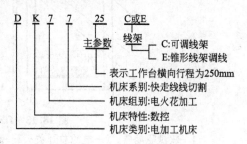

图 18.12 DK7725 型号的组成及含义

18.3.4 线切割机床的组成

如图 18.13 所示为苏州沙迪克三光机电有限公司生产的 DK7725 型数控线切割机床的外形图。电火花线切割机床主要由机床主机、控制系统、脉冲电源、机床电气装置和工作液循环系统构成。精密慢走丝线切割机床一般还有工作液冷却系统。

1．机床主机

机床主机由床身、坐标工作台、走丝机构、线架、工作液箱、附件和夹具等几部分组成。

1）床身

床身一般为铸件，是坐标工作台、走丝机构及丝架的支承和固定基础。通常采用箱式结构，要求有足够的强度和刚度。床身内部安置电源和工作液箱，若考虑电源的发热和工作液泵的振动对机床加工过程的影响，有的机床将电源和工作液箱设计为单独部件，置于床身外另行安放。

2）坐标工作台

DK7725 型数控线切割机床工作台结构如图 18.14 所示。工作台分上、下拖板（上拖板代工作台面）均可独立前、后运动，下拖板 21 移动表示横向运动（Y 坐标），上拖板 3 移动表示纵向运动（X 坐标），如同时运动可形成任意复杂图形。工作台移动由步进电动机 16 带动无间隙精密双齿轮 14 通过丝杠 7 和滚动导轨实现 X、Y 方向的伺服进给运动，当电极丝和工件间维持一定间隙时，即产生火花放电。工作台的定位精度和灵敏度是影响加工曲线轮廓精度的重要因素。为了保证工作台移动精度，本机床采用复合螺母自动消除丝杠与螺母间隙，使其失动量小于 0.004mm。工作台移动的灵敏度由中间放有高精度滚柱的 V 形平台导轨获得。

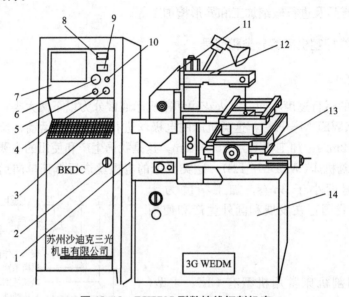

图 18.13　DK7725 型数控线切割机床

1—软盘驱动器；2—电源总开关；3—键盘；4—开机按钮；5—关机按钮；6—急停按钮；
7—彩色显示器；8—电压表；9—电流表；10—机床电器按钮；11—运丝机构；
12—丝架；13—坐标工作台；14—床身外形

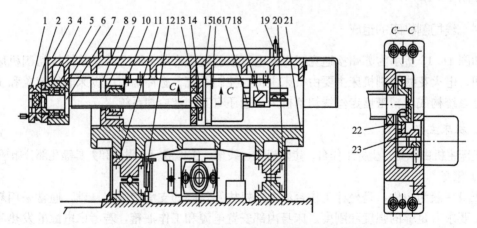

图 18.14　DK7725 型数控线切割机床工作台结构

1—手轮；2—刻度盘；3—上拖板；4—轴承座；5—内外隔板；6—轴承；7—丝杠；8—螺母座；
9—调整螺母；10—限位开关挡块；11—V 形导轨；12—限位开关；13—轴承；14—精密双齿轮；
15—端盖；16—步进电动机；17—上 V 形导轨；18—限位开关；19—接线柱；
20—平导轨；21—下拖板；22—电动机座；23—小齿轮。

3）走丝机构

DK7725 型数控线切割机床的储丝走丝部件如图 18.15 所示，它由储丝筒组合件、上下拖板、齿轮副、丝杠副、换向装置和绝缘件等部分组成。储丝筒 7 由电动机 2 通过联轴器 4 带动以 1400r/min 的转速正、反向转动。储丝筒另一端通过电动机架 3 对齿轮减速后带动丝杠 11。储丝筒、电机、齿轮都安装在两个支架上。支架及丝杠则安装在拖板 12 上，调整螺母 9 装在底座 10 上，拖板与底座采用装有滚珠的 V 形滚动导轨 1 连接，拖板在底座上来回移动。螺母具有消除间隙的副螺母及弹簧，齿轮及丝杠螺距的搭配为滚筒每旋转一圈拖板移动 0.275mm。所以，该储丝筒适用于 Φ0.25mm 以下的钼丝。

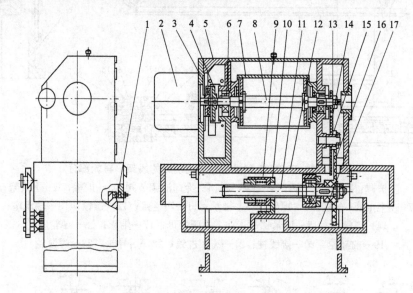

图 18.15　DK7725 型数控线切割机床的储丝走丝部件

1—V 形滚动导轨；2—电动机；3—电动机架；4—联轴器；5—左轴承座；6—轴承；
7—储丝筒；8—轴；9—调整螺母；10—底座；11—丝杠；12—拖板；13—齿轮($Z=34$)；
14—大齿轮($Z=102$)；15—小齿轮($Z=34$)；16—齿轮($Z=34$)；17—上底座

4）线架

DK7725 型数控线切割机床的线架、导轮部件如图 18.16 所示。上线架 3 与立柱连接，下线架 6 固定不动，上线架可以转动立柱上方的手轮使其在 200mm 范围内自由调节，下线架有两个导轮，上、下线架的两个导轮为蓝宝石导轮。导轮座用金属材料制作，内装精密型轴承用于支撑导轮，在线架上的两个前导轮座装配过程中，调整钼丝在 X 向的垂直度。Y 向垂直度的调整只需平移下线架上的两个前导轮座即可。钼丝与工作台面的调整是否合适，可采用钼丝垂直度量具（随机附件——测量杯）用透光法检查。

线架与走丝机构组成了电极丝的运动系统。线架的主要功用是在电极丝按给定线速度运动时，对电极丝起支撑作用，并使电极丝工作部分与工作台平面保持一定的几何角度。

5）锥度切割

为了切割有落料角的冲模和某些有锥度（斜度）的内、外表面，线切割机床一般具有锥度切割功能。常见的有如图 18.17 所示的 3 种方法。如图 18.17(a) 所示的方法要求锥度不宜过大，否则导轮易损坏；如图 18.17(b) 所示的方法要求加工锥度也不宜过大；如图 18.17(c) 所示的方法不影响导轮磨损，最大切割锥度通常可达 1.5°。

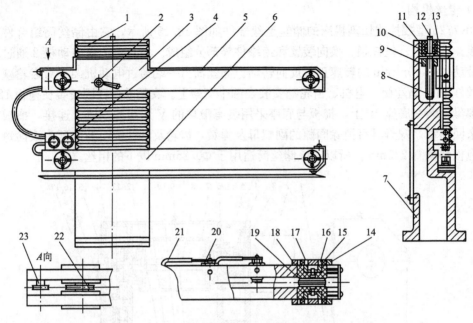

图 18.16 DK7725 型数控线切割机床的线架、导轮部分

1—防护罩；2—锁紧手柄；3—上线架；4—冷却液调节阀；5—护板；6—下线架；

7—立柱；8—丝杠；9—螺母；10—轴承；11—法兰盖；12—螺帽；13—轴承座；

14—圆螺母；15—压紧螺母；16—小圆螺母；17—轴承；18—导轮座；

19—前导轮；20—接线柱；21—高频进线；22—后导轮；23—过渡轮

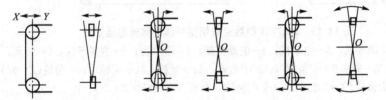

(a) 上(下)丝臂平动法上 (b) (下)丝臂绕一中心移动 (c) 上(下)丝臂沿导轮径向平动和轴动摆动

图 18.17 锥度切割的 3 种方法

2. 控制系统

控制系统的主要作用有以下几点。

(1) 按加工要求自动控制电极丝相对工件的运动轨迹。

(2) 自动控制伺服进给速度，来实现对工件的形状和尺寸加工，即实现伺服进给速度的自动控制，以维持正常的放电间隙和稳定切割加工。

线切割机床从控制方式来说，已从早期的机械仿形，光电跟踪，电子管、晶体管中小规模集成电路等数控系统发展到微型计算机编程控制一体化的先进系统。

3. 脉冲电源

脉冲电源是数控电火花线切割加工机床的最重要的组成部分，是决定线切割加工工艺指标的关键部件，即数控电火花线切割加工机床的切割速度、加工面的表面粗糙度、加工尺寸精度、加工表面的形状和线电极的损耗，主要决定于脉冲电源的性能。

电火花线切割脉冲电源，一般是由主振级（脉冲信号发生器）、前置级（放大）、功放级和供给各级的直流电源所组成，如图 18.18 所示。

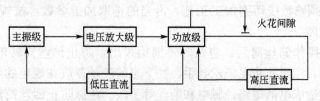

图 18.18　电火花线切割脉冲电源原理

4. 工作液系统

在电火花线切割加工过程中，需要稳定地供给有一定绝缘性能的工作介质——工作液，以冷却电极丝和工件，排除电蚀产物等，这样才能保证火花放电持续进行。一般线切割机床的工作液系统包括工作液箱、工作液泵、流量控制阀、进液管、回液管及过滤网罩等，如图 18.19 所示。

工作液的质量及清洁程度在某种意义上对线切割工作起着很大的作用。如图 18.20 所示，用过的工作液经管道流到漏斗 5，再经磁钢 2、泡沫塑料 3、纱布袋 1 流入水池中。这时基本上已将电蚀物过滤掉，再流经两块隔墙 4、铜网布 6、磁钢 2，工作液得到过滤复原。此种过滤装置不需特殊设备，方法简单、可靠实用、设备费用低。

常用的工作液有去离子水、煤油及乳化液等。

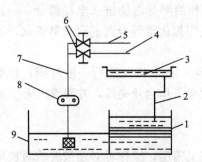

图 18.19　线切割机床的工作液系统图
1—过滤器；2—回液管；3—工作台；
4—下丝臂进液管；5—上丝臂进液管；
6—流量控制阀；7—进液管；
8—工作液泵；9—工作液箱

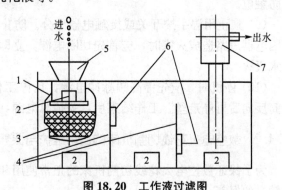

图 18.20　工作液过滤图
1—纱布袋；2—磁钢；3—泡沫塑料；
4—隔墙；5—漏斗；6—铜网布；7—工作液泵

18.4　数控电火花线切割机床的维护

18.4.1　数控电火花线切割加工的安全操作规程

数控电火花线切割的安全技术规程，主要从两方面考虑：一方面是人身安全，另一方面是设备安全，具体有以下几点。

（1）操作者必须熟悉数控电火花线切割机床的操作技术，开机前应按设备润滑要求，对机床有关部位注油润滑（润滑油必须符合机床说明书的要求）。

（2）操作者必须熟悉线切割加工工艺，恰当的选取加工参数，按规定操作顺序操作，防止造成断丝等故障。

（3）用手摇柄操作储丝筒后，应及时将摇柄拔出，防止储丝筒转动时将摇柄甩出伤人。装卸电极丝时，注意防止电极丝扎手。换下来的废丝要放在规定的容器内，防止混入电路和走丝系统中造成电器短路、触电和断丝等事故。注意防止因丝筒惯性造成断丝及传动件碰撞。为此，停机时，要在储丝筒刚换向后再尽快按下停止按钮。

（4）正式加工工件之前，应确认工件位置已安装正确，防止碰撞线架和因超程撞坏丝杆、螺母等传动部件。对于无超程限位的工作台，要防止超程坠落事故发生。

（5）尽量消除工件的残余应力，防止切割过程中工件爆炸伤人。加工之前应安装好防护罩。

（6）机床附近不得放置易燃、易爆物品，防止因工作液一时供应不足产生的放电火花引起事故。

（7）在检修机床、机床电器、脉冲电源、控制系统时，应注意适当地切断电源，防止触电和损坏电路元件。

（8）定期检查机床的保护接地是否可靠，注意各部位是否漏电，尽量采用触电开关。合上加工电源后，不可用手或手持导电工具同时接触脉冲电源的两输出端（床身与工件），以防触电。

（9）禁止用湿手按开关或接触电器部分。防止工作液等导电物进入电器部分，一旦发生因电器短路造成火灾时，应首先切断电源，立即用四氯化碳等合适的灭火器灭火，不准用水灭火。

（10）停机时，应先停高频脉冲电源，后停工作液，让电极丝运行一段时间，并等储丝筒反向后再停走丝。工作结束后，关掉总电源，擦净工作台及夹具，并润滑机床。

18.4.2 数控电火花线切割机床的日常维护与保养

为了保证数控电火花线切割机床的正常使用和加工精度，操作者必须按要求对机床进行精心的保养。

1. 机床的润滑

对机床的相对运动部位进行润滑，可保证运动的平稳性，有利于提高加工精度，减少部件的磨损，延长机床使用寿命。为此要严格地按要求进行润滑，具体要求见表18-1。

表 18-1　数控电火花线切割机床各部位的润滑要求

序号	润滑部位	油品牌号	润滑方式	润滑周期
1	工作台纵、横向导轨	高级润滑脂	黄油枪注入	每周一次
2	滑枕上下移动导轨	工业用黄油	黄油枪注入	每月一次
3	贮丝筒导轨副丝杆螺母	40 号机械油	油杯润滑	每班一次
4	斜度切割装置丝杆螺母	高级润滑脂	黄油枪注入	每月一次

2．机床的清理

（1）注意及时将导轮、导电块和工作台内电蚀物去除，尤其是导轮和导电块应保持清洁，否则会引起振动，如果电蚀物沉积过多，还会造成电极丝与机床短接，不能正常切割。

（2）每次更换工作液时，应清洗工作液箱内腔。

3．机床的维护

（1）主要部位为运丝系统的导轮及导电块。

（2）每次工作结束后，应立即将机床擦拭干净，并在工作台表面涂一层机油。机床工作温度最好控制在 15～25℃内。

（3）每周应对机床进行一次全面维护、保养，主要是清洁和保养机床各部分，尤其是运丝系统各导轮和导电块，可用家用洗洁剂兑水作清洁剂进行清洗。

重点部位：运丝系统各导轮的轮槽；导电块各面；上、下工作液喷嘴和工作台面。

（4）注意经常检查易损件。

18.5 数控电火花成形机床的维护

18.5.1 数控电火花成形机床的安全操作规程

电火花加工直接利用电能，且工具电极等裸露部分有 100～300V 的高电压，高频脉冲电源工作时向周围发射一定强度的高频电磁波，人体离得过近，或受辐射时间过长，会影响人体健康，此外电火花加工用的工作液煤油在常温下也会蒸发，挥发出煤油蒸气，含有烷烃、芳烃、环烃和少量烯烃等有机成分，这些虽不是有毒气体，但长期大量吸入人体，也不利于健康。在煤油中长时间脉冲火花放电，煤油在瞬时局部高温下会分解出氢气、乙炔、乙烯、甲烷，还有少量一氧化碳(约 0.1%)和大量油雾烟气，遇明火很容易燃烧，引起火灾，吸入人体对呼吸器官和中枢神经也有不同程度的危害，所以人体防触电等技术和安全防火非常重要。

电火花加工中的主要技术安全规程如下。

（1）电火花机床应设置专用地线，使电源箱外壳、床身及其设备可靠接地，防止电气设备绝缘损坏而发生触电。

（2）操作人员必须站在耐压 20kV 以上的绝缘板上进行工作，加工过程中不可碰触电极工具，操作人员不得较长时间离开电火花机床，重要机床每班操作人员不得少于两人。

（3）经常保持机床电气设备清洁，防止受潮，以免降低绝缘强度而影响机床的正常工作。若电机、电器、电线和绝缘损坏(击穿)或绝缘性能不好(漏电)时，其外壳便会带电，如果人体与带电外壳接触，而又站在没有绝缘的地面时，轻则"麻电"，重则有生命危险，为了防止这类触电事故，一方面操作人员应站立在铺有绝缘垫的地面上；另外，电气设备外壳常采用保护措施，一旦发生绝缘击穿漏电，外壳于地短路，使保险丝熔断或空气开关跳闸，保护人体不再触电，最好采用触电保护器。

（4）添加工作介质煤油时，不得混入类似汽油之类的易燃液体，防止火花引起火灾。油箱要有足够的循环油量，使油温限制在安全范围内。

（5）加工时，工作液面要高于工件一定距离(30～100mm)，如果液面过低，加工电流较大，很容易引起火灾。为此，操作人员应经常检查工作液面是否合适。还应注意，在电火花转成点弧放电时，电弧放电局部会因温度过高，工件表面向上积炭结焦，越长越高，主轴跟着向上回退，直至在空气中放火花而引起火灾。这种情况，液面保护装置也无法预防。为此，除非电火花机床上装有烟火自动检测和自动灭火装置，否则操作人员不能较长时间离开。

（6）根据煤油的浑浊程度，要及时更换过滤介质，并保持油路畅通。

（7）电火花加工时间内，应有抽油雾、烟气的排风换气装置，保持室内空气良好而不被污染。

（8）机床周围严禁烟火，并应配备适用于油类的灭火器，最好配置自动灭火器。好的自动灭火器具有烟雾、火光、温度感应报警装置，并自动灭火，比较安全可靠。若发生火灾，应立即切断电源，并用四氯化碳或二氧化碳灭火器吹灭火苗，防止事故扩大化。

（9）电火花机床的电器设备应设置专人负责，其他人员不得擅自乱动。

（10）下班前应关断总电源，关好门窗。

18.5.2　数控电火花成形机床的日常维护与保养

（1）每次加工完毕后以及每天下班时，应将工作液槽的煤油放回储油箱，将工作台面擦拭干净。

（2）定期对需润滑的摩擦表面加注润滑油，防止灰尘和煤油等进入丝杆、螺母和导轨等摩擦表面。

（3）工作液过滤器在过滤阻力增大（压力降增大）或过滤效果变差时，应及时更换。

（4）避免脉冲电源中元器件受潮，在南方霉雨天气较长时间不用时，应定期人为开机加热。夏天高温季节要防止变压器、限流电阻、大功率晶体管过热，为此要加强通风冷却，并防止通风口过滤网被灰尘堵塞，要定期检查和清扫过滤网。

（5）有的油泵电动机或有些电机是立式安装工作的，电机端部冷却风扇的进风口朝上，很容易落入螺钉、螺帽或其他细小杂物，造成电机"卡壳"、"憋死"甚至损坏，因此要在此类立式安装电机的进风端盖上加装网孔更小的网罩以资保护。

练习与思考题

（1）特种加工与切削加工有何不同？

（2）特种加工常用于加工哪些材料和零件？

（3）数控电火花加工的原理是什么？

（4）简述数控电火花线切割加工原理。

（5）数控电火花线切割加工机床有哪几种类型？各种类型有什么特点？

（6）数控电火花线切割加工机床是如何实现多维加工控制的？

参 考 文 献

[1] 黄应勇. 数控机床 [M]. 北京：北京大学出版社，2007.

[2] 李雷梅. 数控机床 [M]. 北京：电子工业出版社，2004.

[3] 雷才洪，陈志雄. 数控机床 [M]. 北京：科学出版社，2005.

[4] 王爱玲. 数控机床结构及应用 [M]. 北京：机械工业出版社，2006.

[5] 全国数控培训网络天津分中心. 数控机床 [M]. 北京：机械工业出版社，1998.

[6] 熊光华. 数控机床 [M]. 北京：机械工业出版社，2004.

[7] 龚仲华. 数控机床故障诊断与维修 500 例 [M]. 北京：机械工业出版社，2004.

[8] 王侃夫. 数控机床控制技术与系统 [M]. 北京：机械工业出版社，2002.

[9] 严爱珍. 机床数控原理与系统 [M]. 北京：机械工业出版社，1999.

[10] 李佳. 数控机床及应用 [M]. 北京：清华大学出版社，2001.

[11] 李善术. 数控机床及应用 [M]. 北京：机械工业出版社，1996.

[12] 郑晓峰. 数控原理与系统 [M]. 北京：机械工业出版社，2005.

[13] 沙杰. 加工中心结构、调试与维护 [M]. 北京：机械工业出版社，2005.

[14] 方沂. 数控机床编程与操作 [M]. 北京：国防工业出版社，1999.

[15] 杨有君. 数控技术 [M]. 北京：机械工业出版社，2005.

[16] 苏本杰. 数控加工中心技能实训教程 [M]. 北京：国防工业出版社，2006.

[17] 劳动和社会保障部教材办公室. 数控加工工艺学 [M]. 北京：中国劳动社会保障出版社，2005.

[18] 娄锐. 数控机床 [M]. 大连：大连理工大学出版社，2004.

[19] 易红. 数控技术 [M]. 北京：机械工业出版社，2005.

[20] 中国机械工业教育协会组. 数控机床及其使用维修 [M]. 北京：机械工业出版社，2001.

[21] 田景亮. 机床安装与精度检测 [M]. 北京：机械工业出版社，2011.

[22] 陈子银，陈为华. 数控机床结构原理与应用 [M]. 北京：北京理工大学出版社，2006.

[23] 张平亮. 数控机床原理、结构与维修 [M]. 北京：机械工业出版社，2010.

[24] 熊军. 数控机床原理与结构 [M]. 北京：人民邮电出版社，2007.

[25] 韩鸿鸾. 数控铣工加工中心操作工 [M]. 北京：机械工业出版社，2010.

北京大学出版社高职高专机电系列规划教材

序号	书号	书名	编著者	定价	印次	出版日期
		数控技术类				
1	978-7-301-17148-6	普通机床零件加工	杨雪青	26.00	2	2013.8
2	978-7-301-17679-5	机械零件数控加工	李文	38.00	1	2010.8
3	978-7-301-13659-1	CAD/CAM 实体造型教程与实训 (Pro/ENGINEER 版)	诸小丽	38.00	4	2014.7
4	978-7-301-24647-6	CAD/CAM 数控编程项目教程(UG 版)(第 2 版)	慕灿	48.00	1	2014.8
5	978-7-5038-4865-0	CAD/CAM 数控编程与实训(CAXA 版)	刘玉春	27.00	3	2011.2
6	978-7-301-21873-0	CAD/CAM 数控编程项目教程(CAXA 版)	刘玉春	42.00	1	2013.3
7	978-7-5038-4866-7	数控技术应用基础	宋建武	22.00	2	2010.7
8	978-7-301-13262-3	实用数控编程与操作	钱东东	32.00	4	2013.8
9	978-7-301-14470-1	数控编程与操作	刘瑞已	29.00	2	2011.2
10	978-7-301-20312-5	数控编程与加工项目教程	周晓宏	42.00	1	2012.3
11	978-7-301-23898-1	数控加工编程与操作实训教程(数控车分册)	王忠斌	36.00	1	2014.6
12	978-7-301-20945-5	数控铣削技术	陈晓罗	42.00	1	2012.7
13	978-7-301-21053-6	数控车削技术	王军红	28.00	1	2012.8
14	978-7-301-25927-6	数控车削编程与操作项目教程	肖国涛	26.00	1	2015.7
15	978-7-301-17398-5	数控加工技术项目教程	李东君	48.00	1	2010.8
16	978-7-301-21119-9	数控机床及其维护	黄应勇	38.00	1	2012.8
17	978-7-301-20002-5	数控机床故障诊断与维修	陈学军	38.00	1	2012.1
		电气自动化类				
1	978-7-301-18519-3	电工技术应用	孙建领	26.00	1	2011.3
2	978-7-301-17569-9	电工电子技术项目教程	杨德明	32.00	3	2014.8
3	978-7-301-22546-2	电工技能实训教程	韩亚军	22.00	1	2013.6
4	978-7-301-22923-1	电工技术项目教程	徐超明	38.00	1	2013.8
5	978-7-301-12390-4	电力电子技术	梁南丁	29.00	3	2013.5
6	978-7-301-17730-3	电力电子技术	崔红	23.00	1	2010.9
7	978-7-301-19525-3	电工电子技术	倪涛	38.00	1	2011.9
8	978-7-301-24765-5	电子电路分析与调试	毛玉青	35.00	1	2015.3
9	978-7-301-16830-1	维修电工技能与实训	陈学平	37.00	1	2010.7
10	978-7-301-12180-1	单片机开发应用技术	李国兴	21.00	2	2010.9
11	978-7-301-20000-1	单片机应用技术教程	罗国荣	40.00	1	2012.2
12	978-7-301-21055-0	单片机应用项目化教程	顾亚文	32.00	1	2012.8
13	978-7-301-17489-0	单片机原理及应用	陈高锋	32.00	1	2012.9
14	978-7-301-24281-0	单片机技术及应用	黄贻培	30.00	1	2014.7
15	978-7-301-22390-1	单片机开发与实践教程	宋玲玲	24.00	1	2013.6
16	978-7-301-17958-0	单片机开发入门及应用实例	熊华波	30.00	1	2011.1
17	978-7-301-16898-1	单片机设计应用与仿真	陆旭明	26.00	2	2012.4
18	978-7-301-19302-0	基于汇编语言的单片机仿真教程与实训	张秀国	32.00	1	2011.8
19	978-7-301-12181-8	自动控制原理与应用	梁南丁	23.00	3	2012.1
20	978-7-301-19638-0	电气控制与 PLC 应用技术	郭燕	24.00	1	2012.1
21	978-7-301-18622-0	PLC 与变频器控制系统设计与调试	姜永华	34.00	1	2011.6
22	978-7-301-19272-6	电气控制与 PLC 程序设计(松下系列)	姜秀玲	36.00	1	2011.8
23	978-7-301-12383-6	电气控制与 PLC(西门子系列)	李伟	26.00	2	2012.3
24	978-7-301-18188-1	可编程控制器应用技术项目教程(西门子)	崔维群	38.00	2	2013.6
25	978-7-301-23432-7	机电传动控制项目教程	杨德明	40.00	1	2014.1
26	978-7-301-12382-9	电气控制及 PLC 应用(三菱系列)	华满香	24.00	2	2012.5
27	978-7-301-22315-4	低压电气控制安装与调试实训教程	张郭	24.00	1	2013.4
28	978-7-301-24433-3	低压电器控制技术	肖朋生	34.00	1	2014.7
29	978-7-301-22672-8	机电设备控制基础	王本轶	32.00	1	2013.7
30	978-7-301-18770-8	电机应用技术	郭宝宁	33.00	1	2011.5

序号	书号	书名	编著者	定价	印次	出版日期
31	978-7-301-23822-6	电机与电气控制	郭夕琴	34.00	1	2014.8
32	978-7-301-17324-4	电机控制与应用	魏润仙	34.00	1	2010.8
33	978-7-301-21269-1	电机控制与实践	徐锋	34.00	1	2012.9
34	978-7-301-12389-8	电机与拖动	梁南丁	32.00	2	2011.12
35	978-7-301-18630-5	电机与电力拖动	孙英伟	33.00	1	2011.3
36	978-7-301-16770-0	电机拖动与应用实训教程	任娟平	36.00	1	2012.11
37	978-7-301-22632-2	机床电气控制与维修	崔兴艳	28.00	1	2013.7
38	978-7-301-22917-0	机床电气控制与 PLC 技术	林盛昌	36.00	1	2013.8
39	978-7-301-26499-7	传感器检测技术及应用(第 2 版)	王晓敏	45.00	1	2015.11
40	978-7-301-20654-6	自动生产线调试与维护	吴有明	28.00	1	2013.1
41	978-7-301-21239-4	自动生产线安装与调试实训教程	周洋	30.00	1	2012.9
42	978-7-301-18852-1	机电专业英语	戴正阳	28.00	2	2013.8
43	978-7-301-24764-8	FPGA 应用技术教程(VHDL 版)	王真富	38.00	1	2015.2
44	978-7-301-26201-6	电气安装与调试技术	卢艳	38.00	1	2015.8
45	978-7-301-26215-3	可编程控制器编程及应用(欧姆龙机型)	姜凤武	27.00	1	2015.8
电子信息、应用电子类						
1	978-7-301-19639-7	电路分析基础(第 2 版)	张丽萍	25.00	1	2012.9
2	978-7-301-19310-5	PCB 板的设计与制作	夏淑丽	33.00	1	2011.8
3	978-7-301-21147-2	Protel 99 SE 印制电路板设计案例教程	王静	35.00	1	2012.8
4	978-7-301-18520-9	电子线路分析与应用	梁玉国	34.00	1	2011.7
5	978-7-301-12387-4	电子线路 CAD	殷庆纵	28.00	4	2012.7
6	978-7-301-12390-4	电力电子技术	梁南丁	29.00	2	2010.7
7	978-7-301-17730-3	电力电子技术	崔红	23.00	1	2010.9
8	978-7-301-19525-3	电工电子技术	倪涛	38.00	1	2011.9
9	978-7-301-18519-3	电工技术应用	孙建领	26.00	1	2011.3
10	978-7-301-22546-2	电工技能实训教程	韩亚军	22.00	1	2013.6
11	978-7-301-22923-1	电工技术项目教程	徐超明	38.00	1	2013.8
12	978-7-301-17569-9	电工电子技术项目教程	杨德明	32.00	3	2014.8
14	978-7-301-26076-0	电子技术应用项目式教程(第 2 版)	王志伟	40.00	1	2015.9
15	978-7-301-22959-0	电子焊接技术实训教程	梅琼珍	24.00	1	2013.8
16	978-7-301-17696-2	模拟电子技术	蒋然	35.00	1	2010.8
17	978-7-301-13572-3	模拟电子技术及应用	刁修睦	28.00	3	2012.8
18	978-7-301-18144-7	数字电子技术项目教程	冯泽虎	28.00	1	2011.1
19	978-7-301-19153-8	数字电子技术与应用	宋雪臣	33.00	1	2011.9
20	978-7-301-20009-4	数字逻辑与微机原理	宋振辉	49.00	1	2012.1
21	978-7-301-12386-7	高频电子线路	李福勤	20.00	3	2013.8
22	978-7-301-20706-2	高频电子技术	朱小祥	32.00	1	2012.6
23	978-7-301-18322-9	电子 EDA 技术(Multisim)	刘训非	30.00	2	2012.7
24	978-7-301-14453-4	EDA 技术与 VHDL	宋振辉	28.00	2	2013.8
25	978-7-301-22362-8	电子产品组装与调试实训教程	何杰	28.00	1	2013.6
26	978-7-301-19326-6	综合电子设计与实践	钱卫钧	25.00	2	2013.8
27	978-7-301-17877-5	电子信息专业英语	高金玉	26.00	2	2011.11
28	978-7-301-23895-0	电子电路工程训练与设计、仿真	孙晓艳	39.00	1	2014.3
29	978-7-301-24624-5	可编程逻辑器件应用技术	魏欣	26.00	1	2014.8
30	978-7-301-26156-9	电子产品生产工艺与管理	徐中贵	38.00	1	2015.8

如您需要更多教学资源如电子课件、电子样章、习题答案等，请登录北京大学出版社第六事业部官网 www.pup6.cn 搜索下载。

　　如您需要浏览更多专业教材，请扫下面的二维码，关注北京大学出版社第六事业部官方微信（微信号：pup6book），随时查询专业教材、浏览教材目录、内容简介等信息，并可在线申请纸质样书用于教学。

　　感谢您使用我们的教材，欢迎您随时与我们联系，我们将及时做好全方位的服务。联系方式：010-62750667，329056787@qq.com，pup_6@163.com，lihu80@163.com，欢迎来电来信。客户服务 QQ 号：1292552107，欢迎随时咨询。